「十三五」职业教育系列教材

电气运行

DIANQI YUNXING

主　编　史俊华

副主编　朱小军

编　写　莫　华　饶建兰　王军伟

　　　　王　川　贺建建

主　审　侯荣升　华绍龙

中国电力出版社
CHINA ELECTRIC POWER PRESS

内 容 提 要

本书共分两大模块，包括变电站运行和发电厂运行。变电站运行主要介绍了变电站运行监控，变电站一、二次设备的巡视及维护，变电站倒闸操作，以及线路、母线、变压器、互感器、无功补偿装置等设备的异常及事故处理；发电厂运行主要介绍了发电厂主接线图的认识，发电机、变压器及厂用电系统的巡视、运行、监视和维护，并拓展延伸到了发电机和变压器等设备的结构领域，另外还列举了发电厂经常出现的异常运行状态及解决办法，同时也分析了发电厂出现频率较高事故的现象和处理步骤。

本书不仅可作为高职高专教育教材，也可作为本科电气类专业师生的辅导教材，还可作为发电厂、变电站运行人员的技能鉴定培训教材或参考资料。

图书在版编目（CIP）数据

电气运行 / 史俊华主编 . —北京：中国电力出版社，2020.8（2022.11 重印）
"十三五"职业教育规划教材 . 创新课程系列教材
ISBN 978-7-5198-4018-1

Ⅰ . ①电… Ⅱ . ①史… Ⅲ . ①电力系统运行—职业教育—教材 Ⅳ . ① TM732

中国版本图书馆 CIP 数据核字（2019）第 256622 号

出版发行：中国电力出版社
地　　址：北京市东城区北京站西街 19 号（邮政编码 100005）
网　　址：http://www.cepp.sgcc.com.cn
责任编辑：乔　莉
责任校对：黄　蓓　郝军燕
装帧设计：郝晓燕
责任印制：吴　迪

印　　刷：北京雁林吉兆印刷有限公司
版　　次：2020 年 8 月第一版
印　　次：2022 年 11 月北京第五次印刷
开　　本：787 毫米 ×1092 毫米　16 开本
印　　张：15
字　　数：364 千字
定　　价：42.00 元

前　言

　　《电气运行》教材是适应高职高专教育改革与发展的需要，培养技术应用为主线的"教、学、做"一体化教学的配套教材。

　　电气运行课程是电力技术类相关专业的一门实践性很强的特色课程，该课程的内容也是电气值班员、变电站值班员职业技能培训和技能鉴定所要求掌握的知识和技能。目前，国内电气运行课程的教学资料，往往都是侧重于理论。而本教材作为校企合作开发的教材，最大的特点就是依据电气运行实际工作，深入浅出地阐述了与电气运行操作中密切相关的规范、规程，分析了变电运行操作中的问题及处理方法。本书以现场规程、规范、标准等内容为主线，按岗位、设备、现场需要组织学习内容，从而突出生产技能，具有较强的针对性和实用性，能最大限度满足学生从业能力、综合职业能力和专业水平等全面素质培养的需要。本书的使用可结合发电仿真系统、变电仿真系统及多媒体教学手段进行，可实现以项目为导向的任务驱动式一体化教学，使学生接近或达到零距离上岗的要求。

　　本书共分两大模块。模块一变电站运行共分四大学习项目：项目一变电站运行监控；项目二变电站电气设备巡视及维护；项目三变电站倒闸操作；项目四变电站异常及事故处理。其中，项目一由江西电力职业技术学院副教授史俊华、莫华编写；项目二由江西电力职业技术学院讲师饶建兰和国网江西吉安供电公司高级技师王川编写；项目三和项目四由江西电力职业技术学院副教授史俊华和国网江西萍乡供电公司高级技师王军伟编写。模块二发电厂运行共分三大学习项目：项目一发电厂电气运行监控；项目二发电厂电气设备巡视与维护；项目三发变组异常及事故处理。其中，项目一、项目二由江西电力职业技术学院高级技师朱小军编写；项目三由国电投江西分宜发电厂发电车间专职贺建建编写。全书由江西电力职业技术学院副教授史俊华主编。模块一变电站运行由国网江西检修公司高级讲师侯荣升主审，模块二发电厂运行由国电投江西分宜发电厂人力资源部主任华绍龙主审。

　　限于编者水平，疏漏之处敬请批评指正。

编　者

2020 年 4 月

目 录

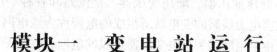

模块一 变电站运行

变电站是电力系统的中间环节，起着变换电压和分配电能的作用。变电站主要由馈电线（进线、出线）和母线，隔离开关（接地开关），断路器，主变压器（主变），站用变压器（站用变），电压互感器 TV（PT）、电流互感器 TA（CT），避雷器及继电保护装置、自动装置、调度自动化系统和通信系统等设备组成。

变电站运行，又称变电运行，根本目的是给用户提供优质、可靠而充足的电能，确保电力系统安全和经济运行。变电运行的主要任务有变电站运行监控、变电站电气设备巡视及维护、变电站倒闸操作和变电站异常运行及事故的处理。本模块以变电仿真系统中典型的220kV 双母线接线变电站为例，学习完成变电站变电运行的各项基本工作。

项目一 变电站运行监控

项目描述

在仿真环境下，各学习小组掌握 220kV 双母线接线变电站的正常运行方式及各设备平面布置、各设备额定运行方式下的主要参数及监控操作。

学习完本项目必须具备以下专业能力、方法能力、社会能力。

（1）专业能力：能根据变电站一、二次系统的正常运行方式及变电站电气设备额定运行方式下的主要参数，对变电站进行运行监控；了解变电站正常运行工况的监视内容。

（2）方法能力：能正确理解、分析变电运行规程和变电站一、二次系统图，形成变电站运行监控基本思路，具备较强抽象思维能力；能根据表计或测量信息、各种信号，发现运行数据越限、设备异常运行情况，掌握运行监控的内容和方法。

（3）社会能力：愿意交流，主动思考，善于在反思中进步；学会服从指挥，遵章守纪，吃苦耐劳，安全作业；学会团队协作，认真细致，保证目标实现。

知识背景

在电力生产中，发电厂将其他形式的能量转换为电能，电能经过变压器和不同电压等级的输电线路和配电线路被输送并分配给用户，再供给各种用电设备。这种由生产、输送、分配和使用电能的各种电气设备连接在一起而组成的整体，称为电力系统。

如果将火电厂的汽轮机、锅炉、供热系统和热用户，水电厂的水轮机和水库，核电厂的反应堆和汽轮机等动力部分也包括进来，就称为动力系统。电力系统中输送和分配电能的部分称为电力网。其包括升压变压器、降压变压器、换流站和各种电压等级的交直流输电线路。由输电线和连接这些电力线路的变电站所组成的电网称为输电网，它的作用是将发电厂的电能送往负荷中心；由配电线路和配电变压器组成的电网，称为配电网，它的作用是将负荷中心的电能分配到各配电变压器后，再将电能送往各用户。

变电运行管理的内容有运行值班制度、交接班制度、巡回检查制度、运行维护工作制度、运行分析制度、倒闸操作制度、工作票制度、设备验收制度、现场清洁卫生制度。

一、运行值班工作内容和要求

变电运行值班员工作的内容和要求如下：

（1）负责所辖电网范围内设备运行状况的监视。

（2）负责完成各项记录和汇报各种事故、异常告警信号。

（3）正确处理各种事故和设备异常情况。

（4）正确接受和执行调度下达的各项操作命令。

（5）负责接传有关生产调度的联系电话。

（6）根据调度的要求向调度汇报当值运行情况和设备运行状态。

（7）根据调度命令的要求和当值值班长的安排完成设备的倒闸操作。

（8）审核并办理工作票的开、收、完工手续。

（9）对设备的修、试、校工作进行验收。

（10）按照规定巡视运行设备。

（11）负责抄表和核对电量，填写有关运行记录和运行日志。

（12）定期启动备用设备运行和设备轮换运行的切换。

（13）负责日常和定期的设备运行维护工作。

（14）负责做好主控制室和专责设备场所的清洁卫生工作。

二、交接班工作内容和要求

1. 变电站交接班的内容

（1）系统和本站的运行方式。

（2）设备的倒闸操作和变更情况以及未执行的命令或未操作完的项目并说明原因。

（3）继电保护、自动装置、稳定装置、通信、微机监控、五防设备运行及动作情况。

（4）设备异常、事故处理、发现缺陷及处理缺陷情况。

（5）设备检修、试验情况、安全措施的布置，地线的异动、组数编号及位置和使用情况中的工作情况。

（6）许可的工作票、停电、送电申请，工作班的工作进展情况。

（7）按照设备巡视检查的内容对设备进行巡视检查。

（8）核对断路器的位置，检查模拟图板与记录是否相等。

（9）检查中央信号。

（10）技术资料、图纸、台账、安全工具、其他用具、物品、仪表及钥匙是否齐全无损。

（11）工具、仪表、备品、备件、材料、钥匙等的使用和变动情况。

（12）当值已完成和未完成的工作及其有关措施。

（13）上级指示、各种记录和技术资料的收管情况。

（14）设备整洁、环境卫生、通信设备（包括电话录音）。

（15）其他事项。

2. 变电站的交接班制度要求

（1）交接班双方必须做好交接准备工作，进行正点交接，一般不得无故拖延，在未办完交接手续前，交接班人员不得离开工作岗位。

（2）交班人员在交班前应做好各种统计记录，整理好工器具、仪表、钥匙、图纸、记录本等，打扫好现场卫生。接班人员应按规定的时间提前进入值班室，做好接班准备。

交班时，首先由交班值班长详细介绍运行方式及主设备潮流、一、二次设备动作、变更、异常运行及处理情况，倒闸操作、继电保护和自动装置投退情况，缺陷发现和处理情况，修试校工作及结果，现场作业安全措施，上级指示，当值内发生的其他事项以及前值有必要交代的事宜。

交接班双方运行人员在听取交班值班长的介绍后，应按照岗位职责对照现场运行设备进行对口交接，做进一步的巡视和核查，现场交接和检查情况由接班人员向接班值班长汇报。

三、变电站正常运行工况监视

1. 变电站运行监视目的

运行监视是变电运行值班工作中的一个重要内容，它是指对变电站的主要电气设备、输配线路与二次系统的运行工况进行的监视。通过运行监视，运行值班人员可以随时掌握变电站的运行工况和设备的工作状态，以便及时发现变电站运行异常和设备的不正常工作状态。它对于防止设备过负荷、运行参数越限、保证电压质量、发现设备异常和预防事故，确保变电站安全运行是至关重要的。

变电站的运行监视工作应包括：监视各种运行参数，按时记录各项电压、电流、功率、频率、电量等有关数据，分析其是否正常并上报调度部门；监视设备的运行状态，通过巡视检查设备的温度、压力、密度、油位、声响、渗油、放电、外观、锈蚀、发热、指示、灯光、信号、报警等，及时发现设备的缺陷和不正常工作状态，向有关调度和上级部门汇报并进行处理，同时做好相关记录。

2. 运行工况监视的方式

通常根据变电站控制方式的不同，常规变电站、综合自动化变电站或无人值班变电站运行工况监视也有不同的方式。

（1）常规变电站：通过控制盘表计显示、光字信号、灯光信号等进行监视。

（2）综合自动化变电站：通过监控系统计算机、报警信号等进行监视。

（3）无人值班变电站：通过集控站或控制中心进行远方监视和控制。

采用综合自动化系统，可以实现遥控、遥信、遥测、遥调、遥视的五遥功能。遥控是指远程控制，包括对断路器、隔离开关分合等操作；遥信是指远程状态信号，包括断路器和隔离开关位置信号、保护装置动作信号、通信设备运行状况信号等；遥测是指远程测量，包括变电站电压、有功功率、无功功率、主变油温等参数；遥调是指远程调节，包括对变电站有载变压器挡位的调整等；遥视是指远程视频，实现对变电站现场图像的实时观察。可以通过在远方设立集控站，集中监控若干个变电站，变电站现场实现无人值班，节约了大量的人力，提高管理效率。

　　3. 变电站运行工况监视的内容

　　变电站运行监视的内容包括一次接线及运行方式，电气设备工作状态和运行参数，自动化系统、保护装置、通信系统、直流系统、站用电系统等的工作状态。具体监视内容如下：

　　（1）母线电压监视。变电站的母线电压直接反映了电网和变电站的运行工况，是电网运行和变电站运行监视的重要参数。监视各变电站母线电压是否在调度规定的变化范围内波动，对于电压中枢点或电压监视点的母线电压，需要监视电压棒形图等各类曲线图。严格按调度下达的电压曲线进行监视和调整，统计电压合格率情况，以保证供电电压质量。另外，还要监视变电站母线电压是否发生"三相电压不平衡""10kV 系统接地"等异常或故障，及时汇报调度，并进行相应处理。

　　（2）变压器运行监视。主变压器是变电站的重要设备，对变压器运行工况的监视，可以随时了解变压器的温度、负荷等情况。通过运行监视及信号，还能及时发现变压器工作异常或存在的缺陷，从而采取相应措施，防止事故的发生或扩大，以保证变压器安全运行。变压器运行工况监视的参数主要有变压器各侧的有功功率、无功功率、三相电流，以及变压器的运行电压、温度、电量和各种信号等。另外，对变压器运行监视还要监视分接开关、冷却系统等的运行情况。

　　（3）线路运行监视。监视各线路的有功功率、无功功率、三相电流、潮流流向和电量等运行参数，以便运行人员掌握变电站运行情况，及时发现线路的功率越限或潮流异常。尤其是在高峰负荷或特殊保电期间，对重要线路的运行监视就显得十分重要。

　　（4）运行监视的其他内容。主要包括自动化系统、保护及二次系统、直流系统、五防系统、电压无功调节、母线设备、断路器设备、互感器及配电装置等设备的运行监视，对这些系统和设备的运行监视主要是监视设备和系统本身的工作状态。通过监视各种运行信号、各种报文或上传信号等情况，及时发现异常或故障，以便及时处理。

任务 1.1　典型 220kV 变电站正常运行方式核对

　　电气主接线有多种典型形式，在实际运行中每一种接线形式都有相应固定的运行方式。所谓运行方式，是指电气主接线中各电气元件实际所处的工作状态（运行状态、备用状态、检修状态）及其相连接的方式。运行方式分为正常运行方式和特殊运行方式。

　　电气主接线的正常运行方式是指正常情况下，全部设备按固定连接方式投入运行时，电气主接线经常采用的运行方式。包括其母线及进、出线回路的运行方式和中性点的运行方式两个方面。电气主接线的正常运行方式一旦确定后，其母线及回路的运行方式和中性点的运行方式也随之确定，且继电保护和自动装置的投入也随之确定。即电气主接线的正常运行方式只有一种，是综合考虑各种因素和实际情况而确定的。正常运行方式一旦确定，任何人不得随意改变。

　　电气主接线的特殊运行方式是指在事故处理、设备故障或检修时，电气主接线所采用的运行方式。由于事故处理、设备故障和设备检修的随机性，变电站的特殊运行方式有多种，可以根据运行的实际情况进行具体的安排和调整。

　　变电站运行方式是指站内电气设备主接线方式、设备状态及保护和自动装置、直流装置、站用变、通道配置的运行状况。为确保电力系统安全、可靠、灵活、经济运行，变电站必须按正常运行方式运行。

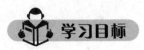 学习目标

知识目标：

（1）掌握变电站运行规程相关知识，认识变电站主接线图，建立变电站运行的概念。

（2）熟悉典型220kV变电站主接线形式；220kV变电站站用交直流系统接线形式。

（3）掌握220kV变电仿真系统典型220kV变电站正常运行方式核对（包括一、二次系统）。

能力目标：

（1）能对照典型220kV变电站正常运行方式，说出主要设备的运行参数。

（2）能在仿真机上对变电站运行工况进行监控操作。

态度目标：

（1）能主动学习，在完成任务过程中发现问题，分析问题和解决问题。

（2）能严格遵守"变电运行"规程及各项安全规程，与小组成员协商、交流配合，按标准化作业流程完成学习任务。

 任务分析

（1）分析220kV袁州变电站主接线图，了解该站主接线形式；设备分布情况。

（2）分析解读220kV袁州变电站电气运行方式。

相关知识

下面介绍变电站的典型电气主接线及其运行方式。

一、单母线接线

1. 单母线不分段接线

单母线不分段接线如图1-1-1所示。这种接线的特点是整个配电装置只有一组母线，所有电源进线和出线回路均经过各自的断路器和隔离开关连接在该母线上并列运行。

该接线的正常运行方式为：母线和所有接入该母线上的进出线、母线电压互感器均投入运行，继电保护及安全自动装置按规定投入。

该接线只能提供一种单母线运行方式，对运行状况变化的适应能力差；母线和任一母线隔离开关故障或检修时，全部回路必须在检修和故障处理期间停运，因此该接线适用于可靠性要求不高的场所。

2. 单母线分段接线

单母线分段接线如图1-1-2所示。正常运行时，单母线分段接线有三种正常运行方式：

（1）正常运行方式1：分段断路器闭合，其两侧隔离开关闭合，负荷均衡地分配在两段母线上，以使两段母线上的分段断路器的电流最小。允许运行方式为：一个电源检修，另一个电源带两段母线；一段母线停电，另一段母线单独运行。

（2）正常运行方式 2：分段断路器热备用，每个电源支路只向接至本母线段上的负荷供电。当任一电源支路故障时，该电源支路断路器自动跳闸后，由备用电源自投入装置自动接通分段断路器，以保证向全部引出线继续供电。

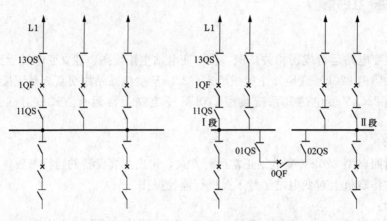

图 1-1-1　单母线不分段接线　　　　　图 1-1-2　单母线分段接线

（3）正常运行方式 3：一电源带两段母线运行，另一电源热备用，装设备用电源自投入装置。

3. 单母线分段带旁路母线接线

单母线分段带旁路母线接线见图 1-1-3。当断路器检修时，利用旁路断路器代替其工作，可使该回路不停电。随着 GIS 组合电器及高压断路器柜的普遍应用，该接线应用越来越少。该接线的正常运行方式为，旁路母线正常运行时不带电，旁路断路器处于冷备用状态。母线的运行方式与单母线分段接线相同。

二、双母线接线

1. 不分段的双母线接线

双母线不分段接线如图 1-1-4 所示。两组母线（Ⅰ母和Ⅱ母）通过母线联络断路器 0QF

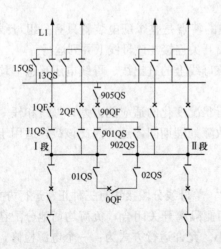

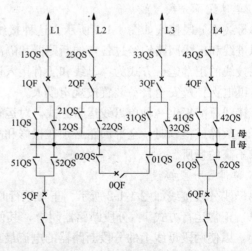

图 1-1-3　单母线分段带旁路母线接线　　　　　图 1-1-4　双母线不分段接线

（即母联断路器）连接；每一条引出线（L1、L2、L3、L4）和电源支路（5QF、6QF）都经一台断路器与两组母线隔离开关分别接至两组母线上。

双母线不分段接线可靠性高。具体体现在：

（1）可轮流检修母线而不影响正常供电。当采用一组母线工作、一组母线备用方式运行时，需要检修工作母线，可将工作母线转换为备用状态后，便可进行母线停电检修工作。

（2）检修任一母线侧隔离开关时，只影响该回路供电。

（3）工作母线发生故障后，所有回路短时停电并能迅速恢复供电。

双母线不分段接线灵活性好。各个电源和各回路负荷可以任意分配到某一组母线上，能灵活地适应电力系统中各种运行方式调度和潮流变化的需要。通过操作可以组成如下运行方式：

（1）母联断路器断开，进出线分别接在两组母线上。

（2）母联断路器断开，一组母线运行，一组母线备用。

（3）两组母线同时工作，母联断路器合上，两组母线并联运行，电源和负荷平均分配在两组母线上，这是双母线常采用的运行方式。

双母线不分段接线扩建方便。向双母线的左右任一方向扩建，均不影响两组母线的负荷的均匀分配，不会引起原有线路的停电。但是在双母线不分段接线中，检修出线断路器时该支路仍然会停电。另外这种接线设备较多、配电装置复杂，运行中需要用隔离开关切换母线，容易引起误操作；同时投资和占地面积也较大。

由于双母线接线具有较高的可靠性和灵活性，这种接线在大、中型变电站中得到广泛的应用。一般用于引出线和电源较多、输送和穿越功率较大、要求可靠性和灵活性较高的变电站。例如，电压为 35～60kV，出线超过 8 回或电源较多、负荷较大的变电站；电压为 110～220kV，出线为 5 回及以上，或者在系统中居重要位置、出线为 4 回及以上的变电站。

2. 双母线分段接线

双母线分段接线如图 1-1-5 所示。Ⅰ段母线与Ⅱ段母线之间分别通过母联断路器 01QF、

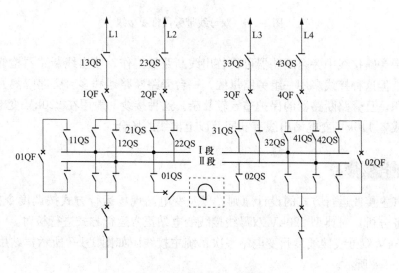

图 1-1-5　双母线分段接线

02QF 连接。这种接线较双母线接线具有更高的可靠性和更大的灵活性。当Ⅰ段母线工作，Ⅱ段母线备用时，它具有单母线分段接线的特点。Ⅰ段母线的任一分段检修时，将该段母线所连接的支路倒至备用母线上运行，仍能保持单母线分段运行的特点。当具有三个或三个以上电源时，可将电源分别接到Ⅰ段的两段母线和Ⅱ段母线上，用母联断路器连通Ⅱ段母线与Ⅰ段母线的某一个分段母线，构成单母线分三段运行，可进一步提高供电可靠性。

双母线分段接线主要适用于大容量进出线较多的变电站中，例如：

（1）电压为 220kV，进出线为 10~14 回的变电站。

（2）在 6~10kV 配电装置中，当进出线回路数或者母线上电源较多，输送的功率较大时，为了限制短路电流，常采用双母线分段接线，并在分段处装设母线电抗器。

3. 双母线带旁路母线接线

有专用旁路断路器的双母线带旁路接线如图 1-1-6 所示。

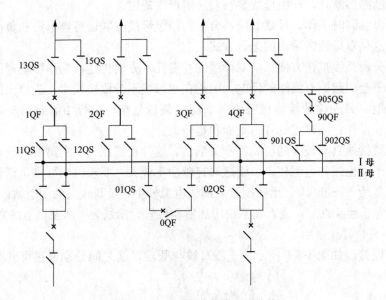

图 1-1-6　双母线带旁路母线接线

双母线带旁路接线中旁路断路器可代替出线断路器工作，使出线断路器检修时，线路供电不受影响。但这种接线多用一组旁路母线、一台旁路断路器和多台旁路隔离开关，增加投资和占地面积，且旁路断路器的保护整定较复杂。这种接线一般用在 220kV 变电站出线 4 回及以上出线或者 110kV 变电站出线有 6 回及以上出线的场合。

任务实施

根据电气主接线运行方式的设计原则，以及变电站现场运行方式按调度令执行的规定，通过以上任务分析，对典型 220kV 双母线接线变电站正常运行方式进行核对。

典型 220kV 双母线接线袁州变电站一次系统主接线图如图 1-1-7 所示，站用电一次系统接线图如图 1-1-8 所示。

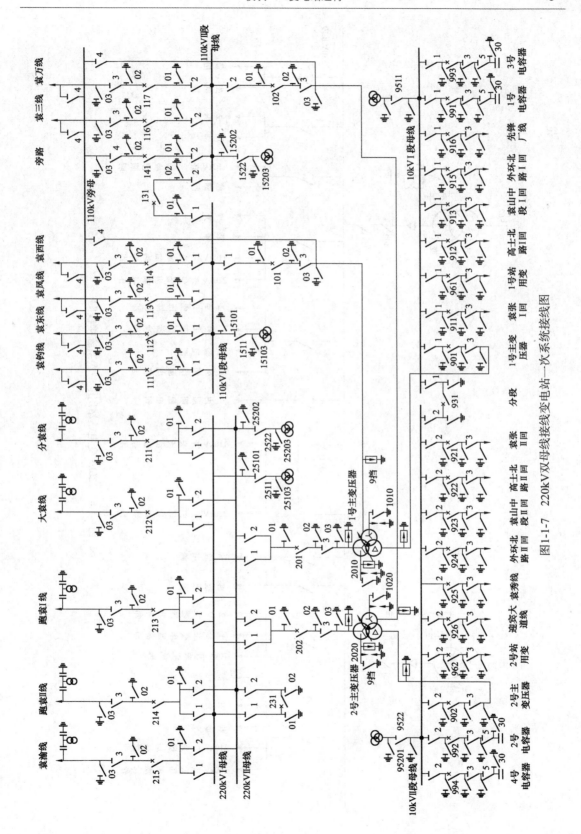

图1-1-7 220kV双母线接线变电站一次系统接线图

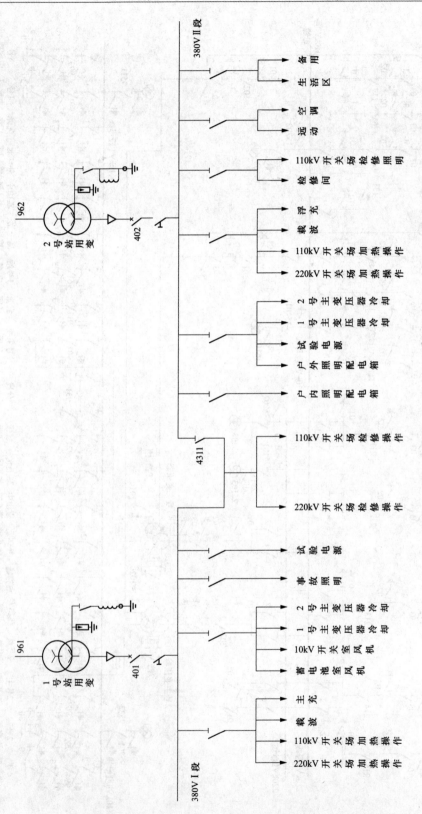

图 1-1-8 220kV变电站用电站用电一次系统接线图

一、典型 220kV 双母线接线袁州变电站一次系统正常运行方式核对

（1）220kV：采用双母线接线方式。跑袁Ⅰ线、大袁线、分袁线、1 号主变 201 断路器接于Ⅰ母线运行；袁渝线、跑袁Ⅱ线、2 号主变 202 断路器接于Ⅱ母线运行；母联 231 断路器在合上位置，2311、2312 隔离开关均在推上位置；1 号主变 220kV 中性点 2010 接地开关在推上位置；2 号主变 220kV 中性点 2020 接地开关在拉开位置。

（2）110kV：采用单母线分段带旁路接线方式。袁钓线、袁东线、袁凤线、袁西线、1 号主变 101 断路器接于Ⅰ段母线运行；袁三线、袁万线、2 号主变 102 断路器接于Ⅱ段母线运行；分段 131 断路器在合上位置，1311、1312 隔离开关均在推上位置；旁路 141 断路器接在Ⅱ段母线上，旁路 141 断路器及旁路母线在冷备用状态；1 号主变 110kV 中性点 1010 接地开关在推上位置；2 号主变 110kV 中性点 1020 接地开关在拉开位置。

（3）10kV：采用单母线分段接线方式。1 号主变 901 断路器带Ⅰ段母线负荷；2 号主变 902 断路器带Ⅱ段母线负荷；分段 931 断路器在断开位置，9311、9312 隔离开关在推上位置，931 断路器自投装置投入。

（4）站用电系统：1 号站用变通过 961 断路器与 10kVⅠ段母线相连，处于运行状态，低压侧通过 401 断路器（合闸位置）与低压 380/220VⅠ段母线相连；2 号站用变通过 962 断路器与 10kVⅡ段母线相连，处于空载状态；低压侧通过 402 断路器（分闸位置）与低压 380/220VⅡ段母线相连。低压Ⅰ母线、Ⅱ母线通过分段隔离开关 4311 实现并列运行。

（5）变电站直流系统：220V 单母线分段，双蓄电池组，控制母线与合闸母线共用。高频开关充电屏Ⅰ接Ⅰ段直流母线，高频开关充电屏Ⅱ接Ⅱ段直流母线，直流Ⅰ、Ⅱ段母线分段运行，Ⅰ段母线切换开关切至 1 号充电屏，Ⅱ段母线切换开关切至 2 号充电屏，3 号充电屏可代 1 号、2 号充电屏运行。

二、典型 220kV 双母线接线袁州变电站保护配置和投入情况

（1）220kV：分袁线、大袁线、跑袁Ⅰ线、跑袁Ⅱ线、袁渝线的线路保护配置两套保护，实现了双主、双后备的保护配置原则。220kV 线路保护Ⅰ屏为 CSL-101D 数字式线路保护装置，配有专用光纤通道的光纤分相差动保护、三段式相间和接地距离保护、四段零序方向保护、失灵启动、三相不一致保护、充电保护、综合重合闸、故障录波、电压切换箱和分相操作箱；220kV 线路保护Ⅱ屏为 CSL-103B 数字式线路保护装置，配有纵联分相差动保护、三段式相间和接地距离保护、四段零序方向保护和电压切换箱，采用高频载波通道传送保护纵联信号。

220kV 母线保护为差动保护，配置了两套保护。220kV 母线差动保护（母差保护）Ⅰ屏为 WMH-800 微机母线保护装置，配有比率制动特性的电流差动保护、复合电压闭锁、母联（分段）断路器充电保护、断路器失灵保护、母联断路器失灵死区保护、TA 断线闭锁及告警、TV 断线告警；220kV 母差保护Ⅱ屏为 WM2-41B 微机母线保护装置，配有电流差动保护、复合电压闭锁、母联断路器失灵（死区）保护及充电保护、断路器失灵保护、TA 断线闭锁及告警、TV 断线告警和直流稳压消失监视。

另外，220kV 失灵保护为 WSL-200 微机母线失灵保护装置。

（2）110kV：袁钓线、袁东线、袁凤线、袁西线、袁三线、袁万线的线路保护为 WXH-811 微机线路保护装置，配有三段式相间和接地距离保护、四段零序方式保护和三相一次重合闸；110kV 母线保护为差动保护，配置了 WMH-800 微机母线保护装置。

（3）10kV：10kV 配电线路保护为 WXH-821 微机线路保护测控装置，配有电流速断保护、过电流保护及三相一次重合闸；电容器组保护为低电压、过电压、过电流保护和零序平衡保护。

（4）主变压器保护：1 号、2 号主变配置两套保护，实现双主、双后后备保护配置原则。主变压器保护Ⅰ屏为 WBH-801（集成了一台变压器的全部主后备电气量保护）和 WBH-802（集成了变压器的全部非电气量保护）微机变压器保护装置，并配有 FCZ-832S 高压侧断路器操作箱（含电压切换），完成主变的一套电气量保护、非电气量保护和高压侧的操作回路及电压切换回路功能；主变压器保护Ⅱ屏为 WBH-801 微机变压器保护装置，并配有 FCZ-813S 中压侧和低压断路器操作箱（含中压侧电压切换），ZYQ-812 高压侧电压切换箱，完成主变的第二套电气量保护和中、低压侧的操作回路及高中压侧电压切换回路功能。

其中电气量保护有：差动保护；220kV 复压（方向）过电流保护，220kV 零序电流保护（零序方向Ⅰ段、零序方向Ⅱ段、零序方向过电流、中性点零序过电流），220kV 间隙保护；110kV 复压（方向）过电流保护，110kV 零序电流保护（零序方向Ⅰ段、零序方向Ⅱ段、零序方向过电流、中性点零序过电流）；10kV 复压（方向）过电流保护。

非电气量保护有：本体轻瓦斯保护，本体重瓦斯保护，调压重瓦斯保护，压力释放保护，冷却器故障保护，绕组温度保护，油温保护。

（5）1 号、2 号站用变配置有 RCS-9621A 成套保护装置。

 拓展提高

一、电气主接线运行方式的安排原则

电气主接线运行方式直接影响变电站及电力系统的安全、经济运行，各变电站均应合理安排本站电气主接线的正常和特殊运行方式，并编入变电站运行规程中。安排电气主接线的运行方式时，应遵守以下原则：

1. 合理安排电源和负荷

在双母线接线中，电源（发电机、变压器、电网联络线）接入每组母线上的数量要相当，电源容量基本平分，双回联络线分开接入两组母线；负荷安排要合理，双回线路分开接入两组母线，使两组母线上的负荷容量基本平衡，通过母联断路器的交换功率（电流）为零或尽量小。

2. 变压器中性点接地满足要求

大电流接地系统中，电源变压器中性点的接地要分配合理，当高压母线有两个接地中性点时，运行方式的安排应考虑电源变压器的中性点在每一组母线上均有一个接地点，而不应集中在同一组母线上。否则，一旦母联断路器跳闸，将会使其中一组母线失去接地中性点，从而影响电网零序保护的正确配合。如果电网只需要一个接地中性点，则无须对此专门考虑。

3. 限制短路电流，合理选择设备

主接线形式和运行方式的安排，直接影响短路时的故障电流大小和影响电气设备的选择。例如在发电厂主接线中，应适当限制接入发电机电压母线的发电机台数和容量，采用单

元接线，母线分段运行，合理断开环网等措施，都可增大系统电抗，减小发电机电压母线系统的短路电流，但必须经过仔细分析计算，保证满足发电厂和系统两方面的运行要求。

4. 运行方式便于记忆

各变电站不同电压等级的母线、回路和电气元件的分配方法（包括设备的编号及所在母线的位置）要有一定的规律性，便于运行人员掌握和记忆。

二、220kV 双母线接线变电站一次系统运行方式

1. 220kV 母线运行方式

（1）正常运行方式。220kV Ⅰ、Ⅱ母线经 2311 隔离开关－231 断路器－2312 隔离开关并列运行，220kV 母差保护自动切至"选择性"运行方式。

（2）单母运行方式。220kV Ⅰ母线运行Ⅱ母线备用，或Ⅱ母线运行Ⅰ母线备用。此时 231 断路器断开，2311、2312 隔离开关拉开，220kV 母差保护自动切换至"非选择性"运行方式。

2. 110kV 母线运行方式

（1）正常运行方式。单母分段并列运行，141 旁路断路器及两侧隔离开关断开，110kV 旁母冷备用，110kV 母差保护投"非选择性"运行方式。

（2）检修运行方式。141 旁路断路器代 110kV 线路断路器或主变断路器，此时 110kV 母线－1411 隔离开关－141 旁路断路器－1414 旁路隔离开关－110kV 旁母线－被代线路旁路隔离开关或主变 110kV 旁路隔离开关－线路侧或主变 110kV 侧运行，110kV 母差保护投"非选择性"运行方式。

3. 10kV 母线运行方式

（1）单母线分段运行方式。10kV Ⅰ、Ⅱ段母线经 931 母联断路器组成 10kV 单母线分段运行。10kV Ⅰ段母线－9311 隔离开关－931 分段断路器－9312 隔离开关－10kV Ⅱ段母线运行。

（2）检修运行方式。10kV Ⅱ段母线检修，此时 931 断路器及两侧隔离开关均断开，10kV Ⅰ段母线单独运行。

4. 站用变压器的运行方式

站用变压器（站用变）在正常运行时一台投入，另一台热备用（其低压断路器断开），站用电自投装置投入，两段 400V（380V）低压站用母线并列运行。

变电站改变运行方式时，必须按所属调度有关规定和调度命令执行。因电网运行方式变化或检修、试验等工作，出现非正常运行方式时，在工作结束后，应按所属调度命令及时恢复正常运行方式。

任务 1.2　变电站运行监控

运行监盘是日常运行工作的主要组成部分，通过对主控室控制屏（后台机）上各种表计、开关位置指示灯和信号光字牌（信息窗）的监视，可随时掌握变电站一、二次设备的运行状态及电网潮流分布情况。运行监盘必须指定有资格的人员负责，并随时记录变化情况，同时按要求向调度进行汇报。

学习目标

知识目标：掌握变电站主变压器、站用变压器、断路器、隔离开关等主要设备额定运行方式下的主要参数及监控。

能力目标：

（1）能对照典型 220kV 变电站正常运行方式，说出变压器等主要设备额定运行方式下的主要参数。

（2）能在仿真机上对 220kV 变电站正常运行监控。

态度目标：

（1）能主动学习，在完成任务过程中发现问题，分析问题和解决问题。

（2）能严格遵守"变电运行"规程及各项安全规程，与小组成员协商、交流配合，按标准化作业流程完成学习任务。

任务分析

（1）分析电压、电流、功率的越限情况。一般变电站的母线电压，线路、变压器的电流和功率是在电网调度、规程规定或额定参数的范围内运行的。当运行值超过规定值称为越限。例如：某变电站的 10kV 母线电压，规程规定或调度下达在 $0\% \sim +7\%$ 范围内运行。若该母线实际运行电压为 10.8kV，则母线电压越限。

（2）在仿真机上进行电流、功率的监视。三相电流应平衡，电流表指针无卡涩，微机监控系统数据刷新正常；电流不超过允许值；母线的进出线电流应平衡；功率指示数值应与电流指示相对应。

相关知识

一、常规变电站的运行监视

运行监视常规变电站电气设备额定运行方式下的主要参数主要包括以下内容：

（1）直流系统电压、电流、绝缘电阻。

（2）各级母线电压、频率。

（3）主变压器有载分接开关位置、油温和各侧电流、有功功率、无功功率。

（4）各线路的电压、电流、有功功率、无功功率及潮流方向。

（5）主变压器功率因数和电容器投切情况。

（6）光字牌亮牌情况。

（7）开关的位置指示灯。

（8）预告信号电源指示灯。

（9）站用电系统运行方式。

二、综合自动化变电站的运行监视

微机监控系统的运行监视，是指以微机监控系统为主、人工为辅的方式，对变电站内的日常信息进行监视，以达到掌握变电站一、二次设备运行状态及电网潮流分布情况，保证正常运行的目的。

运行监视综合自动化变电站电气设备额定运行方式下的主要参数包括以下内容：

（1）监视一次主接线及一次设备的运行情况。

（2）检查站内所做的安全措施。

（3）监视主变压器的油温、负荷情况。

（4）监视主变压器分接开关运行位置。

（5）监视保护及自动装置运行情况。

（6）监视各级母线电压。

（7）监视各线路电流、有功功率及无功功率、潮流方向。

（8）检查光字信息变位情况。

（9）监视本站微机网络（包括与测控装置、保护装置、五防计算机之间的通信）的运行情况。

（10）检查直流系统的电压、电流及绝缘电阻情况。

（11）主变压器功率因数和电容器投切情况。

（12）监视站用电系统运行方式。

（13）检查告警报文发出及复归情况。

三、DL/T 572—2010《电力变压器运行规程》相关规定

因电网的运行电压随负荷变化而波动，从而决定了电力系统中运行的变压器不可能严格控制在额定电压值下运行。当变压器的运行电压升高时，其励磁电流会相应增大，这将使变压器的铁芯损耗增大而出现过热。同时由于变压器的励磁电流是无功电流，因此励磁电流的增加会使无功功率增加。由于变压器的容量是一定的，当无功功率增加时，有功功率会相应减少。因此电源电压升高以后，变压器允许通过的有功功率将会降低。此外，变压器的电源电压升高后，磁通增大，会使铁芯饱和，从而使变压器的电压和磁通波形畸变。电压畸变后，电压波形中的高次谐波分量也将随之加大。高次谐波使电压畸变而产生尖峰波对用电设备有很大的破坏性，例如引起用户的电流波形畸变，增加电机和线路的附加损耗；可能使系统中产生谐振过电压，从而使电气设备的绝缘遭到破坏；高次谐波会干扰附近的通信线路。因此，DL/T 572—2010《电力变压器运行规程》规定：变压器的运行电压一般不应高于该变压器运行分接额定电压的105%。

运行中的变压器，由于铜损和铁损的原因，必然温度要升高。空载时比停运时高，负载时比空载时高，过负荷时比轻载时高，短路时的温升更高。这是因为铁损基本不变，而铜损是与电流的平方成正比变化的。由于出厂运行的变压器的绝缘是一定的，其绝缘材料的绝缘强度（包括机械强度）也是一定的。随着时间的推移，特别是长期在温度的作用下，变压器绝缘材料的原有绝缘性能将会不断降低，这一过程，称为变压器的绝缘老化。温度越高，其绝缘老化越快，同时变脆而碎裂，绕组的绝缘层的保护也会失去。当变压器绝缘材料的工作超过其允许的长期工作最高温度时，每升高6℃，其使用寿命将减少一半。这就是变压器运行的"6℃原则"（干式变压器是"10℃原则"）。油浸式变压器的温度由高到低的顺序是：绕组＞铁芯＞上层油温＞下层油温。变压器绕组热点温度的额定值（长期工作的允许最高温度）为正常寿命温度，绕组热点温度的最高允许值（非长期的）为安全温度。油浸式变压器一般通过监测上层油温来监视变压器绕组的温度。

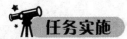 **任务实施**

根据 DL/T 572—2010《电力变压器运行规程》等相关规定，对照变电站各主要设备配置和技术规范，对典型 220kV 双母线接线袁州变电站进行运行监控。

一、袁州变电站 1 号主变压器及附属设备运行监控

1 号主变压器及附属设备的配置和技术规范见表 1-1-1。

表 1-1-1　　　　　　　　　　1 号主变压器及附属设备的配置和技术规范

		型号	SFPSZ10-120000/220
		相数	3
		频率（Hz）	50
		冷却方式	ODAF
		额定容量（kVA）	120000/120000/60000
		接线方式及组别	YN、Yn0、d11
		电压组合（kV）	220±8×1.25%/121/10.5kV
		额定电流（A）	315/572.6/3299
		空载电流（A）	0.29%I_N
负载损耗（kW）		高压侧/中压侧	405.321
		高压侧/低压侧	149.846
		中压侧/低压侧	120.293
		空载损耗（kW）	91.504
短路阻抗（%）		高压侧/中压侧	12.37
		高压侧/低压侧	21.54
		中压侧/低压侧	7.24
		油种类	25#变压器油
		油重（t）	36.7
		器身重（t）	82.7
		总重（t）	150.3
		运输重（t）	129.7
		上节重（t）	10
		调压方式	有载调压
		冷却器全停允许运行时间（min）	20
		允许上层油温（℃）	75
		主要附属设备	型号
		冷却器	YF4-20
		变压器风扇	DBF-9QB
		油泵	6B80-5/2.2
		油流继电器	YJ-50

型号	SFPSZ10-120000/220
控制箱	XKWFD-6/N
有载调压开关	BZ5103C
温度指示器	WTZK-02
气体继电器	QJ4-80
压力释放器	YSF-55/130KJ
220kV 套管	BRLW-220/630-3
110kV 套管	BRLW-110/630-3
10kV 套管	BD-10/4000

二、袁州变电站 2 号主变压器及附属设备运行监控

2 号主变压器及附属设备的配置和技术规范见表 1-1-2。

表 1-1-2　　　　　　　　2 号主变压器及附属设备的配置和技术规范

	型号		SFSZ10-120000/220
	相数		3
	频率（Hz）		50
	冷却方式		ONAN/ONAF
	额定容量（kVA）		120000/120000/60000
	接线方式及组别		Ynyn0d11
	电压组合（kV）		$220\pm8\times1.25\%/121/10.5kV$
	额定电流（A）		314.9/573/3299
	空载电流（A）		$0.11\%I_N$
负载损耗（kW）		高压侧/中压侧	379.0
		高压侧/低压侧	144.8
		中压侧/低压侧	114.8
	空载损耗（kW）		78.77
短路阻抗（%）		高压侧/中压侧	12.9
		高压侧/低压侧	22.3
		中压侧/低压侧	8.0
	油种类		25#变压器油
	油重（t）		45.2
	器身重（t）		88.8
	总重（t）		170.7
	运输重（t）		108.3
	上节重（t）		10.5
	调压方式		有载调压
	允许上层油温（℃）		85

续表

型号	SFSZ10-120000/220
主要附属设备	型号
气体继电器	QJ4-80
片式散热器	PC（G）H-N/520
变压器风扇	DBF8-6.3Q8TH
压力释放阀	YsF130
有载调压	UCGRN　650/400/C
220kV 套管	BRLW-252/630-3
110kV 套管	BRLW-110/1250-3
温度指示控制器	BWY-803A（TH）

三、断路器运行监控

断路器主要技术参数：

（1）额定电压（kV），是指断路器正常工作时，系统的额定（线）电压，这是断路器的标称电压。

（2）额定电流（kA），是指断路器在规定使用和性能条件下可以长期通过的最大电流（有效值）。当额定电流长期通过高压断路器时，其发热温度不应超过国家标准中规定的数值。

（3）额定（短路）开断电流（kA），是指在额定电压下，断路器能可靠切断的最大短路电流周期分量有效值，该值表示断路器的断路能力。

（4）额定峰值耐受（动稳定）电流（kA），是指在规定的使用和性能条件下，断路器在合闸位置时所能承受的额定短时耐受电流第一个半波达到电流峰值。它反映设备受短路电流引起的电动效应能力。

（5）额定短时耐受（热稳定）电流（kA），是指在规定的使用和性能条件下，在额定短路持续时间内，断路器在合闸位置时所能承载的电流有效值。它反映设备经受短路电流引起的热效应能力。

（6）额定短路关合电流（kA），是指在规定的使用和性能条件下，断路器保证正常关合的最大预期峰值电流。

（7）分闸时间（m），是指断路器从接到分闸指令开始到所有极弧触头都分离瞬间的时间间隔。在以前的有关标准中，分闸时间又称为固分时间。

（8）开断时间（ms），是指断路器从分闸线圈通电（发布分闸命令）起至三相电弧完全熄灭为止的时间。开断时间为分闸时间和电弧燃烧时间（燃弧时间）之和。

（9）合闸时间（ms），是指断路器从合闸命令开始到最后一极弧触头接触瞬间的时间间隔。在以前的有关标准中，合闸时间又称为固合时间。

（10）金属短接时间（m），是指断路器在合闸操作时从动、静触头刚接触到刚分离时的一段时间。这个时间如果太长，则当重合于永久故障时持续时间长，对电网稳定不利。如果太短，会影响断路器灭弧室断口间的介质恢复，而导致不能可靠地开断。

（11）分（合）闸不同期时间（m），是指断路器各相间或同相各断口间分（合）的最大差异时间。

（12）额定充气压力（表压，MPa），是指在标准大气压下，设备运行前或补气时要求充入气体的压力。

（13）相对漏气率（简称漏气率），是指设备（隔室）在额定充气压力下，在一定时间间隔内测定的漏气量与总气量之比，以年漏百分率表示。

（14）无电流间隔时间（ms），是指由断路器各相中的电弧完全熄灭到任意相再次通过电流为止的所用时间。

 **拓展提高**

1. 变电站电压监视注意事项

根据对变电站电气设备额定运行方式下电压的要求，在进行电压监视时应注意以下几点：

（1）三相电压应平衡并满足电压曲线要求。

（2）并列运行的母线电压应相差不大。

（3）电压表指示应稳定，无波动；微机监控系统数据刷新正常。

2. 变电站电能计量装置监视注意事项

（1）每日按照规定的时间监视或抄录变电站内安装的各种关口表、馈线电能表的读数，并进行量核算。

（2）对于双侧电源线路，运行中线路的潮流方向随时可能发生变化，抄录电能表读数时，输入、输出两个方向的电量均要抄录。

（3）定期核算母线电量不平衡率，若发现母线电量不平衡率超过规定值［一般为±（1%～2%）］应查明原因。

（4）当计量回路出现异常（如电压熔断器熔断、电流回路开路等）后，应记录时间，以便根据负荷情况补算电量。

（5）有旁路操作时，应及时抄录旁路断路器的电量。

3. 变电站微机监控系统运行状况判断

（1）在监控系统"遥测表"画面下，如果发现某一间隔的所有遥测数据不更新，或者日负荷报表中某一间隔的所有报表数据一直都未改动过，应检查网络通信是否正常，支持程序是否正常，采集装置运行指示是否正常，判断出该间隔的异常原因进行相应处理。

（2）如果发现监控系统中所用遥测数据均不再更新，通信状态显示正常，可能是程序死机，应按照规定的顺序，退出监控程序重新登录。

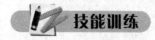 **技能训练**

（1）变电运行的基本任务是什么？

（2）变电运行管理的内容是什么？

（3）变电运行工况监视的目的是什么？

（4）变电站的运行监视包括哪些工作？

（5）何为变电站的运行方式？

（6）安排电气主接线的运行方式时，应遵守哪些原则？

（7）典型电气主接线有哪些？

（8）双母线分段接线有何优点？

（9）运行监视变电站电气设备额定运行方式下的主要参数有哪些？

（10）画出袁州变电站 220kV 侧双母线运行主接线图，并标出相应各设备的状态；熟练标注图中的设备编号，熟悉编号规律。

（11）画出袁州变电站 110kV 侧双母线运行主接线图，并标出相应各设备的状态，标注图中的设备编号。

（12）画出袁州变电站 10kV 侧单母线分段运行主接线图，并标出相应各设备的状态，标注图中的设备编号。

（13）画出袁州变电站 220kV 单母线运行主接线图，并标出相应各设备的状态。

（14）画出袁州变电站 1 号主变压器检修主接线图，并标出相应各设备的状态。

（15）画出袁州变电站 2 号主变压器检修主接线图，并标出相应各设备的状态。

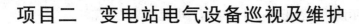

项目二 变电站电气设备巡视及维护

项目描述

在仿真环境下，各学习小组掌握 220kV 双母线接线变电仿真系统一、二次设备以及站用电与直流系统的巡视及维护。

学习完本项目必须具备以下专业能力、方法能力、社会能力。

（1）专业能力：熟悉变电站正常运行方式（一、二次系统）及站用交直流系统正常运行方式；熟悉变电站设备巡视的标准化作业流程（国网公司）；掌握变电站主变压器、断路器、隔离开关等一次设备的基本结构原理；掌握变电站主变保护、母线保护、线路保护、备用电源自动投入装置、低周减载装置等二次设备的基本原理；掌握变电站站用交直流系统的基本原理；能根据变电站电气设备巡视维护的基本流程及基本要求，变电站电气设备的布局，确定变电站电气设备巡视路线，并对变电站进行巡视及维护。

（2）方法能力：能正确理解、分析变电运行规程和变电站一、二次系统图，形成变电站电气设备巡视及维护基本思路，具备较强抽象思维能力；能说出变电站电气设备巡视及维护的基本流程及确定变电站电气设备巡视路线；能在仿真机上对照电气设备巡视及维护内容，熟练进行电气设备巡视及维护的操作。

（3）社会能力：愿意交流，主动思考，善于在反思中进步；学会服从指挥，遵章守纪，吃苦耐劳，安全作业；学会团队协作，认真细致，保证目标实现。

知识背景

设备巡视检查是变电站值班员的一项重要技能，及时发现异常和缺陷，对预防事故的发生，确保设备安全运行起着重要的作用。

一、设备巡视的种类

变电站的设备巡视检查，一般分为正常巡视（含交接班巡视）、全面巡视、熄灯巡视和特殊巡视，其中正常巡视、全面巡视、熄灯巡视又统称为例行巡视。

（1）正常巡视。

1）充油设备有无漏油、渗油现象，油位、油压、油色、油温指示及油色是否正常。

2）充气设备有无漏气，气压是否正常。

3）设备接头接点有无发热、烧红现象，金具有无变形和螺栓有无断损和脱落。

4）旋转设备声音有否异常。

5）设备吸潮装置是否已变色、驱潮装置是否按规定投入。

6）设备绝缘子、瓷套有无破损和灰尘污染是否严重。

7）避雷器泄漏电流有无异常。

8) 有无异常放电声音。

9) 保护及自动装置设备信号指示是否正常，切换开关、连接片投退位置是否正确，灯光信号及微机保护的液晶显示是否正确，自动空气开关及熔断器的投退是否正确。

10) 仪表指示读数是否正确，计量电压、电流回路是否完好。

11) 直流系统电压是否正常，有无直流接地，蓄电池电压及运行状况是否正常。

12) 检修施工现场安措、工作范围和工作任务有无变动，工作人员有无违章现象。

13) 监控装置运行是否正常。

(2) 全面巡视。主要是对设备进行全面的外部检查，对缺陷有无发展做出鉴定，检查设备的薄弱环节，检查防火、防小动物、防误闭锁等有无漏洞，检查接地网及引线是否完好。

(3) 熄灯巡视。主要是检查设备有无电晕、放电及接头有无过热现象。

(4) 特殊巡视。特殊巡视应在以下情况下进行：

1) 恶劣天气时（大风前后、雷雨后、冰雪、冰雹、雾天、温度骤变等）；

2) 设备变动后；

3) 设备新投入运行后；

4) 设备经过检修、改造或长期停运后重新投入系统运行时；

5) 异常情况下（过负荷或负荷剧增、超温、设备发热、系统冲击、跳闸、有接地故障等）；

6) 设备缺陷有发展时、法定节假日、上级通知有重要供电任务时。

二、电气设备巡视检查的一般规定

(1) 变电站应编制巡视标准化作业指导书，并严格执行。

(2) 值班人员应按规定认真巡视检查设备，提高巡视质量，及时发现异常和缺陷，及时汇报调度和上级，杜绝事故发生。

(3) 变电站应制定设备巡视路径图，确定设备观测点。

(4) 正常巡视有人值班站每天至少一次，无人值班站每周四次。

(5) 全面巡视应按照变电站标准化巡视指导书作业每周开展一次。

(6) 每周应进行熄灯巡视一次。

(7) 特殊巡视应根据需要进行。

(8) 站长应每月参加一次全面巡视，严格监督、考核各班的巡视检查质量。

三、变电站的日常运行维护工作

(1) 值班人员在各种仪表、信号和指示灯在发生异常变化时，应查明原因报告调度。

(2) 经常监视主变压器各侧电流及温度变化，按变压器运行规定投、退冷却器组数。

(3) 根据调度规程规定监视系统电压、频率，低于或高于规定，即报告省调及地调。

(4) 经常监视电池组浮充电流、电压，并保持在规定数值内（浮充电流约为 2mA/Ah；浮充电压为 2.23～2.27V/单体；控制母线电压在 220V±10%，合闸母线电压在 240V±10%）。

(5) 每小时记录一次母线电压、主变压器油温和电流，以及主变、线路负荷电流和有功、无功功率。

(6) 从电能计量系统里调取各电能表底码并做好母线电量统计。若母线电量平衡有超标时，应做好分析，并重新核对表计或计算是否错误，必要时应向有关部门汇报。

(7) 发现设备异常时，应详细记录，并报告调度和变电运行部门领导。

（8）发生系统事故或设备事故时，应详细记录仪表变化、保护信号、设备检查情况、发生时间及处理经过等。

（9）所有倒闸操作、设备异常、新设备投入、设备过负荷运行等，均应做好记录。

任务 2.1　变电站主系统一次设备巡视及维护

变电站主系统的设备用于输送和分配电能，变电站主系统的一次设备主要有电力变压器、断路器、隔离开关、互感器等，这些都是电压高、电流大的强电设备。为了确保变电站及电力系统的安全稳定运行，必须对变电站主系统一次设备进行巡视及维护，使变电站主系统（一次系统）能正常稳定运行。

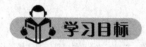

知识目标：

（1）掌握变电站主变压器、断路器、隔离开关等一次设备的基本结构原理。

（2）熟悉典型 220kV 变电站一次设备巡视及维护的主要内容及要求；变电站设备巡视的标准化作业流程。

（3）掌握变电站一次设备巡视路线的确定；按标准化作业流程对变电站一次设备进行巡视及维护。

能力目标：

（1）能说出变电站一次电气设备巡视及维护的基本流程及确定变电站电气设备巡视路线。

（2）能在仿真机上对照变电站一次电气设备巡视及维护内容，熟练进行电气设备巡视及维护的操作。

态度目标：

（1）能主动学习，在完成任务过程中发现问题，分析问题和解决问题。

（2）能严格遵守"变电运行"规程及各项安全规程，与小组成员协商、交流配合，按标准化作业流程完成学习任务。

（1）对照 220kV 变电仿真系统双母线接线主接线图，结合各设备平面布置，确定变电站设备巡视路线。

（2）对照电气设备巡视及维护的内容，按照变电站设备巡视的标准化作业流程，对 220kV 袁州变电站一次设备进行巡视。

相关知识

一、设备巡视的方法

1．一般巡视方法

（1）目测检查。用眼睛检查看得见的设备部位，通过设备外观的变化来发现异常情况。

通过目测可以发现下列异常现象：引线断股、散股，接头松动；变形（膨胀、收缩、弯曲）；变色（烧焦、发红、硅胶变色、油变黑）；渗漏（漏油、漏水、漏气）；污秽、腐蚀、磨损、破裂；冒烟，接头过热；火花、闪络；有杂质异物；指示不正常（表计、油位）；不正常动作。

（2）耳听判断。用耳朵或借助听音器械，判断设备运行中发出的声音是否正常。

（3）鼻嗅判断。用鼻子辨别是否有绝缘材料过热时产生的特殊气味。

（4）触试检查。用手触试设备的非带电部分，检查设备的温度是否有异常或局部过热。

（5）仪器检测。借助测温仪、望远镜、遥视探头对设备进行检查，是发现设备过热、高位设备缺陷的有效方法。

（6）比较分析。对所检查的设备部件有疑问时，可与正常设备部件比较；对于数据型结果可通过与其他同类设备及本身历史数据进行横向、纵向比较分析，综合判断设备是否正常。

2. 巡视工具的使用

（1）测温仪。对于变电站配备的红外测温仪，一般情况下结合正常巡视使用。根据运行方式的变化，在下列情况下进行重点测温：长期重负荷运行的设备；负荷有明显增加的设备；存在异常的设备；新投设备或运行方式改变后投入运行的设备；检修人员测温时发现温度偏高尚能坚持运行的设备；其他有必要的情况。

（2）智能巡检仪。配置了智能巡检仪的变电站，巡视时按照掌上电脑的提示进行检查，避免发生漏检和检查不到位的情况。

（3）遥视系统。装有遥视探头的变电站，可通过调整探头的角度和远近，检查正常情况下看不到的设备上部及高处的母线、绝缘子串有无异常。

3. 具体项目的检查方法和检查结果的分析判断

（1）油位、渗漏油的检查。注油设备油位过高的原因，可能为注油设备过负荷、内部接头过热或故障、散热环境不良或者气温高等原因造成的，对于变压器还可能是假油位。当注油设备油位过低看不见时，可能是由于注油设备外部或内部漏油以及气温突降等多种因素造成的。发现油位异常，应检查是否属于上述原因，进行相应处理。

油位计油位不容易看清楚时，可采取以下方法：多角度观察，两个温差较大的时刻所观察的现象比较，与其他同类设备油位比较，比较油位计不同亮度下的底色板颜色。

（2）油温判断。通常采用比较法，即与以往的运行数据比较，如发现油温较高，应查明原因。一般变压器类设备装设油温表，油温高的因素有冷却器有故障、散热环境不良或散热器阀门没有打开、环境温度高、负荷大、内部有故障、外部有故障、温度计损坏。

通过比较安装在变压器上的几只不同温度计读数，并充分考虑气温、负荷的因素，对照变压器温度负荷曲线，判断是否为变压器温升异常。变压器的很多故障都有可能伴随急剧的温升，应检查运行电压是否过高，套管各个端子和母线或电缆的连接是否紧密，有无发热迹象。

（3）声响判断。变压器在正常运行中会发出均匀的嗡嗡声，而其他大多数设备正常运行时处于无声状态。当发生各种异常或故障情况时，就会发出各类声响，也就是异声。对于声响判断，通常采用比较法。一般发生异常声响的可能性因素有设备内部有故障，负荷突变，过负荷，设备内部个别零件松动，铁磁谐振，系统发生故障，TA 二次开路，TA 末屏接地不良，TV 接地端接触不良，设备因脏污等原因发生放电或者其他因素，如设备外部附件螺栓、螺母松动造成的不正常声响。

（4）接头发热的检查方法。根据示温蜡片状况进行检查；根据相色漆的变色来判断接头是否发热；观察接头上有无热气流、水蒸气和冒烟现象；观察接头金属的变色；用红外测温仪测量接头温度。

（5）绝缘子裂纹的检查方法。雨后检查水波纹；对着日光检查，绝缘子表面污秽程度越大，其反射光线聚光点的亮度就越暗；用望远镜检查；根据放电声音检查。

（6）断路器液压机构压力的检查判断。液压机构压力表数值应对照温度压力曲线判断是否在规定范围内，同时要与活塞杆和微动开关位置相比较，综合判断。例如，环境温度高时，压力表读数很高，但活塞杆的位置正常；储压筒活塞密封不严时，氮气或液压油发生内渗，压力表读数和活塞杆的位置也会不一致。

（7）断路器机械位置的检查。应检查分合闸指示器、绝缘拉杆状态是否一致，其相连的运动部件相对位置有无变化。

二、设备巡视的工作流程

1. 做好准备工作

（1）查阅设备缺陷记录、运行日志并检查负荷情况，掌握设备运行状况，对存在缺陷及负荷较大的设备重点巡视。

（2）按照有关规程的要求，佩戴安全防护用品；考虑当时的天气情况，防止高温中暑或低温冻伤。

（3）人员搭配合理，设备分工合理，没有死角。

（4）携带望远镜、测温仪、巡视卡、笔、设备区及配电室钥匙等。

2. 按照规定的巡视路线对设备逐个进行巡视

每个设备应按照巡视指导书（卡）或 PDA 掌上电脑的巡视顺序和项目对各个部位逐项进行巡视，不得有遗漏。对存在缺陷或异常运行的设备巡视时，要重点检查其缺陷或异常有无发展。

变压器的巡视顺序举例：储油柜部分（油位指示器、气体继电器、储油柜及连接管、呼吸器）→变压器本体部分（设备标示牌、压力释放器、油箱、声响、上层油温）→各侧套管及引线（高压侧套管、中压侧套管、低压侧套管、中性点套管及其引线）→冷却系统（散热器、油泵、风扇）→有载调压装置。

3. 巡视中发现缺陷的处理

一般缺陷记录在巡视卡或 PDA 掌上电脑中，巡视完毕按照缺陷报告程序进行汇报。对于严重、危急缺陷，发现后，应立即暂停巡视，报告值班负责人，由值班负责人汇报调度及工区，并根据缺陷严重程度采取适当措施，防止发生事故。紧急处理完毕，应该从中断的地方开始继续巡视。

4. 巡视结果记录

结果汇报值班负责人，必要时值班负责人应对存在缺陷设备进行复查，确认是否构成缺陷以及严重程度。

三、设备巡视的安全要求

1. 设备巡视的危险点分析

设备巡视时应严格遵守 Q/GDW 1799.1—2013《国家电网公司电力安全工作规程 变电

部分》和相关规程制度的要求。巡视前针对巡视内容、天气情况、设备运行状况进行危险点分析。设备巡视过程中可能存在的危险点综合如下：

（1）人员触电。擅自打开设备网门、跨越遮栏与带电设备安全距离不够；误登、误碰带电设备；高压设备发生接地时，保持距离不够或接触设备外壳、架构。

（2）碰伤、摔伤。登高检查设备时，感应电造成人员失去平衡；夜间巡视，人员碰伤、摔伤、踩空。

（3）其他人身伤害。检查设备气泵、油泵等部件时，电动机突然启动，转动装置伤人；雷雨天气，靠近避雷器和避雷针，造成人员伤亡；不戴安全帽、不按规定着装或使用不合格的安全工器具，在突发事件时失去保护；巡视 SF$_6$ 设备时，未按规定进行，造成气体中毒；生产现场安全措施不规范，如警告标示不齐全、孔洞封锁不良、带电设备隔离不符合要求，造成人员伤害；人员身体状况不适，思想波动，造成人身伤害。

（4）设备误动。开、关保护屏门，振动过大，造成设备误动作；在保护室使用移动通信工具，造成保护误动。

（5）造成安全隐患。擅自改变检修设备状态，变更工作地点的安全措施；发现缺陷及异常单人处理，未及时汇报；随意动用万能解锁钥匙；进出高压室，未随手关门，造成小动物进入。

（6）巡视质量不高。未按照巡视路线巡视，造成巡视不到位，漏巡视；人员身体状况不适、思想波动，造成巡视质量不高。

2. 设备巡视的安全措施和注意事项

（1）经本单位批准允许单独巡视高压设备的人员巡视高压设备时，不得进行其他工作（发现缺陷及异常，应及时汇报，不得单人处理），不得移开或越过遮栏。

（2）雷雨天气，需要巡视室外高压设备时，应穿绝缘靴，并不得靠近避雷器和避雷针。

（3）高压设备发生接地时，室内不得接近故障点 4m 以内，室外不得接近故障点 8m 以内。进入上述范围人员应穿绝缘靴，接触设备外壳和架构时，应戴绝缘手套。

（4）巡视配电装置，进出高压室，应随手关门，并检查防鼠门良好。

（5）进入设备区，应戴安全帽，并按规定着装，巡视前检查所使用的安全工器具完好。

（6）夜间巡视，应开启设备区照明，熄灯夜巡应带照明工具。

（7）按照规定的巡视路线进行巡视，防止漏巡。

（8）登高检查设备时做好有感应电的思想准备，不得单人进行登高或登杆巡视。

（9）巡视设备时禁止变更检修现场安全措施，禁止改变检修设备状态。

（10）巡视时严禁触摸油泵、气泵转动部分。

（11）在保护室禁止使用移动通信工具，开、关保护屏门应小心谨慎，防止过大振动。

（12）严格执行"五防"解锁规定，禁止随意动用解锁钥匙。

（13）巡视人员状态应良好，巡视过程中精神集中，不得谈论与巡视无关的事情。

（14）进入 GIS 设备室前应先通风 15min，且无报警信号，确认空气中含氧量不小于 18%，空气中 SF$_6$ 浓度不大于 $1000\mu L/L$ 后方可进入。GIS（Gas Insulated Switchgear，气体绝缘金属封闭开关设备）是指 SF$_6$ 封闭式组合电器，是将一座变电站中除变压器以外的一次设备，包括断路器、隔离开关、接地开关、电压互感器、电流互感器、避雷器、母线、电缆终端、进出线套管等，经优化设计有机地组合成一个整体。

（15）不得单人进入 GIS 设备室进行任何工作，巡视时不要在 GIS 设备防爆膜附近停留，防止压力释放器突然动作，危及人身安全。

（16）在巡视检查中，若遇到 GIS 设备操作，应停止巡视并离开设备一定距离，操作完成后，再继续巡视检查。

（17）巡视时人员站位要合适，室外 SF_6 设备气体泄漏时，应从上风接近检查；避免站在设备压力释放装置所对的方向。

★ 任务实施

对照 220kV 变电仿真系统双母线接线主接线图，结合各设备平面布置，确定变电站设备巡视路线（220kV 袁州变电站巡视路线为：主控制室的保护装置、直流屏、远动通信屏、站用电源屏、风机控制箱，GIS，35kV 气体绝缘开关柜，控制电缆夹层，接地变、主变，终端塔等）。按照变电站设备巡视的标准化作业流程，对照以下各电气设备巡视及维护的内容，对 220kV 袁州变电站一次设备进行巡视，并指导学生记录本值各类巡视检查的开始、结束时间，巡视类别和巡视中发现的缺陷及巡视人姓名。巡视类别分别为交接班巡视、正常巡视、夜间巡视、特殊巡视。

一、变压器的巡视检查、运行与维护

1. 主变压器正常巡视检查项目和标准

（1）变压器的油温和温度计应正常。1 号主变油温应在为 75℃以下，2 号主变油温应在为 85℃以下。储油柜的油位应与温度相对应。

（2）变压器各部位应无渗油、漏油。

（3）套管油位应正常，套管外部无破损裂纹、无严重油污、无放电痕迹及其他异常现象。

（4）变压器声响均匀、正常。

（5）各冷却器手感温度应相近，风扇、油泵运转正常，油流继电器工作正常。

（6）吸湿器完好，吸附剂干燥，油封油位正常。

（7）引线接头、电缆、母线应无发热现象。

（8）压力释放器、安全气道应完好无损。

（9）有载调压分接开关的分接位置及电源指示应正常。

（10）气体继电器内应无气体。

（11）各控制箱和二次端子箱、机构箱应关严，无受潮，温控装置工作正常。

（12）各类指示、灯光、信号应正常。

（13）检查变压器各部件的接地应完好。

2. 新安装变压器投运前的检查

（1）检查本体，冷却装置及所有附件应无缺陷，无渗漏油现象。

（2）事故排油设施应完好，消防设施齐全。

（3）根据阀门的作用，检查其所在的位置（开或闭）是否正确。

（4）检查接地系统是否可靠，检查铁芯接地情况必须保证只能是一点接地。

（5）储油柜及充油套管油位正常，储油柜呼吸用干燥器油位正常，干燥剂（硅胶）颜色正常，呼吸器是否畅通。

（6）检查主变压器（简称主变）保护装置正常运行定值和充电试运行定值是否与下发的定值单一致，保护装置是否运行在充电定值所在定值区。

（7）检查冷却器控制系统控制投入、退出是否可靠。

（8）退出差动保护，待带负荷检查三侧差动保护极性正确后投入。

3. 新安装变压器空载试运行

（1）进行冲击合闸时，其中性点处必须接地。

（2）在空载冲击合闸期间，重瓦斯保护必须投入跳闸。

（3）变压器第一次投入时，可全电压冲击合闸，冲击合闸时，变压器宜从高压侧投入。

（4）冲击合闸电压为系统额定电压，合闸次数最多为 5 次，第一次受电后持续时间不应少于 10min，变压器开始带电试运行，并带一定的载荷即可能的最大负荷连续运行 24h，无异常后转入正常运行状态。

4. 变压器大修后试运行

（1）在试运行前，应由检修和运行双方工作人员密切配合，应对其本体及其有关设备进行全面检查，集中检修、试验、保护及运行方式的意见，确认为符合运行条件时，方可进行试运行。

投运前的检查如下：

1）每组冷却器的上、下联管阀门，净油器的上、下联管阀门，储油柜与油箱联管阀门都在开启位置。

2）有载调压开关与接头指示已按调度规定的使用分接头（抽头）位置调整好。

3）重瓦斯保护接跳主变三侧断路器，轻瓦斯保护动作于信号。但进行过滤油，从底部注油，调换瓦斯继电器等工作，在投入运行时，须待空气排尽，方可将重瓦斯保护投入跳闸。

4）主变保护（后备保护、主保护）整组试验符合要求，即保护整定正确，每套保护装置信号、光字牌信号、断路器跳闸功能均正常。

5）变压器油箱接地良好。

6）油箱顶盖无杂物，瓷套表面清洁完整。

7）接通电源，启动各组强油循环油泵，检查油泵和风扇电机旋转方向是否正确，整个冷却器有无强烈振动。冷却器运行 2h 后，停止运行，拧开顶部放气塞排出散热器里面的空气（如此反复两三次）。

8）放去各套管升高座、冷却器、净油器等上部的残存空气。

9）检查并试验变压器强油循环、冷却系统自动控制装置，其控制和信号均应正确无误。

（2）大修后的主变应进行 3 次冲击合闸试验，第一次冲击带电后运行时间应不少于 10min，以后为 5min，主变带电后检查内部有无不正常杂音，每次冲击合闸应检查冲击励磁涌流对差动保护的影响，并记录空载电流。

（3）主变试运行差动保护和瓦斯保护同时投入跳闸位置，经试运行不发生异常情况，24h 空载运行后投入正式带负荷运行。主变带负荷后，对主变差动保护测量电流相位和不平衡电流或电压，测试差动相位前，退出差动跳闸连接片，证实二次接线及极性正确无误后，再将差动跳闸连接片投入。

（4）变压器的运行维护应按照规程有关规定进行。不得随意改变冷却方式运行，为监视和防止变压器绝缘老化，要经常监视上层油温和温升（上层油温－气温）。当气温在 20℃以上时，1 号主变上层油温不得超过 75℃，2 号主变上层油温不得超过 85℃。当气温在 20℃以下时，1 号主变上层油温不得超过 55℃，2 号主变上层油温不得超过 65℃。

二、断路器的巡视检查、运行与维护

1. 油断路器的正常巡视检查项目和标准

油断路器的正常巡视检查项目和标准见表 1-2-1。

表 1-2-1　　　　　　　　　　　油断路器的正常巡视检查项目和标准

序号	检查项目	标准
1	标示牌	名称、编号齐全、完好
2	本体	无油迹、锈蚀、放电、异声
3	套管、绝缘子	完好，无断裂、裂纹、损伤放电现象
4	引线连接部位	无发热变色现象
5	放油阀	关闭严密，无渗漏
6	绝缘油	油位在正常范围内，油色正常
7	位置指示器	与实际运行方式相符
8	连杆、转轴、拐臂	无裂纹、变形
9	端子箱	电源开关完好、名称标注齐全、封堵良好、箱门关闭严密
10	接地	螺栓压接良好，无锈蚀
11	基础	无下沉、倾斜

2. SF_6 断路器的正常巡视检查项目和标准

SF_6 断路器的正常巡视检查项目和标准见表 1-2-2。

表 1-2-2　　　　　　　　　　　SF_6 断路器的正常巡视检查项目和标准

序号	检查项目	标准
1	标示牌	名称、编号齐全、完好
2	套管、绝缘子	无断裂、裂纹、损伤放电现象
3	分合闸位置指示器	与实际运行方式相符
4	软连接及各导流压接点	压接良好，无过热变色、断股现象
5	控制、信号电源	正常，无异常信号发出
6	SF_6 气体压力表或密度表	在正常范围内，并记录压力值
7	端子箱	电源开关完好、名称标注齐全、封堵良好、箱门关闭严密
8	各连杆、传动机构	无弯曲、变形、锈蚀，轴销齐全
9	接地	螺栓压接良好，无锈蚀
10	基础	无下沉、倾斜

3. 真空断路器的正常巡视检查项目和标准

真空断路器的正常巡视检查项目和标准见表 1-2-3。

表 1-2-3　　　　　　　　　　　真空断路器的正常巡视检查项目和标准

序号	检查项目	标准
1	标示牌	名称、编号齐全、完好
2	灭弧室	无放电、异声、破损、变色
3	绝缘子	无断裂、裂纹、损伤放电等现象
4	绝缘拉杆	完好、无裂纹
5	各连杆、转轴、拐臂	无变形、裂纹，轴销齐全
6	引线连接部位	接触良好，无发热变色现象
7	位置指示器	与实际运行方式相符
8	端子箱	电源开关完好、名称标注齐全、封堵良好、箱门关闭严密
9	接地	螺栓压接良好，无锈蚀
10	基础	无下沉、倾斜

4. 液压操动机构的正常巡视检查项目和标准

液压操动机构的正常巡视检查项目和标准见表 1-2-4。

表 1-2-4　　　　　　　　　　液压操动机构的正常巡视检查项目和标准

序号	检查项目	标准
1	机构箱	开启灵活无变形、密封良好，无锈迹、异味、凝露等
2	计数器	动作正确并记录动作次数
3	储能电源开关	位置正确
4	机构压力	正常（常温下 220kV 机构 23.5MPa，110kV 机构 22.2MPa）
5	油箱油位	在上 [(75+5)mm] 下 [(15+5)mm] 限之间，无渗（漏）油
6	油管及接头	无渗油
7	油泵	正常、无渗漏
8	行程开关	无卡涩、变形
9	活塞杆、工作缸	无渗漏
10	加热器（除潮器）	正常完好，投（停）正确

5. 弹簧机构的正常巡视检查项目和标准

弹簧机构的正常巡视检查项目和标准见表 1-2-5。

表 1-2-5　　　　　　　　　　　弹簧机构的正常巡视检查项目和标准

序号	检查项目	标准
1	机构箱	开启灵活无变形、密封良好，无锈迹、异味、凝露等
2	储能电源开关	位置正确
3	储能电机	运转正常
4	行程开关	无卡涩、变形
5	分、合闸线圈	无冒烟、异味、变色
6	弹簧	完好，正常
7	二次接线	压接良好，无过热变色、断股现象
8	加热器（除潮器）	正常完好，投（停）正确
9	储能指示器	指示正确

6. 电磁操动机构的正常巡视检查项目和标准

电磁操动机构的正常巡视检查项目和标准见表1-2-6。

表 1-2-6　　　　　　　　　　电磁操动机构的正常巡视检查项目和标准

序号	检查项目	标准
1	机构箱	开启灵活无变形、密封良好，无锈迹、异味、凝露等
2	合闸电源开关	位置正确
3	合闸熔断器	检查完好，规格符合标准
4	分、合闸线圈	无冒烟、异味、变色
5	合闸接触器	无异味、变色
6	直流电源回路	端子无松动、锈蚀
7	二次接线	压接良好，无过热变色、断股现象
8	加热器（除潮器）	正常完好，投（停）正确

7. 断路器的运行

（1）各类断路器允许在其额定电压和额定电流的情况下长期运行。

（2）断路器安装地点的短路容量不应大于其铭牌规定的遮断容量，当短路电流通过时，能满足动、热稳定的性能要求。

（3）断路器的分、合闸指示器应易于观察且指示正确。辅助触点应动作正确、接触良好。

（4）断路器操动机构应经常保持足够的操作电源。

（5）采用电磁操动机构的断路器禁止用手动或千斤顶的办法带电进行合闸操作；采用液压机构的断路器，如因压力异常导致断路器分、合闸闭锁时，不准解除闭锁进行操作。

（6）断路器的金属外壳及底座应有明显的接地标志并可靠接地。

（7）断路器切除短路电流跳闸达到一定次数，应进行额外的检修；未及时检修时，应停用重合闸。

8. 断路器的正常维护项目

（1）不带电的正常清扫。

（2）配合带电设备停电的机会，进行传动部分的检查，清扫绝缘子积垢，处理缺陷，除锈刷漆。

（3）对断路器及操作机构传动部件添加润滑油。

（4）根据需要补气或放气，放气阀泄漏处理。

（5）检查控制熔断器（自动空气开关）、油泵电机熔断器及储能电源开关是否正常。

（6）记录断路器的动作次数。

（7）检查各断路器防误闭锁功能是否齐全，有无缺陷。

三、隔离开关的巡视检查、正常运行与维护

1. 隔离开关的正常巡视检查项目和标准

隔离开关的巡视检查项目和标准见表1-2-7。

表 1-2-7 隔离开关的巡视检查项目和标准

序号	检查项目	标准
1	标示牌	名称、编号齐全、完好
2	绝缘子	清洁，无破裂、无损伤放电现象；防污闪措施完好
3	导电部分	触头接触良好，无过热、变色及移位等异常现象；动触头的偏斜不大于规定数值；触点压接良好，无过热现象；引线弛度适中
4	传动杆、拐臂	连杆无弯曲，连接无松动、锈蚀，开口销齐全；轴销无变位脱落、无锈蚀、润滑良好；金属部件无锈蚀、鸟巢
5	法兰连接	无裂痕，连接螺栓无松动、锈蚀、变形
6	接地开关	位置正确，弹簧无断股、闭锁良好，接地杆的高度不超过规定数值；接地引下线完整可靠接地
7	闭锁装置	机械闭锁装置完好、齐全，无锈蚀变形
8	操动机构	密封良好，无受潮
9	接地	应有明显的接地点，且标识色醒目；螺栓压接良好，无锈蚀

2. 隔离开关的运行

(1) 隔离开关不能用于开断负荷电流。

(2) 可用隔离开关操作的项目有：

1) 拉合电压互感器（新建或大修后的电压互感器，在条件允许时第一次受电应用断路器进行操作）。

2) 拉合避雷器（无雷雨时）。

3) 拉合变压器中性点接地开关，拉合消弧线圈隔离开关（小电流接地系统，变压器中性点位移电压不超限的情况下）。

4) 拉合同一电压等级变电站内经断路器闭合的旁路电流（在拉合前须将断路器的操作电源退出）。

5) 拉合空母线，但不能对母线试充电。

6) 当可用隔离开关操作的设备（电压互感器、避雷器、站用变等）在运行中发生故障或接地时，不允许使用隔离开关将故障设备隔离，应使用本电压级的相应断路器将故障设备停电后，再用隔离开关将故障设备隔离。

3. 隔离开关的维护

隔离开关，应趁停电机会进行定期清扫维护，主要工作为：

1) 铁件除锈刷漆，活动部件加润滑油，擦拭绝缘子。

2) 检查和调整隔离开关的触头弹簧压力；用 0 号砂纸修理触头的接触面；旋紧各部件螺栓。

3) 调整隔离开关的开度和三相同期。

4) 检查隔离开关支柱绝缘子底座结合处无开裂。

5) 检查防误闭锁装置操作灵活，闭锁可靠。

6) 隔离开关的锁定装置安装是否牢固，动作是否灵活，能否将动触头可靠地处于既定的位置。

7) 对电动操动机构的隔离开关，确认机构各部正常后，用电动开合操作几次，应在隔离开关和电动机构动作正常，回路切换正常，联锁可靠后方可投入运行。

8）户外隔离开关电气锁应每月加润滑油一次，每年进行一次校准性维护检查。

9）隔离开关操作上存在问题，应趁停电进行处理。

10）缺陷处理工作可配合检修工作进行。

四、电流互感器的巡视检查、正常运行与维护

1. 电流互感器的正常巡视检查项目

（1）设备外观完整无损。

（2）一、二次引线接触良好，接头无过热，各连接引线无过热、变色。

（3）外绝缘表面清洁、无裂纹及放电现象。

（4）金属部位无锈蚀，底座、支架牢固，无倾斜变形。

（5）架构、遮拦、器身外涂漆层清洁、无爆皮掉漆。

（6）无异常振动、异常声音及异味。

（7）瓷套、底座、阀门和法兰等部位应无渗漏油现象。

（8）端子箱引线端子无松动、过热、打火现象。

（9）油色、油位正常。

（10）金属膨胀器膨胀位置指示正常，无渗漏。

2. 电流互感器的运行

（1）运行中电流互感器的负荷电流，独立式电流互感器应不超过其额定值的 110%，套管式电流互感器应不超过其额定值的 120%（宜不超过 110%），如长时间过负荷，会使测量误差加大和绕组过热或损坏。

（2）电流互感器的二次绕组在运行中不允许开路，因为出现开路时，将使二次电流消失，这时全部一次电流都成为励磁电流，使铁芯中的磁感应强度急剧增加，其有功损耗增加很多，因而引起铁芯和绕组绝缘过热，甚至造成互感器的损坏。此外，由于磁通很大，在二次绕组中感应产生一个很大的电动势，这个电动势在负荷电流作用下，可达数千伏，因此无论对工作人员还是对二次回路的绝缘都是很危险的。

（3）应定期检查油浸式电流互感器油位的变化是否在规定的范围内，若发现异常应及时汇报调度和相关部门。

（4）电流互感器的二次绕组，至少应有一个端子可靠接地，防止电流互感器主绝缘故障或击穿时，二次回路上出现高电压，危及人身和设备的安全。但为了防止二次回路多点接地造成继电保护误动作，对差动电流保护每套保护只允许有一点接地，接地点一般设在保护屏上。

3. 电流互感器的维护

应趁停电安排清扫维护，其工作内容如下：

（1）检查高低压螺栓是否松动。

（2）检查引线夹无断裂，工作接地、外壳接地是否牢固。

（3）擦抹绝缘子各部件，渗漏应清除。

五、电压互感器的巡视检查、运行与维护

1. 电压互感器的正常巡视检查项目和标准

（1）设备外观完整无损，外绝缘表面清洁、无裂纹及放电现象。

（2）一、二次引线接触良好，接头无过热，各连接引线无发热、变色。

（3）金属部位无锈蚀，底座、支架牢固，无倾斜变形。

（4）架构、遮栏、器身外涂漆层清洁、无爆皮掉漆。

（5）无异常振动、异常声音及异味，油色、油位正常。

（6）瓷套、底座、阀门和法兰等部位应无渗漏油现象。

（7）电压互感器端子箱熔断器和二次自动空气开关正常。

（8）金属膨胀器膨胀位置指示正常，无渗漏。

（9）各部位接地可靠。

（10）注意电容式电压互感器二次侧电压（包括开口三角电压）无异常波动。

2. 电压互感器的运行

（1）电压互感器允许在1.2倍额定电压下长期运行。

（2）在运行中若高压侧绝缘击穿，电压互感器二次绕组将出现高电压。为了保证安全，应将二次绕组的一个出线端或互感器的中性点直接接地，防止高压窜至二次侧对人身和设备的危险。

（3）启用电压互感器时，应检查绝缘良好，定相正确，外观、油位正常，接头清洁。

（4）停用电压互感器时，应先退出相关保护和自动装置，防止误动；断开二次自动空气开关（如果二次侧为熔断器则取下熔管），再拉开一次隔离开关，防止反充电。记录有关回路停止电能计量时间。

（5）电压互感器二次侧严禁短路。因为出现短路时，会产生很大的短路电流，这是由于二次绕组匝数少会烧坏电压互感器。

（6）严密监视各电压等级的相电压、线电压。

3. 电压互感器的维护

（1）大修：一般是指对互感器解体，对内、外部件进行的检查和修理。

（2）大修周期：根据互感器预防性试验结果、在线监测结果进行综合分析判断，认为必要时进行大修。

（3）小修：一般是指对互感器不解体进行的检查与修理。

（4）小修周期：结合预防性试验和实际运行情况进行，1～3年进行1次。

（5）利用停电进行清扫，擦抹绝缘子，检查引线接头是否接触良好，工作接地、外壳接地是否牢固，渗油应清除。

六、避雷器的巡视检查、运行与维护

1. 避雷器的正常巡视检查项目和标准

避雷器的正常巡视检查项目和标准见表1-2-8。

表 1-2-8　　　　　　　　　　**避雷器的正常巡视检查项目和标准**

序号	检查项目	标准
1	瓷套表面	不得有严重积污，运行中不得出现放电现象；瓷套、法兰不应出现裂纹、破损或放电烧伤痕迹
2	避雷器本体	内部不得出现异常声响；不应出现异常温度分布
3	与避雷器连接的导线及接地引下线	不得有烧伤痕迹或断股现象，接地端子应牢固并可靠接地，接地引下线应无锈蚀，与主地网连通应良好
4	避雷器放电计数器	指示数应正确动作，连线牢固；计数器不得破损，内部不得有积水
5	泄漏电流在线监测装置	避雷器泄漏电流不应有明显变化
6	避雷器均压环	不得发生歪斜或放电

2. 避雷器的运行与维护

(1) 加在避雷器上的工频电压不允许长时间超过持续运行电压。

(2) 避雷器正常运行时应无任何响声。

(3) 雷电天气，不准靠近避雷针和避雷器。

(4) 雷雨天气过后，应尽快特巡避雷器和避雷针，同时记录避雷器放电计数器动作情况。

(5) 每月中旬和月底应对全站避雷器放电计数器动作情况全面检查，并做好记录。

(6) 每周进行一次检查避雷器泄漏电流情况，并做好记录。

(7) 避雷针、接地网的接地电阻每六年测量一次。

(8) 避雷器每年雷雨季节前定期试验一次。

(9) 利用停电对避雷器进行清扫，擦抹绝缘子，并检查绝缘子有无裂纹或放电痕迹，接线装置牢固、可靠，引线接头紧固。

七、母线的巡视检查、运行与维护

1. 母线的正常巡视检查项目和标准

(1) 检查导线、铝排和连接用金具的连接部分接触良好，有无氧化、电腐蚀、发热、熔化等现象，有无断股、散股现象或烧伤痕迹。

(2) 耐张线夹、双槽夹板无松动和发热现象，可用远红外测温仪测试，各接头温度要求接头不超过70℃。

(3) 母线伸缩接头无裂纹、折皱或断股现象。

(4) 绝缘子清洁，无裂纹或破损，无放电现象。

(5) 母线上无不正常声音。

2. 母线的运行与维护

(1) 运行中母线接头温度不得超过70℃，每日高峰时期用红外线测温仪对接头温度（或薄弱点）进行抽测，并做好记录。

(2) 每年测试母线的悬式绝缘子绝缘及运行情况。

(3) 遇有高温或冰冻气候应观察母线垂度是否符合规定。

(4) 利用母线停电进行清扫，擦抹母线绝缘子，检查母线接头紧固情况。

(5) 母线大修或新投入运行的检查项目。

(6) 耐张绝缘子清洁、无裂纹、表面无剥落现象。

(7) 各部螺栓紧固，螺杆露出螺帽幅度不少于3～5m。

(8) 各部螺栓、零件完整无损裂。

(9) 导线无断股，连接可行，接触良好。

(10) 绝缘电阻合格。

八、电缆的巡视检查、运行与维护

1. 电缆的正常巡视检查项目和标准

(1) 电缆沟盖板应完好无缺；对于敷设在地下的电缆，应检查其所经过的路面无挖掘工程及其他损坏覆盖层的施工作业，路线标桩完整无缺等。

(2) 电缆沟支架必须牢固、无松动和锈蚀现象，接地应良好。

(3) 电缆沟内不应积水或堆积杂物和易燃品，防火设施应完善。

(4) 电缆标示牌应无脱落，电缆铠甲和保护管应完整、无锈蚀。

（5）电缆头绝缘子应完整、清洁、无闪络放电现象。外露电缆的外皮应完整，支撑应牢固，外皮接地应良好。

（6）引出线的连接线夹应紧固，应使用红外线测温仪测量其温度，应不超过 70℃。

（7）电缆头上应无杂物，如鸟巢等。

（8）电缆终端头接地线必须良好，无松动、断股和锈蚀现象，相序色应明显。

（9）电缆中间头应无变形和过热。

2. 电缆的运行与维护

（1）电缆的运行。

1）电缆的运行电压，应不超过其额定电压的 115%，备用或不使用的电缆线路应连接在电网上，加以充电，以防受潮而降低绝缘强度，在小电流接地系统中，当发生单相接地时，要求运行时间不超过 2h。

2）电缆在运行中不得超过其允许温度，否则将加速绝缘老化，导致电缆的损坏而引起事故，因此当电缆的表面温度超过允许温度时，应采取限制负荷措施。

3）全线敷设电缆的线路一般不装重合闸，因此当断路器跳闸后不允许试送电，这是因为电缆线路故障多为永久性的。

4）电缆不得长期过负荷运行，但在经常性负荷电流小于最大长期运行电流的电缆允许短时少量过负荷。

5）电缆接入时，应核对相位正确。

6）运行中的电缆禁止值班人员用手去直接触试电缆表面，以免发生意外，禁止搬动运行中的电缆。

（2）电缆的维护。

1）电缆除正常和特殊巡视检查外，还应利用停电清扫和擦抹电缆和绝缘子，同时检查是否有裂纹及闪络痕迹，以及电缆头接触部位是否紧固。

2）经常用红外线测温仪测试电缆接头温度要求不超过 70℃，并做好相关记录。

3）每季度检查电缆运行情况及防小动物孔洞是否封堵严密，措施是否到位。

4）电缆层应装设温度自动控制灭火器，以防电缆温度过高而引发的火灾。

5）电缆发生故障，在处理完毕后，必须进行电缆绝缘的耐压试验和绝缘电阻试验。

九、电容器的巡视检查、运行与维护

1. 电容器的正常巡视项目和标准

（1）检查瓷绝缘有无破损裂纹、放电痕迹，表面是否清洁。

（2）母线及引线是否过紧过松，设备连接出有无松动、过热。

（3）设备外壳涂漆无变色、变形，外壳无鼓肚、膨胀变形，接缝无开裂、渗漏油现象，内部无异声，外壳温度不超过 50℃。

（4）电容器编号正确，各接头无发热现象。

（5）熔断器、放电回路及指示灯完好，接地引下线无严重锈蚀、断股。

（6）电抗器附近无磁性杂物存在，油漆无脱落、线圈无变形，无放电及焦味，油电抗器应无渗油。

（7）电缆挂牌齐全完整，内容正确，字迹清楚；电缆外皮无损伤，支撑牢固；电缆和电缆头无渗油漏胶，发热放电，无火花放电等现象。

2. 电容器的运行

（1）电容器组投运前应对电容器组的断路器、保护、控制信号按质量标准进行严格验收，并收集移交安装施工记录、竣工报告、出厂说明书和出厂试验报告，投运事宜完善后，方可投入运行。

（2）在额定电压下，合闸冲击三次，每次合闸间隔时间 5min，应将电容器残流电压放完时方可进行下次合闸。

（3）在投运 1 个月后应停运全面检查一次，3 个月内应对电容器组加强巡检。

（4）电力电容器允许在不超过额定电流的 30％运况下长期运行。三相不平衡电流不应超过±5％。

（5）运行人员应经常监视电容器组的温度，应不超过 50℃。

（6）电容器组的电压、电流、温度均应前后比较，如有突变均视为异常运行，必须查明原因，进行处理。

（7）任何情况下电容器组断路器跳闸，5min 内不得将其强送电，在未找出原因之前不得重新合闸。

（8）电容器退出运行后虽已自动放电，但在人体接触其导电部位时仍需按规定用接地棒对地放电并接地。

（9）电容的投切一般应按就地补偿无功功率，不得向系统倒送的原则进行。其具体操作应按规定电压曲线及有关参数进行，同时还应与主变压器的有载分接开关相配合，其配合原则如下：

1）电压在规定的上下限之间，而无功功率过多或不足时，应当切除或投入电容器。

2）电压超上限，当无功功率不足时，应先调变压器分接开关，再投入电容器；当无功效率合适时，应调变压器分接开关；当无功功率过多时，应先切除电容器，再调整变压器分接开关。

3）电压超下限时，当无功功率不足时，应先投入电容器，再调整变压器分接开关；当无功功率合适时，应调整变压器分接开关；当无功功率过多时，应先调变压器分接开关，再切除电容器。

4）电容器停止运行后，一般至少应放电 5min，方可再次合闸送电。

（10）电容器停电维修前须将接地开关合上。

（11）主变停电操作时，先停电容器组的断路器；主变送电时，待主变低压侧母线配电装置投运后，再按具体情况投入电容器组。严禁主变和电容器组同时投退。

3. 电容器的维护

（1）趁停电做好箱壳表面、套管表面及其他各部位的清洁工作，并应定期清扫，以保证安全运行。

（2）运行人员每周进行一次测温，以便于及时发现设备存在的隐患，保证设备安全可靠运行。

（3）每季定期检查一次电容器组设备所有的接点和连接点。

（4）在电容器投运后，每年测量一次谐波。

十、消弧线圈巡视检查、运行与维护

1. 消弧线圈的正常巡视检查项目和标准

（1）检查声音正常，无异常噪声。

（2）检查紧固件、连接件无松动，导电零件无生锈、腐蚀的痕迹。

（3）绝缘表面无爬电痕迹和碳化现象，瓷套管清洁，无裂纹和放电痕迹。

（4）引线、电缆接头紧固，无过热发红现象。

（5）检查其附件设备（电阻器、真空接触器、电压互感器）运行正常，隔离开关刀口接触良好，无发热现象。

2. 消弧线圈的运行与维护

（1）正常运行中 10kV 两段主母线各投一套消弧线圈，因故需要停运接地变压器或消弧线圈时，必须报告值班调度员，按给定的运行方式倒闸操作。

（2）在正常情况下，消弧线圈自动调谐装置必须投入运行，且应投入自动运行状态。

（3）消弧线圈自动调谐装置投入运行操作步骤如下：先合上消弧线圈自动控制屏后交、直流电源自动空气开关，再推上消弧线圈与中性点之间单相隔离开关（站用变断路器须在断开位置，消弧线圈与中性点之间单相隔离开关只有站用变断路器在断开时才能推上），最后将站用变断路器由热备用（冷备用）转运行，合上控制器电源开关。

（4）消弧线圈自动调谐装置退出运行操作步骤：先断开控制器电源开关，将站用变断路器由运行转热备用（冷备用），再拉开消弧线圈与中性点之间单相隔离开关，最后断开消弧线圈自动控制屏交、直流电源自动空气开关。

（5）若微机调节装置不能投运需要手动倒换消弧线圈的挡位时，应和值班调度员取得联系，根据脱谐度和位移电压的大小确定挡位。

（6）禁止将一台消弧线圈同时接在两台接地变压器（或变压器）的中性点上。

十一、电抗器的巡视检查、运行与维护

1. 电抗器的正常巡视检查的项目和标准

（1）设备外观完整无损，无异物。

（2）引线接触良好，接头无过热，各连接引线无发热、变色。

（3）外包封表面清洁、无裂纹，无爬电痕迹、油漆脱落现象，憎水性良好。

（4）撑条无错位。

（5）无动物巢穴等异物堵塞通风道。

（6）支柱绝缘子金属部位无锈蚀，支架牢固，无倾斜变形、明显污染情况。

（7）无异常振动和声响。

（8）接地可靠，周边金属物无异常发热现象。

（9）场地清洁无杂物，无杂草。

（10）电抗器室门窗应严密，以防小动物进入。

2. 电抗器的正常运行

（1）电抗器允许在额定电压、额定电流下长期运行。

（2）运行中应检查线圈垂直通风道是否畅通，发现异物应及时清除。

（3）运行中应检查电抗器水平，垂直绑扎带有无损伤，出现异常时应及时处理或通知制造厂修理。

3. 电抗器的维护

（1）干式电抗器及其电气连接部分每季度应进行带电红外线测温和不定期重点测温。红外测温发现有异常过热，应申请停运处理。

（2）户外干式电抗器表面应定期清洗，5～6 年重新喷涂憎水绝缘材料。

（3）发现包封表面有放电痕迹或油漆脱落，以及流（滴）胶、裂纹现象，应及时处理。

 **拓展提高**

一、变压器的特殊巡视检查项目和标准

（1）气温骤变时，检查储油柜油位和瓷套管油位无明显变化，各侧连接引线无断股或接头处发红现象，各密封处无渗漏油现象。

（2）雷雨、冰雹后，检查检查引线摆动情况，无断股，设备上无其他杂物，瓷套管无放电痕迹及破裂现象。

（3）雷雨天气过后，应检查无放电闪络，避雷器放电记录器的动作情况。

（4）在大雾天气，检查瓷套管无放电打火现象，重点监视污秽瓷质部分。

（5）在下雪天气，根据积雪融化情况检查接头发热部位。检查引线积雪情况，及时处理引线过多的积雪和冰柱。

（6）在大风天气，检查引线摆动情况，无搭挂杂物。

（7）在高温天气，检查油温、油位、油色和冷却器运行正常。

（8）过负荷时，监视负荷、油温和油位的变化，接头接触应良好，试温蜡片（贴有试温蜡片时）无熔化现象。冷却系统应运行正常。

（9）大短路故障后，应检查有关设备、接头无异状。

二、断路器的特殊巡视检查项目和标准

设备新投运及大修后，巡视周期相应缩短，投运 72h 以后转入正常巡视。遇有下列情况，应对设备进行特殊巡视：设备负荷有显著增加；设备经过检修、改造或长期停用后重新投入系统运行；设备缺陷近期有发展；恶劣气候、事故跳闸和设备运行中发现可疑现象；法定节假日和上级通知有重要供电任务期间。

特殊巡视项目和标准：

（1）在大风天气，检查引线摆动情况及无搭挂杂物。

（2）在雷雨天气，检查瓷套管无放电闪络现象。

（3）在大雾天气，检查瓷套管无放电，打火现象，重点监视污秽瓷质部分。

（4）在大雪天气，检查根据积雪融化情况，检查接头发热部位，及时处理悬冰。

（5）在温度骤变时，检查注油设备油位变化及设备无渗漏油等情况。

（6）节假日时，加强负荷监视及增加巡视次数。

（7）在高峰负荷期间，增加巡视次数，监视设备温度，检查触头、引线接头，特别是限流元件接头无过热现象，设备无异常声音。

（8）在短路故障跳闸后，检查隔离开关的位置正确，各附件无变形，触头、引线接头无过热、松动现象，油断路器无喷油，油色及油位正常，测量合闸熔断器良好，断路器内部有无异音。

（9）设备重合闸后，检查设备位置正确，动作到位，无不正常的音响或气味。

三、隔离开关的特殊巡视检查项目和标准

（1）隔离开关通过短路电流后，应检查隔离开关的绝缘子无破损和放电痕迹，以及动静触头及接头无熔化现象。

（2）在下雪或冰冻天气，检查隔离开关接触处积雪立即融化，绝缘子无冻裂现象。

（3）大雾、阴雨天气的夜间，检查隔离开关上的绝缘子无放电及电晕声音。

（4）在大风天气，注意检查引线摆动，无落物，能否保持相间或对地距离。

（5）高峰负荷时，检查隔离开关接头及接触处无发热烧红现象。

四、电流互感器和电压互感器的特殊巡视检查项目和标准

（1）大负荷期间用红外测温设备检查互感器内部、引线接头发热情况。

（2）在大风扬尘、雾天、雨天，检查外绝缘无闪络。

（3）在冰雪、冰雹天气，检查外绝缘无损伤。

五、避雷器（避雷针）雷雨天气后的特殊巡视检查项目和标准

检查引线无松动、本体无摆动，均压环无歪斜，瓷套管无闪络、损伤、放电计数器的动作情况。避雷针无倾斜、摆动，接地引下线无损伤等。

六、母线的特殊巡视检查项目和标准

（1）下雪时检查接头积雪无融化、冒气情况，线夹及导线、铜排导电部分可根据积雪情况判断发热现象。

（2）大风天气时检查母线无剧烈摆动；导线、绝缘子上无落物以及摆动、扭伤、断股等异常情况。

（3）雷雨后检查绝缘子无闪络痕迹。

（4）天气过冷或过热时检查室外母线无拉缩过紧、弛度过大现象，检查导线无受力过大的地方。

（5）夜间熄灯检查导线、铝排及线夹各部位无发红、电晕或放电等现象。

（6）当导线、母排及线夹经过短路电流后，检查无熔断、散股，连接部位无接触不良，母排无变形，线夹无熔化变形等现象。

七、电缆的特殊巡视检查项目和标准

（1）电缆已达满载或过载运行时，应检查电缆头接触处无发热变色。

（2）故障跳闸后特别是听到巨响时，应检查电缆头正常，引线接头无烧伤或烧断现象。

（3）下雨或冰冻天气，电缆瓷套管无冻裂，引线接头无过紧现象。

（4）雷雨天气，电缆瓷套管无放电闪络的现象。

（5）大雾或阴雨天气，电缆头上瓷套管无放电电晕声音。

八、电抗器特殊巡视检查项目和标准

（1）投运期间用红外测温设备检查电抗器包封内部、引线接头发热情况。

（2）大风扬尘、雾天、雨天外绝缘无闪络，表面无放电痕迹。

（3）冰雪、冰雹外绝缘无损伤，本体无倾斜变形，无异物。

（4）电抗器接地体及围网、围栏无异常发热，可对比其他设备检查，积雪融化较快、水汽较明显等进行判断。

（5）故障跳闸后，未查明原因前不得再次投入运行，应检查保护装置正常，干式电抗器线圈匝间及支持部分无变形、烧坏等现象。

九、电容器的特殊巡视检查项目和标准

（1）雨、雾、雪、冰雹天气，应检查瓷绝缘无破损裂纹、放电现象，表面清洁；冰雪融化后无悬挂冰柱，桩头上无发热；大风后，应检查设备和导线上无悬挂物，无断线，构架和建筑物无下沉倾斜变形。

（2）大风后，检查母线及引线无过紧过松现象，设备连接处无松动、过热。

（3）雷电后应检查瓷绝缘无破损裂纹、放电痕迹。

（4）环境温度超过或低于规定温度时，检查温蜡片齐全或融化，各接头无发热现象。

（5）断路器故障跳闸后，应检查电容器无烧伤、变形、移位等，导线无短路，电容器温度、音响、外壳无异常，熔断器、放电回路、电抗器、电缆、避雷器等完好。

（6）系统异常（如振荡、接地、低周或铁磁谐振）运行消除后，应检查电容器无放电，温度、音响、外壳无异常。

任务 2.2　变电站二次设备巡视及维护

二次设备是指对一次设备的工作状况进行监视、测量、控制、保护、调节的电气设备或装置，如监控装置、微机保护装置、自动装置、信号装置等，通常还包括电流互感器、电压互感器的二次绕组、引出线及二次回路。这些二次设备按一定要求连接在一起构成的电路，称为二次接线或二次回路。掌握变电站二次设备巡视及维护是运行值班人员必备的技能之一。

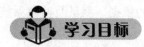 学习目标

知识目标：

（1）掌握变电站主变保护、母线保护、线路保护、备用电源自动投入装置、低周减载装置等二次设备的基本结构原理。

（2）熟悉典型 220kV 变电站巡视及维护的主要内容及要求。

（3）按标准化作业流程对变电站二次设备进行巡视及维护。

能力目标：

（1）能说出变电站二次电气设备巡视及维护的基本流程及巡视路线。

（2）能在仿真机上对照变电站二次电气设备巡视及维护内容，熟练进行电气设备巡视及维护的操作。

态度目标：

（1）能主动学习，在完成任务过程中发现问题，分析问题和解决问题。

（2）能严格遵守变电运行相关规程及规章制度，与小组成员协商、交流配合，按标准化作业流程完成学习任务。

任务分析

对照电气设备巡视及维护的内容，按照变电站设备巡视的标准化作业流程，对 220kV 袁州变电站二次设备进行巡视。

 **相关知识**

一、二次设备巡视的一般规定

1. 变电站二次设备的概述

（1）控制系统。控制系统的作用是对变电站的开关设备进行就地或远方跳、合闸操作，以满足改变主系统运行方式及处理故障的要求。控制系统由控制装置、控制对象及控制网络构成。在实现了综合自动化的变电站中，控制系统控制方式包括远方控制和就地控制。远方控制有变电站端控制和调度（集控站或集控中心）端控制方式，就地控制有操动机构控制和保护（或监控）屏控制方式。

（2）信号系统。信号系统的作用是准确及时地显示出相应一次设备的运行工作状态，为运行人员提供操作、调节和处理故障的可靠依据。信号系统是由信号发送机构、信号接收显示元件（装置）及其网络构成。按信号性质分为状态信号和实时登录信号。常见的状态信号有断路器位置信号、各种开关位置信号、变压器挡位信号等；常见的实时登录信号有保护动作信号、装置故障信号、断路器监视的各种异常信号等。信号按发出时间分为瞬时动作信号和延时动作信号。信号按复归方式分为自动复归信号和手动复归信号等。

（3）测量及监察系统。测量及监察系统的作用是指示或记录电气设备和输电线路的运行参数，作为运行人员掌握主系统运行情况、故障处理及经济核算的依据。测量及监察系统是由各种电气测量仪表、监测装置、切换开关及其网络构成。

（4）调节系统。调节系统的作用是调节某些主设备的工作参数，以保证主设备和电力系统的安全、经济、稳定运行。调节系统是由测量机构、传送设备、自控装置、执行元件及其网络构成。常用的调节方式有手动、自动或半自动方式。

（5）微机保护及自动装置系统。微机保护及自动装置的作用是当电力系统发生故障时，能自动、快速、有选择地切除故障设备，减小设备的损坏程度，保证电力系统的稳定，增加供电的可靠性；及时反映设备的不正常工作状态，提示运行人员关注和处理，保证设备的完好及系统的安全。

微机保护及自动装置系统是由电压互感器和电流互感器的二次绕组、继电器、微机保护及自动装置和控制断路器构成。微机保护及自动装置是按电力系统的电气单元进行配置的。所谓电气单元是由断路器隔离的一次电气设备，即构成一个电气单元（也称元件）。断路器可以将电力系统分隔为各种独立的电气元件，如发电机、变压器、母线、线路、电动机等。一次设备被分隔为各种电气单元，相应地就有了各种电气单元的微机保护装置，如发电机保护、变压器保护、母线保护、线路保护、电动机保护等。

（6）操作电源系统。操作电源系统的作用是供给上述各二次系统的工作电源、断路器的跳闸和合闸电源及其他设备的事故电源等。操作电源系统由直流电源或交流电源供电，一般常由直流电源设备和供电网络构成。

2. 二次设备巡视目的

变电站二次设备的主要功能是对一次设备运行的保护监视、测量、控制和调节。因此，巡视二次设备主要有两个目的：一是可以及时发现一次设备的故障和运行异常；二是监视二次设备和系统本身的运行状态，掌握二次设备运行情况，通过对二次设备巡视检查，及时发现二次设备和系统运行的异常、缺陷或故障,确保变电站和电网安全运行。

3. 二次设备巡视的方法

通常二次设备本身的自动化程度高,尤其是现在大量采用的微机型保护或装置,这类装置一般都有自检程序,当装置发生故障或异常时会自动闭锁,并发出报警信号。因此,二次设备的巡视应重点检查保护装置、监控系统、自动化设备、直流设备的信号和显示。

二次设备的巡视检查一般采用下列方法:

(1) 外观检查:检查设备的外观,是否有破损、损坏、锈蚀、脱落、松动或异常等,检查设备有无明显发热、放电、烧焦等痕迹。

(2) 信息检查:检查二次设备、各种装置、保护屏、电源屏、直流屏、控制柜、控制箱、监控系统等是否发出异常信号、报警信号、光字信号、报文信息、上传信息、打印信息、异常显示等。

(3) 测试检查:利用装置、设备和系统等的自检功能,测试其工作状态。

(4) 仪表检查:利用仪表测量电阻、电压和电流等。

(5) 位置检查:检查设备和装置的连接片、开关和操作把手位置是否符合运行方式。

(6) 环境检查:检查主控室、继电器室室等的温度、清洁度和工作环境是否符合要求。

(7) 其他检查:检查是否有异响、异味,检查电缆孔洞、端子箱等封堵情况。

4. 二次设备巡视的要求

二次设备的巡视基本要求、巡视周期、巡视流程与一次设备相同。巡视检查也必须按标准化作业指导书进行,按规定路线巡视,使用巡视卡(智能卡或纸质卡),详细填写巡视记录、严格执行相关规程规定,确保人身安全和设备安全运行。同时,为了保证巡视质量,运行值班人员除了应具备高度责任感,严格执行标准化作业要求外,还应正确理解微机保护装置、自动装置和监控系统的各种信息含义,才能及时发现问题。

5. 二次设备巡视的危险点

(1) 未按照巡视线路巡视,造成巡视不到位、漏巡视。

(2) 人员身体状况不适、思想波动,造成巡视质量不高或发生人身伤害。

(3) 巡视中误碰、误动运行设备,造成装置误动或人员触电。

(4) 擅自改变检修设备状态,变更安全措施。

(5) 开、关装置或柜门振动过大,造成设备误动。

(6) 在保护室使用移动通信工具,造成保护误动。

(7) 发现缺陷及异常时,未及时汇报。

(8) 夜间巡视或室内照明不足,造成人员碰伤。

二、二次设备的巡视检查项目

(1) 检查微机保护及二次回路各元件,应接线紧固,无过热、异味、冒烟现象,标识清晰准确,继电器外壳无破损,触点无抖动,内部无异常声响。

(2) 检查交直流切换装置,应工作正常。

(3) 检查微机保护及自动装置的运行状态、运行监视(包括液晶显示及各种信号灯指示)正确,无异常信号。

(4) 检查微机保护及自动装置屏上各自动空气开关、切换把手的位置,应正确。

(5) 检查微机保护及自动装置的连接片投退情况,应符合要求,压接牢固,长期不用的连接片应取下。

(6) 检查高频通道测试数据，应正常。

(7) 检查记录有关微机保护及自动装置计数器的动作情况。

(8) 检查屏内 TV、TA 回路，应无异常。

(9) 检查微机保护的打印机应运行正常，不缺纸、无打印记录。

(10) 检查微机保护装置的定值区位和时钟，应正常。

(11) 检查电能表，指示正常，与潮流一致。

(12) 检查试验中央信号，应正常，无光字、告警信息。

(13) 检查控制屏各仪表指示正常，无过负荷现象，母线电压三相平衡、数值正常，系统频率在规定的范围内。

(14) 检查控制屏各位置信号，应显示正常。

(15) 检查变压器远方测温指示和有载调压指示，应与现场一致。

(16) 检查保护屏、控制屏下电缆孔洞，应封堵严密。

三、微机保护及自动装置的运行维护

(1) 应定期对微机保护装置进行采样值检查、可查询的开入量状态检查和时钟校对，检查周期一般不超过一个月，并应做好记录。

(2) 每年按规定打印一次全站各微机保护装置定值，与存档的正式定值单核对，并在打印定值单上记录核对日期、核对人，保存该定值直到下次核对。

(3) 应每月检查打印机的打印纸是否充足、打印字迹是否清晰，及时加装打印纸和更换打印机色带。

(4) 加强对空调、通风等装置的管理，室内相对湿度不超过 75%，环境温度应在 5～30℃范围内。

任务实施

学生分组讨论、熟悉变电仿真系统的操作。按照变电站设备巡视的标准化作业流程，对照二次设备巡视及维护的内容，对 220kV 袁州变电站二次设备进行巡视，并记录本值各类巡视检查的开始、结束时间、巡视类别和巡视中发现的缺陷及巡视人姓名。

一、微机保护及自动装置的正常巡视检查

变电站所有的电气设备和线路，都按规定装设保护装置、自动装置、测控装置及故障录波器等二次设备。

1. 设备巡视的内容和要求

(1) 各屏柜应清洁，屏上所有装置和元件的标识应齐全。各屏上的装置、信号灯、操作把手、连接片等应清洁、完整，不破损，无锈蚀，安装牢固。

(2) 微机保护及自动装置屏上的保护连接片、切换开关、组合开关的投入位置应与一次设备的运行相对应，信号灯显示应正常，无异常信号，装置的打印纸应足够。

(3) 控制屏、信号屏、直流屏和站用电屏上的熔断器、自动空气开关等投入位置应正确，信号灯显示应正常，无异常信号。

(4) 断路器和隔离开关等位置信号应正确，分、合显示应与实际位置相符。

（5）各种装置的电源指示、信号指示灯应正确，液晶显示应与实际相符。

（6）控制柜、端子箱、操作箱、端子盒的门应关好，无损坏。保护屏、端子箱、接线盒、电缆沟的孔洞应密封。

（7）保护室、高压室、蓄电池室等的室内温度、湿度应符合规定。

对于无人值班站的巡视检查，应使用调度自动化监控系统，认真监视设备运行情况，做好各种有关记录。在监控机上检查各站有无信号发出，并检查各站的有功、无功及电流、电压情况是否正常。集控站（监控中心）应能对所辖各无人值班站实行防火、防盗自动报警和远程图像等监控。

2. 巡视检查发现问题的处理

（1）当电压回路断线信号发出时，应检查电压互感器的熔断器及自动空气开关，并及时进行处理和向调度汇报。经处理后如仍无法恢复时，应根据调度命令退出有关保护，并及时通知保护专业人员进行处理。

（2）当控制回路断线信号发出时，应检查控制回路电源熔断器及控制回路，并及时完成检查和向调度汇报。如仍无法恢复时，应及时通知保护专业人员进行处理。

（3）微机保护装置和安全自动装置异常信号发出时，应查明原因并及时处理和向调度汇报。经处理后如仍无法消除时，该保护是否退出运行应根据调度命令执行，并及时通知保护专业人员进行处理。

（4）监控系统发出异常信号时，如无法查明原因且不能消除时，应及时向调度汇报，通知自动化专业人员进行处理。

二、通信及自动化设备的正常巡视检查

1. 通信设备的巡视检查

电力通信是电网调度和自动化的基础，变电站的通信设备应纳入变电运行管理。电网通信系统主要包括微波通信系统、光纤通信系统、电力载波通信、通信电缆系统、调度程控交换系统等。

为了提高通信设备的运行质量，确保系统内通信设备的安全运行，在有人值班变电站的值班人员必须按规定对通信机房进行必要的巡视；做好设备的巡视、检查，做好设备运行日记录等工作；做好机房的环境卫生，保持室内温度在规定范围内；通信设备的电源要稳定可靠，运行正常；在日常巡视中发现故障及时向通信主管部门汇报。

2. 自动化设备的巡视检查

变电站自动化设备是调度自动化、监控系统的主要设备，其将变电站的运行信息实时上传至监控中心和调度中心，并接收由监控中心发出指令对变电站进行控制。

（1）交接班检查。检查自动化设备屏柜的清洁情况，屏上所有元件的标识应齐全；检查自动化设备屏运行工况，并根据实际情况制定设备巡视卡；综合自动化变电站检查事故音响应正常，检查后台机主画面遥信位置、遥测值与实际状态一致，且刷新；检查自动化设备屏、柜的门（盖）应关好；检查上一班操作后的遥控出口连接片和断路器的位置与实际状态对应；检查自动化设备屏内无异声、异味。

（2）班中检查。检查遥控出口连接片的投入、退出应正确；检查综合自动化变电站后台机，应在遥信变位时发出音响，并推出告警画面，遥测画面不断刷新；检查自动化设备运行工况应正常；检查后台机无病毒侵害；当变电站后台监控机发出事故或异常告警时，变电

值班员应立即巡视相关设备。

三、监控系统的正常巡视检查

监控系统是集控站（监控中心）用于监视和控制无人值班变电站的自动化系统，在调度自动化系统的基础上进行了功能的细化和完善。通过监控系统，集控站（监控中心）可以对其所管辖的变电站实行遥测、遥信、遥控、遥调和遥视（五遥），完成各种远方操作、监视和控制等功能。由于监控系统主要是计算机设备、远动设备、通信设备、网络设备和信息传输通道等，因此变电运行值班人员对监控系统的巡视检查主要是对设备外观、工作状态和工作环境等检查，同时还要检查监控系统的异常信号、运行状态和监控功能等。

巡视检查的内容和要求如下：

（1）检查后台监控机、远动屏、通信屏等，屏上的各种装置、显示窗口、操作面板、组合开关应清洁、完整、安装牢固；信号灯显示应正常，无异常信号。

（2）检查监控系统无异常信息、报警信息等，是否出现故障信号、异常信号、动作信号等。检查事件记录、操作日志、运行曲线、报表等是否异常，对监控信息进行分析判断。

（3）检查监控系统显示的运行状态应与实际运行方式一致，切换检查各监控画面，检查频率、电压、电流、功率、电量等实时数据显示应正常。

（4）检查监控系统五遥功能、自检和自恢复功能应正常。

（5）检查各种保护装置和监控装置的电源指示、时间显示、各信号指示灯，显示应正确，通信、巡检应正常，液晶显示应与实际相符。

四、二次设备巡视卡（见表 1-2-9）

表 1-2-9　　　　　　　　　　　　　二 次 设 备 巡 视 卡

设备名称	检查项目	检查标准
控制室、继电保护室	房屋检查	（1）房屋四壁及房顶应无裂纹、渗水、漏雨现象 （2）房顶及四壁粉刷物应无脱落现象 （3）门窗应关闭严密、牢固，无变形，开启灵活，窗户玻璃齐全无破损
	室内环境	（1）室内光线充足、通风良好 （2）照明设备齐全，灯具完好，满足工作需要 （3）事故照明灯具完好，试开正常 （4）控制室、保护室内温度不得超过 35℃，否则应开启空调
	消防器材	（1）消防器材数量和存放应符合要求 （2）消防器材检验不超期，合格证齐全
	防小动物措施	（1）保护室的门口防鼠挡板齐全严密 （2）电缆孔洞应封堵严密 （3）鼠药投放数量充足，并定期更换
	空调	（1）外观清洁 （2）开启正常
中央信号	各级母线电压检查	各级母线电压指示不超出电压合格率的管理规定值（记录具体数值）
	光字牌检查及试验	（1）中央信号屏上无异常光字牌及灯光信号 （2）切换实验瞬时及延时信号光字牌指示正常
	音响试验	切换试验事故及预告音响信号正常，延时复归正常
	同期并列装置	同期并列装置应在退出位置，同期表无指示

续表

设备名称	检查项目	检查标准
中央信号	继电器及二次线	(1) 继电器外壳无破损，触点无抖动，内部无异常响声 (2) 屏上继电器等各元件标识清晰、准确 (3) 二次线无松脱、发热变色现象，电缆孔洞封堵严密
主变，220、110、10kV 控制屏	控制屏	(1) 控制屏上开关位置指示与实际位置一致 (2) 测量表计指示准确。运行中电流表指示不大于间隔允许电流，若超过表计刻度红线应向调度汇报 (3) 无异常光字牌报出 (4) 二次线无松脱、发热变色现象，电缆孔洞封堵严密

 **拓展提高**

　　发现二次设备缺陷后，运行人员应对缺陷进行初步分类，根据现场规程进行应急处理，并立即报告调度及上级管理部门。

　　设备缺陷按严重程度和对安全运行造成的威胁大小，分为危急缺陷、严重缺陷、一般缺陷三类。

　　1. 危急缺陷

　　危急缺陷是指性质严重，情况危急，直接威胁安全运行的缺陷。如发现有危急缺陷，应当立即采取应急措施，并尽快予以消除。

　　以下缺陷属于危急缺陷：

　　(1) 电流互感器回路开路。

　　(2) 二次回路或二次设备着火。

　　(3) 保护、控制回路直流消失。

　　(4) 保护装置故障或保护异常退出。

　　(5) 保护装置电源灯熄灭或电源消失。

　　(6) 收发信机运行灯熄灭、装置故障、裕度告警。

　　(7) 控制回路断线。

　　(8) 电压切换不正常。

　　(9) 电流互感器回路断线告警、差流越限，线路保护电压互感器回路断线告警。

　　(10) 保护开入异常变位，可能造成保护不正确动作的情况。

　　(11) 直流接地。

　　(12) 其他威胁安全运行的情况。

　　2. 严重缺陷

　　严重缺陷是指设备缺陷情况严重，有恶化发展趋势，影响保护正确动作，对电网和设备安全威胁，可能造成事故的缺陷。

　　严重缺陷可在保护专业人员到达现场进行处理时再申请退出相应保护。缺陷未处理期间，运行人员应加强监视，保护有误动风险时应及时处理。

　　以下缺陷属于严重缺陷：

（1）保护通道异常，如 3dB 告警等。

（2）保护装置只发告警或异常信号，未闭锁。

（3）录波器装置故障、频繁启动或电源消失。

（4）保护装置液晶显示屏异常。

（5）操作箱指示灯熄灭，但未发控制回路断线信号。

（6）保护装置动作后报告打印不完整或无事故报告。

（7）就地信号正常，后台或中央信号不正常。

（8）切换灯熄灭，但未发电压互感器断线告警。

（9）母线保护隔离开关辅助接点开入异常，但不影响母线保护正确动作。

（10）无人值守变电站保护信息通信中断。

（11）频繁出现又能自动复归的缺陷。

（12）其他可能影响保护正确动作的情况。

3. 一般缺陷

一般缺陷是指上述危急、严重缺陷以外的，性质一般、情况较轻、保护能继续运行、对安全运行影响不大的缺陷。

以下缺陷属于一般缺陷：

（1）打印机故障或打印格式不对。

（2）电磁继电器外壳变形、损坏，不影响内部。

（3）GPS 装置失灵或时间不对，保护装置时钟无法调整。

（4）保护屏上按钮接触不良。

（5）有人值守变电站保护信息通信中断。

（6）能自动复归的偶然缺陷。

（7）其他对安全运行影响不大的缺陷。

任务 2.3　站用电与直流系统巡视及维护

变电站的站用电与直流系统是保障变电站安全、可靠运行的一个重要环节。站用电与直流系统出现问题，将直接或间接的影响变电站安全运行，严重时会造成设备停电。例如主变压器的冷却风扇或强油循环冷却装置的油泵、水泵、风扇及整流操作电源等，这些设备是变电站的重要负荷，一旦中断供电就可能导致一次设备停电。因此，提高站用电系统的供电可靠性是保证变电站安全运行的重要措施。

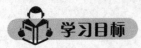 学习目标

知识目标：

（1）熟悉变电站站用电与直流系统的主要设备。

（2）熟悉典型 220kV 变电站巡视及维护的主要内容及要求；掌握变电站站用电与直流系统巡视及维护内容。

（3）按标准化作业流程对变电站站用电与直流系统进行巡视及维护。

能力目标：

（1）能说出变电站站用电与直流系统巡视及维护的基本流程，能确定变电站站用电与直流系统的巡视路线。

（2）能在仿真机上对照站用电与直流系统的巡视及维护内容，熟练进行站用电与直流系统巡视及维护的操作。

态度目标：

（1）能主动学习，在完成任务过程中发现问题，分析问题和解决问题。

（2）能严格遵守变电运行相关规程及规章制度，与小组成员协商、交流配合，按标准化作业流程完成学习任务。

任务分析

对照站用电与直流系统巡视及维护的内容，按照变电站设备巡视的标准化作业流程，对220kV袁州变电站站用电与直流系统进行巡视。

相关知识

一、变电站站用电系统

变电站的站用电系统由站用变压器、配电盘、配电电缆、站用电负荷等组成。站用电负荷主要包括变压器冷却系统、蓄电池充电设备、油处理设备、操作电源、照明电源、空调、通风、采暖、加热及检修用电负荷等。

一般变电站站用电系统的运行有如下规定：

（1）站用变压器高压侧用熔断器作保护时，熔断器性能必须满足站用电系统的要求。

（2）室内安装的变压器应有足够的通风，室温一般不得超过40℃。

（3）站用变压器室的门应采用阻燃或不燃材料，门上标明设备名称、编号并应上锁。

（4）经常监视仪表指示，掌握站用变压器运行情况。当其电流超过额定值时，应做好记录。

（5）在最大负载期间测量站用变压器的三相电流，并设法保持三相电流基本平衡。

（6）对站用变压器每天应进行一次外部检查，每周应进行一次夜间检查。

（7）在变电站现场运行规程中规定站用电系统的运行方式。

二、变电站直流系统

变电站直流系统一般由蓄电池、充电装置、直流回路和直流负载组成。变电站直流系统为站内的控制、信号、微机保护及自动装置、事故照明断路器的操动机构、五防闭锁装置提供可靠电源。

直流操作回路运行规定如下：

（1）控制母线电压的变化范围为额定电压的90%～105%以内；独立合闸母线的电压变化范围控制在额定电压的105%～110%以内。

（2）正常浮充运行时，控制母线电压应高于额定值；其他非正常浮充运行方式下，控制母线电压变化范围应控制在额定电压85%～115%；合闸母线电压不应低于额定电压的

90%。

（3）正常浮充状态下，充电装置应工作在稳压状态，浮充运行的蓄电池电压应保持在厂家的规定值内。

（4）应检查整流器输出电压与输出电流、蓄电池输出电压与输出电流、直流母线对地绝缘。

（5）装有两组蓄电池的变电站，正常两组蓄电池均浮充运行；蓄电池组应在退出情况下进行均衡充电、定期充放电。

（6）查找直流接地需停用保护时，应征得调度同意后进行，停用保护时间尽量短，运行人员只允许查至保护端子排处，防止保护误动。

（7）蓄电池连接引线无松动、无腐蚀，蓄电池外壳固定支架和绝缘表面应清洁，壳体无破裂、无漏液。

（8）电池充放电的方法按制造厂家的技术规定执行。

（9）正常情况下，直流系统绝缘应良好，不允许直流系统在接地情况下长期运行。当直流系统发生接地时，对可能造成接地的原因分析进行查找。查找顺序如下：

1）先找事故照明、信号回路、充电装置回路，后找其他回路。

2）先找主合闸回路，后找保护回路；先找室外设备，后找室内设备；先找简单回路，后找复杂回路；先找一般回路，后找重要回路。

3）先找 10、35kV 回路，后找 110、220、500kV 回路。

✦📢 任务实施

学生分组讨论、熟悉变电仿真系统的操作。按照变电站设备巡视的标准化作业流程，对照变电站站用电与直流系统巡视及维护的内容，对 220kV 袁州变电站站用电与直流系统进行巡视，并正确填写巡视卡。

一、220kV 袁州变电站站用电系统的巡视检查、运行与维护

1. 站用电系统的正常巡视检查项目和标准

（1）高压进线穿墙套管及站用变压器各侧套管无裂纹及放电闪络痕迹，无破损现象，外观清洁；接头不松动，无发热、变色现象，示温蜡片无融化现象。

（2）高压熔断器无熔断现象，支柱绝缘子无裂纹和放电痕迹，无破损现象，外观清洁。

（3）运行声音正常，无杂音或不均匀的放电声。

（4）储油柜油位正常，油色应为透明的淡黄色，油位计无破损，没有影响察看油位的油垢。

（5）本体及各个部件无渗漏油现象。

（6）外壳接地良好，无断裂、锈蚀现象。

（7）限流电阻瓷套无裂纹及放电痕迹，无破损现象，外观整洁。

（8）气体继电器无气体、漏油现象。

（9）呼吸器的硅胶不变色（变色不超过 2/3），硅胶罐无破损，油位正常。

（10）散热片无碰瘪现象。

（11）调压装置电源指示正常，分接头指示与实际相符，运行电压在正常范围内；调压机构清洁，无渗漏油，电缆完好，无破损及腐蚀现象。检查声音正常，无异常噪声。

2. 站用电系统的运行

(1) 接地变压器应在空载时合闸投运，合闸涌流值最高可达 10 倍额定电流。

(2) 选择接地变压器分接开关需要运行的挡位，将分接开关按现场要求调至相应位置（即电网实际电压为 11.02kV，则分接头应接 1 挡；电网实际电压为 10.5kV，则分接头应接 3 挡；电网实际电压为 9.975kV，则分接头应接 5 挡）。

(3) 接地变压器投入运行后，所带负荷应按由轻到重的顺序进行操作，且检查变压器无异常，切忌盲目一次大负荷投入。

(4) 接地变压器在运行中应对其接地系统的可靠性进行严格的检查。其接地系统应绝对安全可靠，万无一失。

(5) 接地变压器额定中性点电流的运行时间不得超过铭牌规定的运行时间（即 66A/2h）。

(6) 站用电在运行中要确保主变冷控系统的连续供电，事故情况下其他负荷可以暂时中断。

(7) 站内共有两台站用变压器，1 号站用变接于 10kV Ⅰ 段母线，2 号站用变接于 10kV Ⅱ 段母线。1 号、2 号站用变互为备用，站用变备用投装置投入。

(8) 接地变压器退出运行后，一般不需要采取其他措施即可重新投入运行。但如果在高温下变压器已发生凝露现象，必须经过干燥处理才能投入运行。

3. 站用电系统的维护

(1) 一般在干燥清洁的场所，每年或更长时间进行一次检查；若有灰尘或化学烟雾污染的空气进入的场所，需要每 3~6 个月进行一次检查。

(2) 检查时若发现有过多的灰尘聚集，必须利用停电进行清除，以保证空气流通和防止绝缘击穿，特别要注意变压器的绝缘子、垫块、绕组装配的顶部和底部的清洁。

(3) 变压器运行 5 年后，应进行绝缘电阻测试以判断变压器能否继续运行，一般无须进行其他测试。

二、220kV 袁州变电站直流系统的巡视检查、运行与维护

1. 直流系统的正常巡视检查项目和标准

(1) 蓄电池室通风、照明及消防设备完好，温度符合要求，无易燃、易爆物品。

(2) 蓄电池组外观清洁，无短路、接地。

(3) 各连接片连接牢靠无松动，端子无氧化现象，并涂有中性凡士林。

(4) 蓄电池外壳无裂纹、漏液，呼吸器无堵塞，密封良好，电解液液面高度在合格范围内。

(5) 蓄电池极板无龟裂、弯曲、变形、硫化和短路现象，极板颜色正常，无欠充电、过充电，电解液温度不超过 35℃。

(6) 典型蓄电池电压、电解液密度在合格范围内。

(7) 充电装置交流输入电压、直流输出电压和电流正常，表计指示正常，保护的声、光信号正常，运行声音无异常。

(8) 直流控制母线、合闸母线电压值在规定范围内，浮充电流值符合规定。

(9) 直流系统的绝缘状况良好。

（10）各支路的运行监视信号完好、指示正常，熔断器无熔断，自动空气开关位置正确。直流系统巡视卡见表1-2-10。

表 1-2-10　　　　　　　　　　　　**直 流 系 统 巡 视 卡**

设备名称	检查内容	巡视标准
直流系统	测控部分	（1）控制母线电压应保持在 225～230V；合闸母线电压应保持在 230～240V （2）浮充电流应符合电池的要求，一般在 0.3mA/(A·h) （3）直流系统正、负极对地绝缘电阻值，应大于 0.2MΩ
	充电屏	（1）1号、2号充电机正常应按照规定的充电方式运行，各切换开关位置正确 （2）充电机各模块工作正常，交流电源电压正常。备自投装置工作正常，备用电源电压正常 （3）面板上各指示灯指示正确、符合装置说明书规定 （4）充电机输出电流应等于站内直流负荷电流＋蓄电池充电电流 （5）屏内接线无松脱、发热变色现象，电缆孔洞封堵严密 （6）屏、柜应整洁，柜门严密
	蓄电池	（1）抽测蓄电池电压，一般应保持在 2.15～2.20V （2）瓶体密闭良好，无渗漏液现象 （3）瓶体完整，无倾斜变形，表面清洁，附件齐全良好 （4）各连接部位接触良好，无松脱、腐蚀现象 （5）极柱与安全阀应无酸雾溢出
	直流回路	（1）直流控制（信号）、合闸回路正常应按规定分段运行 （2）各回路熔断器配置应符合该回路负载要求 （3）各自动空气开关、熔断器及接头均应接触良好，无发热变色现象

2. 直流系统的运行与维护

（1）当交流系统发生故障时，负载由蓄电池供电，由于蓄电池容量有限，应尽快恢复交流系统供电。

（2）蓄电池系统安装的地方必须注意防尘，并远离热源、电磁干扰源、腐蚀性气体和金属尘埃。

（3）不同型号、不同种类以及新旧程序不同的蓄电池不能用在一起。使用过程中蓄电池严禁过放电，应及时恢复充电，单只电压不得降至 1.8V 以下。蓄电池按 10h 放电率终止电压为 1.8V/单体，1h 放电率终止电压为 1.75V/单体。在不同环境温度时，蓄电池浮充电压按铭牌规定来确定。

（4）浮充运行的蓄电池进行容量检查试验时，放电后充电采用限流恒压充电法。蓄电池放电后应立即充电。若放电后蓄电池搁置时间长，即使再充电也不能恢复其原容量。

（5）对于正常使用的蓄电池，不许松动安全阀，否则将影响蓄电池的安全可靠性。控制菜单内"模块开关、均充浮充、调整电压和恒压恒流"几种功能在系统投入运行之后，无特殊情况不必对这些功能进行操作。

（6）采用四个继电器来控制直流接触器触头的开闭以投切硅链的组数，用户可以通过面板按钮选择调压方式为手动或自动方式。当设定为"自动"时，根据控制母线电压的高低自动调节接触器的动合触头，控制投切硅链的组数，使控制母线电压保持在额定（220±5）V 范围内；当设定为"手动"时，根据每组硅链调 5V 电压，通过转换开关控制投切硅链的组数，使控制母线电压保持在额定（220±5）V 范围内。采用手动调压时，须监视控制母线电压为额定电压。

拓展提高

在直流系统出现以下情况时，应进行特殊巡视检查：

（1）新安装、检修、改造后的直流系统投运时，应进行特殊巡视。

（2）蓄电池核对性充放电期间应进行特殊巡视。

（3）直流系统出现交流失压、直流失压、直流接地、熔断器熔断等异常现象处理后，应进行特殊巡视。

（4）出现自动空气开关跳闸、熔断器熔断等异常现象后，应巡视保护范围内各直流回路元件无过热、损坏和明显故障现象。

技能训练

（1）变电站的设备巡视检查分为哪几类？

（2）变压器的正常巡视检查包括哪些项目？

（3）断路器的正常维护包括哪些项目？

（4）隔离开关的正常巡视检查包括哪些项目？

（5）消弧线圈的正常巡视检查包括哪些项目？

（6）一般电气设备巡视的方法有哪些？

（7）对变电站二次设备巡视检查的目的是什么？

（8）站用电负荷主要包括哪些？

（9）变电站直流系统由哪些设备组成？

（10）画出220kV袁州变电站的巡视路线图。

（11）对变压器进行特殊巡视检查时，发现220kVⅡ母线B相瓷套管的瓷质部分有轻微裂纹，试分析其形成原因？

项目三 变电站倒闸操作

项目描述

变电站倒闸操作的学习项目，主要学习典型的 220kV 双母线接线变电站各级电压断路器、线路、母线、主变、站用电的停送电操作。

学习完本项目必须具备以下专业能力、方法能力、社会能力。

（1）专业能力：具备从事变电运行专业所需要的专业技能以及专业知识，能有目的的依据规程规范，学会正确认识使用劳动材料、工艺工具等；具备根据变电站倒闸操作基本原则、变电站倒闸操作基本流程，对变电站各级电压断路器及线路、母线、主变、站用电进行停送电操作的能力。

（2）方法能力：学会从事职业活动所需要的工作方法及学习方法，包括制定计划、确定思路、评估结果等方式，以养成科学的思维、工作和学习习惯。具备正确理解、分析变电运行规程和变电站一、二次系统接线图，牢固树立变电站各级电压断路器及线路、母线、主变、站用电进行停送电操作的规范操作意识。

（3）社会能力：具备从事职业活动所需要的行为规范及价值观念，包括与人相处合作能力、交流能力、约束能力等，以养成高尚的道德品质；具备服从指挥，遵章守纪，吃苦耐劳，主动思考，善于交流，团结协作的能力。

知识背景

一、电气设备倒闸操作的基本概念

1. 电气设备的状态

变电站电气设备有四种稳定的状态，即运行状态、热备用状态、冷备用状态和检修状态。

（1）运行状态是指电气设备的断路器和隔离开关都在合闸位置，并且电源至负荷间的电路接通，包括辅助设备，如仪表、电压互感器、避雷器等辅助设备的状态。

（2）热备用状态是指电气设备的断路器在断开位置，而隔离开关在合闸位置，即没有明显的断开点的状态。其特点是断路器一经合闸即可将设备投入运行。

（3）冷备用状态是指电气设备的断路器和隔离开关均在断开位置的状态。其特点是该设备与其他带电部分之间有明显的断开点。

（4）检修状态是指电气设备的断路器和隔离开关均在断开位置，检修设备的两侧装设了接地线或合上接地开关的状态。

检修状态根据检修设备不同又可分为以下几种情况：

1）断路器检修，是指断路器及两侧隔离开关均在断开位置，取下断路器的控制回路熔断器或断开控制回路自动空气开关，两侧装上接地线或合上接地开关，其保护和自动装置、控制、合闸及信号电源等均应退出。

2）线路检修，是指线路断路器及两侧隔离开关均在断开位置，如果线路有电压互感器且装有隔离开关时，应将电压互感器的隔离开关拉开，并取下电压回路低压熔断器或断开自动空气开关，在线路侧装上接线地或合上接地开关。

3）主变压器检修，是指变压器的各侧断路器及隔离开关均在断开位置，并在变压器各侧装设接地线或合上接地开关，断开变压器的相关辅助设备电源。

4）母线检修，是指连接该母线上的所有断路器（包括母联、分段断路器）及隔离开关均在断开位置，该母线上的电压互感器及避雷器改为冷备用状态或检修状态，并在该母线上装设接地线或合上接地开关。

2. 倒闸操作的概念

将电气设备由一种状态转变到另一种状态所进行的一系列操作总称为电气设备倒闸操作。

3. 变电站倒闸操作具体内容

（1）线路的停送电操作。

（2）变压器的停送电操作。

（3）倒母线及母线停送电操作。

（4）装设和拆除接地线的操作。

（5）电网的并列、解列操作。

（6）变压器的调压操作。

（7）站用电源的切换操作。

（8）微机保护及自动装置的投、退操作，改变微机保护及自动装置的定值操作。

（9）其他特殊操作。

4. 倒闸操作任务的下达

倒闸操作任务由电网调度值班员以调度指令形式下达。电气设备单元由一种状态转换为另一种状态有时只需要一个操作任务就可以完成，有时却需要经过多个操作任务来完成。

调度指令是电网调度值班员向变电站值班人员下达倒闸操作任务的命令。调度指令分为逐项指令、综合指令、口头指令三种。

1）逐项指令。逐项指令是电网调度值班员下达的涉及两个及以上变电站共同完成的调度指令。电网调度值班员按操作规定分别对不同单位逐项下达操作指令，接受指令单位应严格按照指令的顺序逐个进行操作。

2）综合指令。综合指令是电网调度值班员下达的只涉及一个变电站的调度指令。该指令具体的操作步骤和内容以及安全措施，均由接受指令单位的运行值班员按现场规程自行拟定。

3）口头指令。口头指令是电网调度值班员口头下达的调度指令。变电站的微机保护和自动装置的投、退等操作，可以下达口头指令。在事故处理的情况下，为加快事故处理的速度，也可以下达口头指令。

二、倒闸操作的基本原则及一般规定

1. 停送电操作原则

倒闸操作的基本原则是严禁带负荷拉合隔离开关，不能带电合接地开关或带电装设接地线。由此制定的基本原则如下：

（1）停电操作原则。先断开断路器，然后拉开负荷侧隔离开关，再拉开电源侧隔离开关。

（2）送电操作原则。先合上电源侧隔离开关，然后合上负荷侧隔离开关，最后合上断路器。

2. 倒闸操作一般规定

为了保证倒闸操作的安全顺利进行，倒闸操作技术管理规定如下：

（1）正常倒闸操作必须根据调度值班人员的指令进行操作。

（2）正常倒闸操作必须填写倒闸操作票。

（3）倒闸操作必须两人进行。

（4）正常倒闸操作尽量避免在下列情况下操作：

1）变电站交接班时间内。

2）负荷处于高峰时段。

3）系统稳定性薄弱期间。

4）雷雨、大风等天气。

5）系统发生事故时。

6）有特殊供电要求。

（5）电气设备操作后必须检查确认实际位置。

（6）下列情况下，变电站值班人员可不经调度许可自行操作，但操作后需汇报调度：

1）将直接对人员生命有威胁的设备停电。

2）确定在无来电可能的情况下，将已损坏的设备停电。

3）确认母线失压，拉开连接在失电母线上的所有断路器。

（7）设备投入运行前必须检查其有关保护装置确已投入。

（8）操作中发现疑问，应立即停止操作，并汇报调度值班人员，查明问题后再进行操作。

操作中具体问题的处理规定如下：

1）操作中发现闭锁装置失灵时，不得擅自解锁，应按现场有关规定履行解锁操作程序进行解锁操作。

2）操作中出现影响操作安全的设备缺陷，应立即汇报调度值班人员，并初步检查缺陷情况，由调度决定是否停止操作。

3）操作中发现系统异常，应立即汇报调度值班人员，得到其同意后才能继续操作。

4）操作中发现操作票有误，应立即停止操作，将操作票改正后才能继续操作。

5）操作中发生误操作事故，应立即汇报调度值班人员，并采取有效措施，将事故控制在最小范围内，严禁隐瞒事故。

（9）事故处理时可不用操作票。

三、倒闸操作的程序

倒闸操作的程序总体上是一个设备状态转换的程序，是一个倒闸操作任务完成的主要过程，如图1-3-1所示。

四、倒闸操作票的填写

1. 倒闸操作票填写基本要求

倒闸操作票格式见表1-3-1。

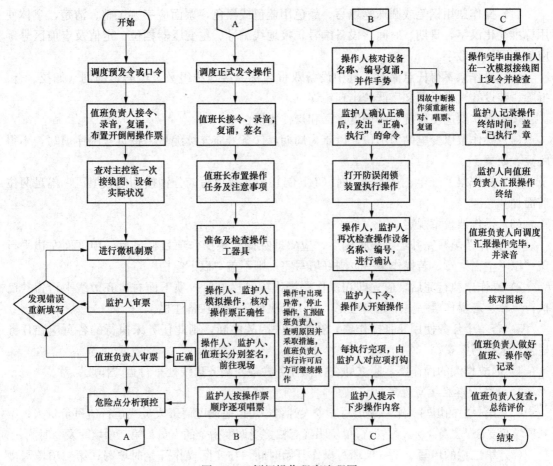

图 1-3-1　倒闸操作程序流程图

表 1-3-1　　　　　　　　　　倒闸操作票格式

变电站（发电厂）倒闸操作票						
单位＿＿＿＿＿＿＿＿　　编号＿＿＿＿＿＿＿＿						
发令人		受令人		发令时间	年　月　日　时　分	
操作开始时间：		年　月　日　时　分	操作结束时间：			年　月　日　时　分
（　　）监护下操作　（　　）单人操作　（　　）检修人员操作						
操作任务：						
顺序	操作项目					√
备注：						
操作人：　　　　　　　　　监护人：　　　　　　　值班负责人（值长）：						

（1）操作票用钢笔或圆珠笔填写，颜色用蓝色或黑色，票面应字迹工整、清楚，字体使用标准简化汉字，日期、时间、设备编号、接地线编号、主变压器挡位、定值及定值区号等应使用阿拉伯数字。

（2）操作票不得任意涂改，其中设备双重名称、接地线组数及编号、动词（如拉、合、拆除、装设等）等重要文字严禁出现错误。

（3）操作票应使用统一的调度术语和操作术语。

（4）操作票以变电站为单位，以年为周期，任务号应连续编号，按页号顺序填写，不得跳页、缺页。

（5）操作票关于年、月、日、时（24h制）按实数填写，分钟按两位数填写，不足两位前面加0。

（6）操作票盖章规定。

1）操作票填写完并经审核正确后，应立即在操作票操作项目栏最后一项下面左边平行盖"以下空白"章。若操作票一页刚好填写完，则不盖"以下空白"章。

2）操作票执行完后，应立即在操作票操作项目栏最后一项下面右边齐边线平行盖"已执行"章。若操作票一页刚好填写完，则"已执行"章盖在备注栏。

3）若一个任务使用几张操作票，在操作中因故中断，则此任务未执行的各页应在任务栏盖"未执行"章。

4）因故作废的操作票，应立即在操作任务栏最左端齐边线处平行盖"作废"章。

2. 操作票各栏填写规定

（1）第一栏的填写。第一项填写发令人姓名，可以是调度值班人员或运行值班负责人；第二项填写受令人姓名，必须是运行单位明确有权接受调度指令的人员；第三项填写发令时间。

（2）第二栏的填写。第一项填写操作开始时间，在实际操作开始时填写；第二项填写操作结束时间，操作票所列操作项目全部执行完毕后填写。当操作项目虽未全部执行但因故不再执行其余操作项目时最后一项时间为操作结束时间。

（3）第三栏的填写。按"监护下操作""单人操作""检修人员操作"的操作分类，分别在对应的括号内打"√"。

（4）第四栏的填写。第四栏为操作任务栏。

1）按统一的调度术语简明扼要说明要执行的操作任务，所有涉及的一次设备均应写出电压等级和设备双重名称。所有操作任务按设备状态填写，不得填写具体工作任务。

2）一个操作任务有多页操作票时，应在前一页备注栏内填写"接下页"，续页的操作任务栏填写"接上页"。

3）一份操作票只能填写一个操作任务，一个操作任务根据调度命令，为了相同的操作目的而进行的一系列相关联并依次进行的操作过程。下列操作票可只填写一个操作任务，如倒母线操作或母线停电、送电操作，切换电压互感器的操作，倒两台主变压器及主变压器相关的分段（母联）断路器的操作，停一台主变压器或送一台主变压器的操作，倒站用电源及其他电源线的操作，进、出线及倒负荷操作。

（5）第五栏的填写。第五栏为操作项目栏。第一列填写操作项目顺序号，按顺序用阿拉伯数字连续编号；第二列填写操作项目内容；第三列为执行栏，当某一项具体操作执行后，在该项目编号对应的执行栏做一个"√"记号。

（6）第六栏的填写。第六栏为备注栏，填写需补充说明的内容。例如，当一个操作任务有多页操作票时，应在备注栏内填写"接下页"（最后页不填）。倒闸操作中，因故未执行或在操作进行到某一项无法继续操作（如雷雨、雷电闪烁厉害、设备失修拉不开或合不上等），操作任务完不成时，其原因应在备注栏注明。

（7）第七栏的填写。第七栏为签字栏。操作人、监护人和值班负责人应根据一次接线图和现场实际核对操作票，并分别在对应栏内签字，严禁代签。

任务 3.1　变电站高压断路器停送电操作

高压断路器是变电站重要的控制和保护设备。其在电网中起两方面的作用：一是控制作用，即根据电网运行的需要，将部分电气设备或线路投入或退出运行；二是保护作用，即在电气设备或线路发生故障，微机保护装置发出跳闸信号时，启动断路器跳闸，将故障设备或线路从电网中迅速切除，确保电网中无故障部分的正常运行。

任务 3.1.1　10kV 袁秀线 925 断路器由运行转检修

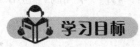

知识目标：

（1）熟悉变电站 10kV 袁秀线 925 断路器进行停电操作前的运行方式。

（2）掌握变电站高压断路器进行停送电操作的基本原则及要求，熟悉 10kV 袁秀线 925 断路器停电操作顺序。

（3）掌握变电仿真系统 10kV 袁秀线 925 断路器停电的倒闸操作。

能力目标：

（1）能阐述变电站 10kV 袁秀线 925 断路器进行停电操作前的运行方式。

（2）能正确填写变电站 10kV 袁秀线 925 断路器由运行转检修的倒闸操作票。

（3）能在仿真机上熟练进行 10kV 袁秀线 925 断路器停电的倒闸操作。

态度目标：

（1）能主动学习，在完成任务过程中发现问题，分析问题和解决问题。

（2）能严格遵守变电运行相关规程及规章制度，与小组成员协商、交流配合，按标准化作业流程完成学习任务。

任务分析

（1）分析高压断路器进行停电操作前的运行方式。10kV 一次系统采用单母线分段接线，正常运行时 10kV Ⅰ、Ⅱ 段母线分列运行，袁秀线接 Ⅱ 段母线，931 断路器断开。

（2）分析保护配置情况。10kV 线路保护为电流速断保护、过电流保护以及三相一次重合闸；10kV 931 断路器备自投装置投入；2 号、4 号电容器组保护为低电压、过电压、过电流保护和零序平衡保护。

（3）分析操作任务。10kV 袁秀线 925 断路器由运行转检修，需要断开 925 断路器、拉开 9253 和 9252 隔离开关，并在 925 断路器两侧进行可靠接地。

 **相关知识**

1. 高压断路器停电操作的一般原则

(1) 断路器操作前，断路器本体、操动机构及控制回路应完好，有关微机保护及自动装置已按规定投停。

(2) 断路器停电操作中，应先断开该断路器，后拉开其负荷侧隔离开关，再拉开其电源侧隔离开关。若需检修断路器，应在断路器两侧验明三相确无电压后挂接地线（或合上接地开关），并断开该断路器的合闸电源和控制电源。

(3) 主变压器停电时，应先断开负荷侧断路器，后断开电源侧断路器。在断开主变压器电源侧断路器前，必须先将主变压器中性点直接接地。

2. 隔离开关作用

隔离开关是高压电气装置中保证供电安全的开关电器，结构简单，没有灭弧装置。不能用来接通和断开有负荷电流的电路。其作用是：①保证电压在 1000V 以上的高压装置中检修工作的安全，用隔离开关将高压装置中需要检修的部分与其他带电部分可靠隔离；②用于电力系统运行方式改变时的倒闸操作；③接通或切断小电流电路。

3. 倒闸操作中应重点防止的误操作事故

(1) 误拉、误合断路器或隔离开关。

(2) 带负荷拉合隔离开关。

(3) 带电挂接地线或带电合接地开关。

(4) 带地线合闸。

(5) 误入带电间隔。

任务实施

根据倒闸操作的基本原则及一般程序，通过以上任务分析，正确写出 10kV 袁秀线 925 断路器由运行转检修的倒闸操作步骤；并结合 Q/GDW 1799.1—2013《国家电网公司电力安全工作规程　变电部分》、各级调度规程和其他的有关规定进行倒闸操作。

10kV 袁秀线 925 断路器由运行转检修的倒闸操作步骤：

(1) 模拟操作。

(2) 断开袁秀线 925 断路器。

(3) 检查袁秀线 925 断路器确已断开。

(4) 拉开袁秀线 9253 隔离开关。

(5) 检查袁秀线 9253 隔离开关确已拉开。

(6) 拉开袁秀线 9252 隔离开关。

(7) 检查袁秀线 9252 隔离开关确已拉开。

(8) 在袁秀线 9252 隔离开关断路器侧三相分别验明确无电压。

(9) 推上袁秀线 92501 接地开关。

(10) 检查袁秀线 92501 接地开关确已推到位。

(11) 在袁秀线 9253 隔离开关与 925 断路器之间三相分别验明确无电压。

（12）在袁秀线9253隔离开关与925断路器之间装设××号接地线。

（13）断开袁秀线925断路器储能电源自动空气开关。

（14）断开袁秀线925断路器控制电源自动空气开关。

（15）断开袁秀线925断路器信号电源自动空气开关。

 拓展提高

1. 断路器停电操作

（1）对终端线路应先检查负荷是否为零；对并列运行的线路，在一条线路停电前应考虑保护定值的调整，并注意在该线路拉开后另一线路是否过负荷；对联络线应考虑拉开后是否会引起本站电源线过负荷，如有疑问应问清调度后再操作。

（2）断路器分闸后，若发现绿灯不亮而红灯已熄灭，应立刻断开该断路器的控制电源自动空气开关（或取下熔断器），以防跳闸线圈烧毁。

（3）在手车断路器拉出后，应观察隔离挡板是否可靠封闭。

（4）断路器检修时，必须断开该断路器二次回路所有电源自动空气开关（或取下熔断器），停用相应的母差保护，跳该断路器及断路器失灵启动连接片。

2. 隔离开关操作注意事项

（1）操作隔离开关时，断路器必须在分闸位置，并经核对编号无误后方可操作。

（2）手动操作隔离开关前，应先拨出操动机构的定位销子再进行分合闸；操作后应及时检查定位销子已销牢，已防止隔离开关自动分合闸造成事故。

（3）电动操作隔离开关前，应先合上该隔离开关的控制电源，操作后应及时断开，以防止隔离开关自动分合闸而造成事故。若电动操作失灵而改手动操作时，应在手动操作前断开该隔离开关的控制电源。

（4）隔离开关分闸操作时，如动触头刚离开静触头时就发生弧光，应迅速合上并停止操作，检查是否为误操作引起的电弧。操作人员在操作隔离开关前，应先判断拉开隔离开关时是否会产生弧光，切断环流或充电电流时产生的弧光是正常现象。

（5）隔离开关合闸操作时，当合到底时发现有弧光或为误合时，不准再将隔离开关拉开，以免由于误操作而发生带负荷拉隔离开关，导致事故扩大。

（6）隔离开关操作后，应检查操作良好，合闸时三相同期且接触良好；分闸时三相断口张开角度或拉开距离符合要求。检查正常后及时加锁，以防止误操作。

10kV其他断路器由运行转检修的操作，操作顺序基本相同；重合闸的投退服从调度指令。

任务3.1.2　10kV袁秀线925断路器由检修转运行

 学习目标

知识目标：

（1）熟悉变电站10kV袁秀线925断路器进行送电操作前的运行方式。

（2）掌握变电站高压断路器进行停送电操作的基本原则及要求；熟悉10kV袁秀线925断路器送电操作顺序。

（3）掌握变电仿真系统 10kV 袁秀线 925 断路器送电的倒闸操作。

能力目标：

（1）能阐述变电站 10kV 袁秀线 925 断路器进行送电操作前的运行方式。

（2）能正确填写变电站 10kV 袁秀线 925 断路器由检修转运行的倒闸操作票。

（3）能在仿真机上熟练进行 10kV 袁秀线 925 断路器送电的倒闸操作。

态度目标：

（1）能主动学习，在完成任务过程中发现问题，分析问题和解决问题。

（2）能严格遵守变电运行相关规程及规章制度，与小组成员协商、交流配合，按标准化作业流程完成学习任务。

任务分析

（1）分析 10kV 袁秀线 925 断路器进行送电操作前的运行方式。10kV 一次系统采用单母线分段接线，10kV 袁秀线 925 断路器已断开，9252 隔离开关、9253 隔离开关断开，92501 接地开关已合上，9253 隔离开关线路侧已挂接地线，925 断路器处于检修状态，其储能电源自动空气开关、控制电源自动空气开关、信号电源自动空气开关均已退出。

（2）分析操作任务。10kV 袁秀线 925 断路器由检修转运行，需要拆除接地线，合 9252、9253 隔离开关和 925 断路器。

相关知识

（1）分析高压断路器送电操作的一般原则。

1）操作断路器前，应先检查断路器本体、操动机构及控制回路完好，有关微机保护装置及自动装置已按规定投停。

2）送电时应先检查断路器确已断开，再合上电源侧隔离开关，后合上负荷侧隔离开关，最后合上断路器。

3）主变压器送电时应先合上电源侧断路器，后合上负荷侧断路器。合主变压器电源侧断路器前，必须先将主变压器中性点直接接地。

（2）10kV 袁秀线 925 断路器处于检修状态时，储能电源自动空气开关、控制电源自动空气开关、信号电源自动空气开关均已退出。925 断路器由检修转运行时，需要将 925 断路器的储能电源自动空气开关、控制电源自动空气开关、信号电源自动空气开关在合上 925 断路器之前投入。

（3）10kV 袁秀线 925 断路器在停电操作时，在 925 断路器两侧进行了接地操作，因此在送电操作时将隔离开关闭合之前拆除接地线，以免出现带地线合闸的误操作。

任务实施

根据倒闸操作的基本原则及一般程序，通过以上任务分析，正确写出 10kV 袁秀线 925 断路器由检修转运行的倒闸操作步骤；并结合 Q/GDW 1799.1—2013《国家电网公司电力安全工作规程　变电部分》、各级调度规程和其他的有关规定进行倒闸操作。

10kV 袁秀线 925 断路器由检修转运行的倒闸操作步骤：

（1）模拟操作。

（2）拆除袁秀线 9253 隔离开关断路器侧××号接地线。

（3）检查袁秀线 9253 隔离开关线路侧××号接地线确已拆除。

（4）拉开袁秀线 92501 接地开关。

（5）检查袁秀线 92501 接地开关确已拉开。

（6）合上袁秀线 925 断路器信号电源自动空气开关。

（7）合上袁秀线 925 断路器控制电源自动空气开关。

（8）合上袁秀线 925 断路器储能电源自动空气开关。

（9）检查袁秀线 925 断路器保护确已投入。

（10）检查袁秀线 925 断路器确已断开。

（11）推上袁秀线 9252 隔离开关。

（12）检查袁秀线 9252 隔离开关确已推到位。

（13）推上袁秀线 9253 隔离开关。

（14）检查袁秀线 9253 隔离开关确已推到位。

（15）合上袁秀线 925 断路器。

（16）检查袁秀线 925 断路器确已合上。

 **拓展提高**

1. 断路器送电操作

（1）操作前，应检查送电范围内所有安全措施确已拆除，断路器分闸位置指示正确且确在分闸位置，断路器二次回路所有电源开关已合上；真空断路器灭弧室无异常，SF_6 断路器气体压力应在规定范围之内；断路器为液压、气压操动机构的，储能装置压力应在允许范围内。

（2）断路器合闸前，必须检查有关保护已恢复至停电前状态，其母差保护电流互感器端子已可靠接入差动回路，并投入相应的母差保护跳闸及断路器失灵启动连接片。

（3）用断路器对终端送电时，如发现电流表指示到最大刻度（或电流显示过大），说明合于故障，保护应动作跳闸，如未跳闸应立即手动断开该断路器；对联络线送电时，有一定数值的电流是正常的；对主变压器进行充电合闸时，由于变压器励磁涌流的存在，电流表会瞬间指示（或电流瞬间显示）较大数值后马上又返回。

2. 隔离开关的操作顺序

停电时先拉开负荷侧隔离开关，再拉开电源侧的送电操作相反。这是为了当出现带负荷拉合隔离开关时，能尽量将事故范围降到最小（限制在负荷侧）。

10kV 其他断路器由检修转运行的操作顺序基本相同。

任务 3.1.3　110kV 袁凤线 113 断路器由运行转检修

 **学习目标**

知识目标：

（1）熟悉变电站 110kV 袁凤线 113 断路器进行停电操作前的运行方式。

（2）掌握变电站高压断路器进行停送电操作的基本原则及要求；熟悉 110kV 袁凤线 113 断路器停电操作票的正确填写。

（3）掌握变电仿真系统 110kV 袁凤线 113 断路器停电的倒闸操作。

能力目标：

（1）能阐述变电站 110kV 袁凤线 113 断路器进行停电操作前的运行方式。

（2）能正确填写变电站 110kV 袁凤线 113 断路器由运行转检修的倒闸操作票。

（3）能在仿真机上熟练进行 110kV 袁凤线 113 断路器停电的倒闸操作。

态度目标：

（1）能主动学习，在完成任务过程中发现问题，分析问题和解决问题。

（2）能严格遵守变电运行相关规程及规章制度，与小组成员协商、交流配合，按标准化作业流程完成学习任务。

任务分析

（1）分析 110kV 袁凤线 113 断路器进行停电操作前的运行方式。110kV 一次系统采用单母线分段带旁路母线接线，正常运行时 110kV Ⅰ 段、Ⅱ 段母线并列运行，旁路母线不带电，袁凤线接 Ⅰ 段母线运行，131 断路器闭合。

（2）分析保护配置情况。110kV 线路保护为 WXH-811 微机线路保护装置，配有三段式相间和接地距离四段零序方式保护和三相一次重合闸；110kV 母线保护为差动保护，配置了 WMH-800 微机母线保护装置。

（3）分析 110kV 袁凤线 113 断路器由运行转检修，需要断开 113 断路器，拉开 1133 和 1131 隔离开关，并在 113 断路器两侧进行可靠接地。

相关知识

（1）110kV 袁凤线 113 断路器的作用是负责将电能从 110kV Ⅰ 段母线通过 1131 和 1133 隔离开关送至袁凤线。

（2）110kV 袁凤线 113 断路器由运行转检修时，为了形成明显的断开点，以保证检修人员的生命安全，需要将两侧的隔离开关 1131 和 1133 断开，并在 113 断路器两侧进行可靠接地。

任务实施

根据倒闸操作的基本原则及一般程序，通过以上任务分析，正确写出 113 袁凤线断路器由运行转检修的倒闸操作步骤见下；并结合 Q/GDW 1799.1—2013《国家电网公司电力安全工作规程　变电部分》、各级调度规程和其他的有关规定进行倒闸操作。

110kV 袁凤线 113 断路器由运行转检修的倒闸操作步骤：

（1）断开袁凤线 113 断路器。

（2）检查袁凤线 113 断路器确已断开。

（3）检查袁凤线 1134 隔离开关确在拉开位置。

（4）拉开袁凤线 1133 隔离开关。

（5）检查袁凤线 1133 隔离开关确已拉开。

（6）拉开袁凤线 1131 隔离开关。

（7）检查袁凤线 1131 隔离开关确已拉开。

（8）在袁凤线 113 断路器与 1131 隔离开关之间三相分别验明确无电压。

（9）推上袁凤线 11301 接地开关。

（10）检查袁凤线 11301 接地开关确已推到位。

（11）在袁凤线 113 断路器与 1133 隔离开关之间三相分别验明确无电压。

（12）推上袁凤线 11302 接地开关。

（13）检查袁凤线 11302 接地开关确已推到位。

（14）断开袁凤线 113 断路器储能电源自动空气开关。

（15）退出 110kV 母差保护屏 4XB 跳 113 断路器保护连接片。

（16）检查 110kV 母差保护屏 4XB 跳 113 断路器保护连接片确已退出。

（17）断开袁凤线 113 断路器控制电源自动空气开关。

（18）断开袁凤线 113 断路器信号电源自动空气开关。

 拓展提高

110kV 断路器的断开工作在控制室操作即可。

任务 3.1.4　110kV 袁凤线 113 断路器由检修转运行

 学习目标

知识目标：

（1）熟悉变电站 110kV 袁凤线 113 断路器进行送电操作前的运行方式。

（2）掌握变电站高压断路器进行停送电操作的基本原则及要求；熟悉 110kV 袁凤线 113 断路器送电操作顺序。

（3）掌握变电仿真系统 110kV 袁凤线 113 断路器送电的倒闸操作。

能力目标：

（1）能阐述变电站 110kV 袁凤线 113 断路器进行送电操作前的运行方式。

（2）能正确填写变电站 110kV 袁凤线 113 断路器进行由检修转运行的倒闸操作票。

（3）能在仿真机上熟练进行 110kV 袁凤线 113 断路器送电的倒闸操作。

态度目标：

（1）能主动学习，在完成任务过程中发现问题，分析问题和解决问题。

（2）能严格遵守变电运行相关规程及规章制度，与小组成员协商、交流配合，按标准化作业流程完成学习任务。

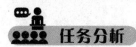 任务分析

（1）分析 110kV 袁凤线 113 断路器进行送电操作前的运行方式。110kV 一次系统采用单

母线分段带旁路母线接线，110kV 袁凤线 113 断路器断开，1131 隔离开关、1133 隔离开关断开，1134 隔离开关断开，11301 接地开关、11302 接地开关合上，113 断路器处于检修状态。

（2）分析保护投退情况。110kV 袁凤线 113 断路器配有储能电源自动空气开关、控制电源自动空气开关、信号电源自动空气开关，在 113 断路器由运行转检修时它们均已退出运行。

（3）分析 110kV 袁凤线 113 断路器由检修转运行，需要拉开接地开关，合 1131、1133 隔离开关和 113 断路器。

相关知识

（1）113 断路器由检修转运行时，需要将 113 断路器的储能电源自动空气开关、控制电源空气开关、信号电源自动空气开关在合上 925 断路器之前投入。

（2）110kV 袁凤线 113 断路器停电时，11301 接地开关和 11302 接地开关均处于闭合状态。因此在送电操作时应在隔离开关闭合前将 11301 接地开关和 11302 接地开关拉开，以免出现带地线合闸的误操作。

（3）送电时应先检查断路器确已断开，再合上电源侧隔离开关，后合上负荷侧的隔离开关，最后合上断路器。

任务实施

根据倒闸操作的基本原则及一般流程，通过以上任务分析，正确写出 113 袁凤线断路器由检修转运行的倒闸操作步骤；并结合 Q/GDW 1799.1—2013《国家电网公司电力安全工作规程 变电部分》、各级调度规程和其他的有关规定进行倒闸操作。

110kV 袁凤线 113 断路器由检修转运行的倒闸操作步骤：

（1）模拟操作。

（2）拉开袁凤线 11301 接地开关。

（3）检查袁凤线 11301 接地开关确已拉开。

（4）拉开袁凤线 11302 接地开关。

（5）检查袁凤线 11302 接地开关确已拉开。

（6）合上袁凤线 113 断路器信号电源自动空气开关。

（7）合上袁凤线 113 断路器控制电源自动空气开关。

（8）合上袁凤线 113 断路器储能电源自动空气开关。

（9）投入 110kV 母差保护屏 4XB 跳 113 断路器保护连接片。

（10）检查 110kV 母差保护屏 4XB 跳 113 断路器保护连接片确已投入。

（11）检查袁凤线 113 保护屏跳闸出口连接片确已投入。

（12）检查袁凤线 113 保护屏合闸出口连接片确已投入。

（13）检查袁凤线 113 保护屏距离保护确已投入。

（14）检查袁凤线 113 保护屏零序保护确已投入。

（15）检查袁凤线 113 开关确在断开位置。

（16）推上袁凤线 1131 隔离开关。

（17）检查袁凤线 1131 隔离开关确已推到位。

(18) 检查袁凤线 1134 隔离开关确已拉开。

(19) 推上袁凤线 1133 隔离开关。

(20) 检查袁凤线 1133 隔离开关确已推到位。

(21) 合上袁凤线 113 断路器。

(22) 检查袁凤线 113 断路器确已合上。

 **拓展提高**

(1) 断路器投运前，必须检查有关继电保护已恢复至正常运行状态，其母差保护电流互感器端子已可靠接入差动回路，并投入相应的母差保护跳闸及断路器失灵启动连接片。

(2) 在断路器投运过程中，其主合闸熔断器和控制熔断器应在两侧的隔离开关合上之前投入，其目的是避免出现隔离开关带负荷合闸或待送电线路上出现故障而立刻将断路器跳闸。

任务 3.2　变电站线路停送电操作

电力线路是用来传递电能的，在长期带电运行中可能出现各种缺陷或故障，因此需要对其进行检修，这就需要进行停送电操作。

任务 3.2.1　110kV 袁万线 117 断路器及袁万线由运行转检修

 **学习目标**

知识目标：

(1) 熟悉变电站 110kV 袁万线进行停电操作前的运行方式。

(2) 掌握变电站线路进行停电操作的基本原则及要求；熟悉 110kV 袁万线 117 断路器及袁万线由运行转检修的顺序。

(3) 掌握变电仿真系统 110kV 袁万线停电的倒闸操作。

能力目标：

(1) 能阐述变电站 110kV 袁万线进行停电操作前的运行方式。

(2) 能正确填写变电站 110kV 袁万线 117 断路器及袁万线由运行转检修的倒闸操作票。

(3) 能在仿真机上熟练进行 110kV 袁万线 117 断路器及袁万线停电的倒闸操作。

态度目标：

(1) 能主动学习，在完成任务过程中发现问题，分析问题和解决问题。

(2) 能严格遵守变电运行相关规程及规章制度，与小组成员协商、交流配合，按标准化作业流程完成学习任务。

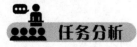 **任务分析**

(1) 分析 110kV 一次系统运行方式。110kV 一次系统采用单母线分段带旁路母线接线，

Ⅰ段母线和Ⅱ段母线通过 131 分段断路器并列运行，其中袁钓线、袁东线、袁凤线、袁西线接于Ⅰ段母线上，袁三线、袁万线接于Ⅱ段母线上。

（2）分析操作任务。110kV 袁万线 117 断路器及袁万线由运行转检修，需要断开 117 断路器、拉开 1173 和 1172 隔离开关，并在 117 断路器两侧和线路进行可靠接地。

相关知识

1. 线路停送电操作的一般原则

（1）线路停电操作顺序应按以下步骤进行：

1）断开线路断路器。

2）拉开断路器负荷侧隔离开关、电源侧隔离开关及线路电压互感器隔离开关。

3）在线路侧验明三相确无电压后挂接地线（或合上线路接地开关），并悬挂"禁止合闸，线路有人工作！"标示牌。恢复送电时操作顺序与上述步骤相反。

（2）在线路停送电操作中，若调度没有下令停投保护及重合闸装置时，保护及重合闸应保持原状态。在任何情况下通过断路器向线路恢复送电时，如线路的保护为退出状态，应先将保护投入，再对线路进行送电操作。

2. 线路转检修

线路转检修操作时，应将线路单相电压互感器二次熔断器取下，以防止电压互感器二次反充电。

任务实施

根据倒闸操作的基本原则及一般程序，通过以上任务分析，正确写出 110kV 袁万线 117 断路器及袁万线由运行转检修的倒闸操作步骤；并结合 Q/GDW 1799.1—2013《国家电网公司电力安全工作规程　变电部分》、各级调度规程和其他的有关规定进行倒闸操作。

110kV 袁万线 117 断路器及袁万线由运行转检修的倒闸操作步骤：

（1）模拟操作。

（2）断开袁万线 117 断路器。

（3）检查袁万线 117 断路器确已断开。

（4）检查袁万线 1174 隔离开关确已拉开。

（5）拉开袁万线 1173 隔离开关。

（6）检查袁万线 1173 隔离开关确已拉开。

（7）拉开袁万线 1172 隔离开关。

（8）检查袁万线 1172 隔离开关确已拉开。

（9）取下袁万线线路单相电压互感器二次熔断器。

（10）在袁万线 117 断路器与 1172 隔离开关之间三相分别验明确无电压。

（11）推上袁万线 11701 接地开关。

（12）检查袁万线 11701 接地开关确已推到位。

（13）在袁万线 117 断路器与 1173 隔离开关之间三相分别验明确无电压。

（14）推上袁万线 11702 接地开关。

（15）检查袁万线 11702 接地开关确已推到位。

（16）在袁万线 1173 隔离开关线路侧三相分别验明确无电压。

（17）推上袁万线 11703 接地开关。

（18）检查袁万线 11703 接地开关确已推到位。

（19）断开袁万线 117 断路器储能电源自动空气开关。

（20）退出 110kV 母差保护屏 9XB 跳 117 断路器保护连接片。

（21）检查 110kV 母差保护屏 9XB 跳 117 断路器保护连接片确已退出。

（22）退出 110kV 母差保护屏 29XB 闭锁 117 重合闸保护连接片。

（23）检查 110kV 母差保护屏 29XB 闭锁 117 重合闸保护连接片确已退出。

（24）将袁万线 117 断路器综合重合闸把手至于停用位置。

 **拓展提高**

（1）110kV 线路停电操作顺序：先断开受电端断路器，后断开送电端断路器。

（2）主接线为 3/2 接线方式的线路停电时，先断开中断路器，后断开边断路器。

任务 3.2.2　110kV 袁万线 117 断路器及袁万线由检修转运行

 **学习目标**

知识目标：

（1）熟悉变电站 110kV 袁万线 117 断路器及袁万线进行送电操作前的运行方式。

（2）掌握变电站线路进行送电操作的基本原则及要求；熟悉 110kV 袁万线 117 断路器及袁万线由检修转运行操作顺序。

（3）掌握变电仿真系统 110kV 袁万线 117 送电的倒闸操作。

能力目标：

（1）能阐述变电站 110kV 袁万线进行送电操作前的运行方式。

（2）能正确填写变电站 110kV 袁万线 117 断路器及袁万线由运行转检修的倒闸操作票。

（3）能在仿真机上熟练进行 110kV 袁万线 117 断路器及袁万线送电的倒闸操作。

态度目标：

（1）能主动学习，在完成任务过程中发现问题，分析问题和解决问题。

（2）能严格遵守变电运行相关规程及规章制度，与小组成员协商、交流配合，按标准化作业流程完成学习任务。

 **任务分析**

（1）分析 110kV 一次系统运行方式。110kV 一次系统采用单母线分段带旁路母线接线，Ⅰ段母线和Ⅱ段母线通过 131 分段断路器并列运行，其中袁钧线、袁东线、袁凤线、袁西线接于Ⅰ段母线上，袁三线接于Ⅱ段母线上。袁万线处于检修状态，其由检修转运行时，需要将袁万线通过 117 断路器与Ⅱ段母线相连，恢复运行。

（2）分析操作任务。110kV 袁万线 117 断路器及袁万线由检修转运行，需要拉开 11701、11702、11703 接地开关，合 1172、1173 隔离开关和 117 断路器。

 **相关知识**

（1）110kV 袁万线线路及断路器由运行转检修时，在隔离开关 1173 靠线路侧、117 断路器两侧均进行了合接地开关的操作。因此在合隔离开关之前，应该将这些接地开关拉开，以免出现带地线合闸的误操作。

（2）在对线路进行送电操作中，在合隔离开关之前，还需要检查断路器是否在分闸位置，以防出现带负荷合隔离开关的误操作。

（3）110kV 袁万线线路及 117 断路器由运行转检修操作时，综合重合闸把手切至停闸位置，故由检修转运行时需要将其切回至综合重合闸位置。

任务实施

根据倒闸操作的基本原则及一般程序，通过以上任务分析，正确写出 110kV 袁万线 117 断路器及袁万线由检修转运行的倒闸操作步骤；并结合 Q/GDW 1799.1—2013《国家电网公司电力安全工作规程　变电部分》、各级调度规程和其他的有关规定进行倒闸操作。

110kV 袁万线 117 断路器及袁万线由检修转运行的倒闸操作步骤：

（1）模拟操作。

（2）拉开袁万线 11703 接地开关。

（3）检查袁万线 11703 接地开关确已拉开。

（4）拉开袁万线 11702 接地开关。

（5）检查袁万线 11702 接地开关确已推拉开。

（6）拉开袁万线 11701 接地开关。

（7）检查袁万线 11701 接地开关确已推拉开。

（8）装上 117 袁万线线路单相电压互感器二次熔断器。

（9）合上袁万线 117 断路器储能电源自动空气开关。

（10）合上袁万线 117 断路器信号自动空气开关。

（11）合上袁万线 117 断路器控制自动空气开关。

（12）投入 110kV 母差保护屏 9XB 跳 117 断路器保护连接片。

（13）检查 110kV 母差保护屏 9XB 跳 117 断路器保护连接片确已投入。

（14）投入 110kV 母差保护屏 29XB 闭锁 117 重合闸保护连接片。

（15）检查 110kV 母差保护屏 29XB 闭锁 117 重合闸保护连接片确已投入。

（16）检查袁万线 117 断路器保护确已投入。

（17）检查袁万线 117 断路器确已断开。

（18）推上袁万线 1172 隔离开关。

（19）检查袁万线 1172 隔离开关确已推倒位。

（20）检查袁万线 1174 隔离开关确已拉开。

（21）推上袁万线 1173 隔离开关。

（22）检查袁万线 1173 隔离开关确已推倒位。

（23）合上袁万线 117 断路器。

（24）将袁万线 117 断路器综合重合闸把手至于综重位置。

 **拓展提高**

（1）110kV 线路送电操作顺序：先合送电端断路器，后合受电端断路器。

（2）主接线为 3/2 接线方式的线路送电时，先合边断路器，后合中断路器。

任务 3.2.3　220kV 分袁线由 I 母运行转检修

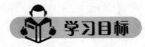 **学习目标**

知识目标：

（1）熟悉变电站 220kV 分袁线进行停电操作前的运行方式。

（2）掌握变电站线路进行停电操作的基本原则及要求，熟悉 220kV 分袁线停电操作顺序。

（3）掌握变电仿真系统 220kV 分袁线的倒闸操作。

能力目标：

（1）能阐述变电站 220kV 分袁线进行停电操作前的运行方式。

（2）能正确填写变电站 220kV 分袁线因 I 母线（ I 母）运行转检修的倒闸操作票。

（3）能在仿真机上熟练进行 220kV 分袁线停电的倒闸操作。

态度目标：

（1）能主动学习，在完成任务过程中发现问题，分析问题和解决问题。

（2）能严格遵守变电运行相关规程及规章制度，与小组成员协商、交流配合，按标准化作业流程完成学习任务。

 **任务分析**

（1）分析 220kV 一次系统运行方式。220kV 一次系统采用双母线接线，I 母和 II 母通过 231 母联断路器并列运行。其中跑袁 I 线、大袁线、分袁线运行在 220kV I 母，袁渝线、跑袁 II 线运行在 220kV II 母。

（2）分析线路进行停电操作前的运行方式。正常运行时 220kV I 母、II 母并列运行，即 231 母线联络断路器（母联断路器）合闸，分袁线接 I 母运行（即 2111 隔离开关合闸，2112 隔离开关分闸）。

（3）分析操作步骤。由于分袁线通过 211 断路器与 220kV I 母相连，该线路由运行转检修时，需将分袁线从系统切除，因此需要操作 211 断路器，将 211 断路器断开。

相关知识

分袁线 211 断路器断开之后为了形成明显的断开点，确保检修安全，需要将分袁线线路侧的 2113 隔离开关和 2111 隔离开关拉开，并在 2113 隔离开关靠线路侧进行可靠接地。

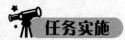 **任务实施**

根据倒闸操作的基本原则及一般程序，通过以上任务分析，正确写出 220kV 分袁线停电的倒闸操作步骤；并结合 Q/GDW 1799.1—2013《国家电网公司电力安全工作规程　变电部分》、各级调度规程和其他的有关规定进行倒闸操作。

220kV 分袁线由 I 母运行转检修的倒闸操作步骤：

(1) 模拟操作。

(2) 断开分袁线 211 断路器。

(3) 检查分袁线 211 断路器三相确已断开。

(4) 拉开分袁线 2113 隔离开关。

(5) 检查分袁线 2113 隔离开关确已拉开。

(6) 检查分袁线 2112 隔离开关确已拉开。

(7) 拉开分袁线 2111 隔离开关。

(8) 检查分袁线 2111 隔离开关确已拉开。

(9) 取下分袁线线路电压互感器二次熔断器。

(10) 在分袁线 2113 隔离开关线路侧三相分别验明确无电压。

(11) 推上分袁线 21103 接地开关。

(12) 检查分袁线 21103 接地开关确已推到位。

(13) 退出分袁线高频闭锁保护屏启动失灵保护连接片。

(14) 检查分袁线高频闭锁保护屏启动失灵保护连接片确已退出。

(15) 退出分袁线方向高频保护屏启动失灵保护连接片。

(16) 检查分袁线方向高频保护屏启动失灵保护连接片确已退出。

(17) 断开分袁线 211 断路器控制电源自动空气开关。

(18) 断开分袁线 211 断路器信号电源自动空气开关。

 **拓展提高**

线路停用重合闸后投入沟通三跳连接片的目的是保证任何故障下，保护都跳三相，且不进行重合。

任务 3.2.4　220kV 分袁线由检修转接 I 母运行

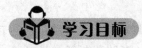 **学习目标**

知识目标：

(1) 熟悉变电站 220kV 分袁线进行送电操作前的运行方式。

(2) 掌握变电站线路进行送电操作的基本原则及要求，熟悉 220kV 分袁线送电操作顺序。

(3) 掌握变电仿真系统 220kV 分袁线送电的倒闸操作。

能力目标：

（1）能阐述变电站 220kV 分袁线进行送电操作前的运行方式。

（2）能正确填写变电站 220kV 分袁线由检修转 I 母线运行的倒闸操作票。

（3）能在仿真机上熟练进行 220kV 分袁线的倒闸操作。

态度目标：

（1）能主动学习，在完成任务过程中发现问题，分析问题和解决问题。

（2）能严格遵守相关变电运行规程及规章制度，与小组成员协商、交流配合，按标准化作业流程完成学习任务。

任务分析

（1）分析 220kV 一次系统运行方式。220kV 一次系统采用双母线接线，I、II 母线通过 231 母联断路器并列运行。其中跑袁线、大袁 I 线运行在 220kV I 母，袁渝线、跑袁 II 线运行在 220kV II 母。分袁线线路处于检修状态，其由检修转运行时，需要将分袁线通过 211 断路器与 220kV I 母相连，恢复运行。

（2）分析线路进行送电操作前的运行方式。送电操作前，220kV 分袁线 211 断路器断开，2111 隔离开关、2112 隔离开关、2113 隔离开关断开，21103 接地开关合上。

（3）分析操作任务。由于分袁线通过 211 断路器与 220kV I 母相连，该线路由检修转运行时，需要拉开接地开关，合上 2111、2113 隔离开关和 211 断路器将分袁线接至 220kV I 母。

相关知识

（1）220kV 分袁线线路由运行转检修时，在 2113 隔离开关靠线路侧进行合接地开关的操作。因此在送电操作合隔离开关之前，应该将这些接地开关分开，以免出现带地线合闸的误操作。

（2）在对线路进行送电操作时，在合隔离开关之前还需要检查断路器的位置，在确保其在分闸位置后方可进行合隔离开关的操作，以防出现带负荷合隔离开关的误操作。

任务实施

根据倒闸操作的基本原则及一般程序，通过以上任务分析，正确写出 220kV 分袁线送电的倒闸操作步骤；并结合 Q/GDW 1799.1—2013《国家电网公司电力安全工作规程　变电部分》、各级调度规程和其他的有关规定进行倒闸操作。

220kV 分袁线由检修转接 I 母运行的倒闸操作步骤：

（1）模拟操作。

（2）拉开分袁线 21103 接地开关。

（3）检查分袁线 21103 接地开关确已拉开。

（4）装上分袁线线路电压互感器二次熔断器。

（5）合上分袁线 211 断路器信号电源自动空气开关。

（6）合上分袁线 211 断路器控制电源自动空气开关。

（7）投入分袁线高频闭锁保护屏启动失灵保护连接片。

（8）检查分袁线高频闭锁保护屏启动失灵保护连接片确已投入。

（9）投入分袁线高频方向保护屏启动失灵保护连接片。

（10）检查分袁线高频方向保护屏启动失灵保护连接片确已投入。

（11）检查分袁线高频方向保护屏（高频、距离、零序等）保护及跳合闸出口连接片确已投入。

（12）检查分袁线高频闭锁保护屏（高频、距离、零序等）保护及跳合闸出口连接片确已投入。

（13）检查分袁线 211 断路器三相确已断开。

（14）检查分袁线 2112 隔离开关确已拉开。

（15）推上分袁线 2111 隔离开关。

（16）检查分袁线 2111 隔离开关确已推到位。

（17）推上分袁线 2113 隔离开关。

（18）检查分袁线 2113 隔离开关确已推到位。

（19）合上分袁线 211 断路器。

（20）检查分袁线 211 断路器三相确已合上。

 **拓展提高**

沟通三跳连接片应在重合闸投入运行之后才能解除，否则如果在解除沟通三跳连接片之后出现故障，而此时重合闸又还没有及时投入，将导致无法切除故障。

任务 3.3　变电站母线停送电操作

在发电厂和变电站的各级电压配电装置中，将发电机、变压器等大型电气设备与各种电器之间连接的导线称为母线。母线的作用是汇集、分配和传送电能，是构成电气主接线的主要设备。

任务 3.3.1　10kVⅠ段母线由运行转检修

 **学习目标**

知识目标：

（1）熟悉变电站 10kVⅠ段母线进行停电操作前的运行方式。

（2）掌握变电站母线进行停电的基本原则及要求；熟悉 10kVⅠ段母线停电操作顺序。

（3）掌握变电仿真系统 10kVⅠ段母线停电的倒闸操作。

能力目标：

（1）能阐述 10kVⅠ段母线进行停电操作前的运行方式。

（2）能正确填写变电站 10kVⅠ段母线由运行转检修的倒闸操作票。

（3）能在仿真机上熟练进行 10kVⅠ段母线停电的倒闸操作。

态度目标：

（1）能主动学习，在完成任务过程中发现问题，分析问题和解决问题。

（2）能严格遵守变电运行相关规程及规章制度，与小组成员协商、交流配合，按标准化作业流程完成学习任务。

 **任务分析**

（1）分析 10kV 一次系统运行方式。10kV 一次系统采用单母线分段接线。10kV Ⅰ 段母线和 Ⅱ 段母线分列运行，分段断路器 931 处于分闸状态，10kV Ⅰ 段母线所带负荷为袁张 Ⅰ 回、高土北路 Ⅰ 回、外环北路 Ⅰ 回、袁山中段 Ⅰ 回、先锋厂线、1 号站用变、Ⅰ 段母线电压互感器、1 号电容器组、3 号电容器组；10kV Ⅱ 段母线所带负荷为袁张 Ⅱ 回、高土北路 Ⅱ 回、外环北路 Ⅱ 回、袁山中段 Ⅱ 回、袁秀线、迎宾大道线、2 号站用变、Ⅱ 段母线电压互感器、2 号电容器组、4 号电容器组。

（2）分析操作任务。10kV Ⅰ 段母线由运行转检修，需要将其所带的负荷及二次设备全部切除，因此需要操作 991、993、911、912、913、915、916、961 断路器，将这些断路器断开，同时切除 Ⅰ 段母线互感器。为了将 Ⅰ 段母线从系统中彻底切除，需要将 Ⅰ 段母线的电源侧，901 断路器断开。

相关知识

1. 母线操作一般原则

单母线停电时，应先断开停电母线上所有负荷断路器，后断开电源断路器，再将所有间隔设备（含母线电压互感器、站用变压器等）转冷备用，最后将母线三相短路接地。恢复送电时操作顺序相反。

2. 母线操作注意事项

（1）检修完工的母线在送电前，应检查母线设备完好，无接地点。

（2）用断路器向母线充电前，应将空母线上只能用隔离开关充电的附属设备，如母线电压互感器、避雷器先行投入。

（3）带有电容器的母线停送电操作时，停电前应先断开电容器断路器，送电后再合上电容器断路器，以防母线过电压，危及设备绝缘。

（4）10kV Ⅰ 段母线上接有 1 号站用变。站用变是为站用电负荷供电的，不能停电。10kV Ⅰ 段母线停电检修前，需要进行站用电的切换操作。

任务实施

根据倒闸操作的基本原则及一般程序，通过以上任务分析，正确写出 10kV Ⅰ 段母线由运行转检修的倒闸操作步骤；并结合 Q/GDW 1799.1—2013《国家电网公司电力安全工作规程　变电部分》、各级调度规程和其他的有关规定进行倒闸操作。

10kV Ⅰ 段母线由运行转检修的倒闸操作步骤：

（1）模拟操作。

(2) 断开 1 号电容器组 991 断路器。

(3) 检查 1 号电容器组 991 断路器确已断开。

(4) 取下 1 号电容器组 991 断路器合闸熔断器。

(5) 拉开 1 号电容器组 9913 隔离开关。

(6) 检查 1 号电容器组 9913 隔离开关确已拉开。

(7) 拉开 1 号电容器组 9911 隔离开关。

(8) 检查 1 号电容器组 9911 隔离开关确已拉开。

(9) 断开 3 号电容器组 993 断路器。

(10) 检查 3 号电容器组 993 断路器确已断开。

(11) 取下 3 号电容器组 993 断路器合闸熔断器。

(12) 拉开 3 号电容器组 9933 隔离开关。

(13) 检查 3 号电容器组 9933 隔离开关确已拉开。

(14) 拉开 3 号电容器组 9931 隔离开关。

(15) 检查 3 号电容器组 9931 隔离开关确已拉开。

(16) 断开袁张Ⅰ回 911 断路器。

(17) 检查袁张Ⅰ回 911 断路器确已断开。

(18) 取下袁张Ⅰ回 911 断路器合闸熔断器。

(19) 拉开袁张Ⅰ回 9113 隔离开关。

(20) 检查袁张Ⅰ回 9113 隔离开关确已拉开。

(21) 拉开袁张Ⅰ回 9111 隔离开关。

(22) 检查袁张Ⅰ回 9111 隔离开关确已拉开。

(23) 断开高土北路Ⅰ回 912 断路器确已断开。

(24) 检查高土北路Ⅰ回 912 断路器确已断开。

(25) 取下高土北路Ⅰ回 912 断路器合闸熔断器。

(26) 拉开高土北路Ⅰ回 9123 隔离开关。

(27) 检查高土北路Ⅰ回 9123 隔离开关确已拉开。

(28) 拉开高土北路Ⅰ回 9121 隔离开关。

(29) 检查高土北路Ⅰ回 9121 隔离开关确已拉开。

(30) 断开袁山中段Ⅰ回 913 断路器。

(31) 检查袁山中段Ⅰ回 913 断路器确已断开。

(32) 取下袁山中段Ⅰ回 913 断路器合闸熔断器。

(33) 拉开袁山中段Ⅰ回 9133 隔离开关。

(34) 检查袁山中段Ⅰ回 9133 隔离开关确已拉开。

(35) 拉开袁山中段Ⅰ回 9131 隔离开关。

(36) 检查袁山中段Ⅰ回 9131 隔离开关确已拉开。

(37) 断开外环北路Ⅰ回 915 断路器。

(38) 检查外环北路Ⅰ回 915 断路器确已断开。

(39) 取下外环北路Ⅰ回 915 断路器合闸熔断器。

(40) 拉开外环北路Ⅰ回 9153 隔离开关。

（41）检查外环北路Ⅰ回 9153 隔离开关确已拉开。

（42）拉开外环北路Ⅰ回 9151 隔离开关。

（43）检查外环北路Ⅰ回 9151 隔离开关确已拉开。

（44）断开先锋厂线 916 断路器。

（45）检查先锋厂线 916 断路器确已断开。

（46）取下先锋厂线 916 断路器合闸熔断器。

（47）拉开先锋厂线 9163 隔离开关。

（48）检查先锋厂线 9163 隔离开关确已拉开。

（49）拉开先锋厂线 9161 隔离开关。

（50）检查先锋厂线 9161 隔离开关确已拉开。

（51）断开 1 号站用变 961 断路器。

（52）检查 1 号站用变 961 断路器确已断开。

（53）取下 1 号站用变 961 断路器合闸熔断器。

（54）拉开 1 号站用变 9613 隔离开关。

（55）检查 1 号站用变 9613 隔离开关确已拉开。

（56）拉开 1 号站用变 9611 隔离开关。

（57）检查 1 号站用变 9611 隔离开关确已拉开。

（58）解除 10kV 分段断路器 931 自动连接片。

（59）检查 10kV 分段 931 断路器确已断开。

（60）取下 10kV 分段 9313 断路器合闸熔断器。

（61）拉开 10kV 分段 9312 隔离开关。

（62）检查 10kV 分段 9313 隔离开关确已拉开。

（63）拉开 10kV 分段 9311 隔离开关。

（64）检查 10kV 分段 9311 隔离开关确已拉开。

（65）断开 1 号主变 901 断路器。

（66）检查 1 号主变 901 断路器确已断开。

（67）取下 1 号主变 901 断路器合闸熔断器。

（68）拉开 1 号主变 9013 隔离开关。

（69）检查 1 号主变 9013 隔离开关确已拉开。

（70）拉开 1 号主变 9011 隔离开关。

（71）检查 1 号主变 9011 隔离开关确已拉开。

（72）取下 10kVⅠ段母线电压互感器二次熔断器。

（73）检查 10kVⅠ段母线电压表计指示正常。

（74）拉开 10kVⅠ段母线电压互感器 9511 隔离开关。

（75）检查 10kVⅠ段母线电压互感器 9511 隔离开关确已拉开。

（76）在 1 号主变 9011 隔离开关靠 10kVⅠ段母线侧三相分别验明无电压。

（77）在 1 号主变 9011 隔离开关靠 10kVⅠ段母线侧挂××号接地线。

（78）在 10kV 母联 9311 隔离开关靠 10kVⅠ段母线侧××号接地线验明无电压。

（79）在 10kV 母联 9311 隔离开关靠 10kVⅠ段母线侧挂××号接地线。

拓展提高

若站用电需要维持供电时，为避免总出现非周期并列，需要先将站用变从待停电母线上切除，然后利用低压侧分段断路器实现由另一母线供电。

任务 3.3.2　10kVⅠ段母线由检修转运行

学习目标

知识目标：

(1) 熟悉变电站 10kVⅠ段母线进行送电操作前的运行方式。

(2) 掌握变电站母线进行停送电的基本原则及要求；熟悉 10kVⅠ段母线进行送电操作顺序。

(3) 掌握变电仿真系统 10kVⅠ段母线的倒闸操作。

能力目标：

(1) 能阐述 10kVⅠ段母线进行送电操作前的运行方式。

(2) 能正确填写变电站 10kVⅠ段母线由检修转运行的倒闸操作票。

(3) 能在仿真机上熟练进行 10kVⅠ段母线送电的倒闸操作。

态度目标：

(1) 能主动学习，在完成任务过程中发现问题，分析问题和解决问题。

(2) 能严格遵守变电运行相关规程及规章制度，与小组成员协商、交流配合，按标准化作业流程完成学习任务。

任务分析

(1) 分析 10kV 一次系统运行方式。10kV 一次系统采用单母线分段接线，10kVⅠ段母线处于检修状态，Ⅱ段母线运行，931 分段断路器处于分闸状态。10kVⅡ段母线所带负荷为袁张Ⅱ回、高土北路Ⅱ回、外环北路Ⅱ回、袁山中段Ⅱ回、袁秀线、迎宾大道线、2 号站用变、Ⅱ段母线电压互感器、2 号电容器组、4 号电容器组。

(2) 分析操作步骤。由于 10kVⅠ段母线处于检修状态，故其原来所带负荷均已从Ⅰ段母线上断开，且从 1 号主变来的电源也已断开。10kVⅠ段母线由检修转运行时，需要在拆除接地线后将其所带的负荷及二次设备全部投入，因此需要操作 991、993、911、912、913、915、916、961 断路器，将这些断路器合上，同时接入Ⅰ段母线电压互感器。主变电源也需送至 10kVⅠ段母线，故需要将 10kVⅠ段母线电源侧 901 断路器合上。

相关知识

(1) 10kVⅠ段母线由运行转检修时，在 1 号主变 9011 隔离开关靠 10kVⅠ段母线侧、10kV 母联 9311 隔离开关靠 10kVⅠ段母线侧进行了挂接地线的操作，因此在 10kVⅠ段母线由检修转运行操作时，合隔离开关之前应拆除这些接地线，以免出现带地线合闸的误操作。

（2）在进行母线由检修转运行操作时，应先对母线进行充电，即先合电源侧断路器，再合负荷侧断路器。

任务实施

根据倒闸操作的基本原则及一般程序，通过以上任务分析，正确写出 10kV I 段母线由检修转运行的倒闸操作步骤；并结合 Q/GDW 1799.1—2013《国家电网公司电力安全工作规程 变电部分》、各级调度规程和其他的有关规定进行倒闸操作。

10kV I 段母线由检修转运行的倒闸操作步骤：

（1）模拟操作。

（2）拆除 1 号主变 9011 隔离开关靠 10kV I 段母线侧××号接地线。

（3）检查 1 号主变 9011 隔离开关靠 10kV I 段母线侧××号接地线确已拆除。

（4）拆除 10kV 母联 9311 隔离开关靠 10kV I 段母线侧××号接地线。

（5）检查 10kV 母联 9311 隔离开关靠 10kV I 段母线侧××号接地线确已拆除。

（6）合上 1 号主变 901 断路器控制电源自动空气开关。

（7）检查 1 号主变 901 断路器保护确已投入。

（8）检查 1 号主变 901 断路器确已断开。

（9）推上 1 号主变 9011 隔离开关。

（10）检查 1 号主变 9011 隔离开关确已推到位。

（11）推上 1 号主变 9013 隔离开关。

（12）检查 1 号主变 9013 隔离开关确已推到位。

（13）装上 1 号主变 901 断路器合闸熔断器。

（14）合上 10kV 母联 931 断路器控制电源自动空气开关。

（15）检查 10kV 母联 931 断路器保护确已投入。

（16）检查 10kV 母联 931 断路器确已断开。

（17）推上 10kV 母联 9312 隔离开关。

（18）检查 10kV 母联 9312 隔离开关确已推到位。

（19）推上 10kV 母联 9311 隔离开关。

（20）检查 10kV 母联 9311 隔离开关确已推到位。

（21）装上 10kV 母联 931 断路器合闸熔断器。

（22）投入 10kV 母联 931 自投连接片。

（23）合上 1 号主变 901 断路器。

（24）检查 1 号主变 901 断路器确已合上。

（25）检查 10kV I 段母线充电正常。

（26）合上 10kV I 段母线电压互感器 9511 隔离开关。

（27）检查 10kV I 段母线电压互感器 9511 隔离开关确已合上。

（28）装上 10kV I 段母线电压互感器二次熔断器。

（29）检查 10kV I 段母线电压指示正常。

（30）合上袁张Ⅰ回 911 断路器控制电源自动空气开关。

（31）检查袁张Ⅰ回 911 断路器保护确已投入。

（32）检查袁张Ⅰ回 911 断路器确已断开。

（33）推上袁张Ⅰ回 9111 隔离开关。

（34）检查袁张Ⅰ回 9111 隔离开关确已推到位。

（35）推上袁张Ⅰ回 9113 隔离开关。

（36）检查袁张Ⅰ回 9113 隔离开关确已推到位。

（37）装上袁张Ⅰ回 911 断路器合熔断器。

（38）合上袁张Ⅰ回 911 断路器。

（39）检查袁张Ⅰ回 911 断路器确已合上。

（40）合上高士北路Ⅰ回 912 熔断器控制电源自动空气开关。

（41）检查高士北路Ⅰ回 912 熔断器保护确已投入。

（42）检查高士北路Ⅰ回 912 熔断器确已断开。

（43）推上高士北路Ⅰ回 9121 隔离开关。

（44）检查高士北路Ⅰ回 9121 隔离开关确已推到位。

（45）推上高士北路Ⅰ回 9123 隔离开关。

（46）检查高士北路Ⅰ回 9123 隔离开关确已推到位。

（47）装上高士北路Ⅰ回 912 断路器合闸熔断器。

（48）合上高士北路Ⅰ回 912 断路器。

（49）检查高士北路Ⅰ回 912 断路器确已合上。

（50）合上袁山中段Ⅰ回 913 断路器控制电源自动空气开关。

（51）检查袁山中段Ⅰ回 913 断路器保护确已投入。

（52）检查袁山中段Ⅰ回 913 断路器确已断开。

（53）推上袁山中段Ⅰ回 9131 隔离开关。

（54）检查袁山中段Ⅰ回 9131 隔离开关确已推到位。

（55）推上袁山中段Ⅰ回 9133 隔离开关。

（56）检查袁山中段Ⅰ回 9133 隔离开关确已推到位。

（57）装上袁山中段Ⅰ回 913 断路器合闸熔断器。

（58）合上袁山中段Ⅰ回 913 断路器。

（59）检查袁山中段Ⅰ回 913 断路器确已合上。

（60）合上外环北路Ⅰ回 915 断路器控制电源自动空气开关。

（61）检查外环北路Ⅰ回 915 断路器保护确已投入。

（62）检查外环北路Ⅰ回 915 断路器确已断开。

（63）推上外环北路Ⅰ回 9151 隔离开关。

（64）检查外环北路Ⅰ回 9151 隔离开关确已推到位。

（65）推上外环北路Ⅰ回 9153 隔离开关。

（66）检查外环北路Ⅰ回 9153 隔离开关确已推到位。

（67）装上外环北路Ⅰ回 915 断路器合闸熔断器。

（68）合上外环北路Ⅰ回 915 断路器。

(69) 检查外环北路Ⅰ回 915 断路器确已合上。

(70) 合上先锋厂线 916 断路器控制电源自动空气开关。

(71) 检查先锋厂线 916 断路器保护确已投入。

(72) 检查先锋厂线 916 断路器确已断开。

(73) 推上先锋厂线 9161 隔离开关。

(74) 检查先锋厂线 9161 隔离开关确已推到位。

(75) 推上先锋厂线 9163 隔离开关。

(76) 检查先锋厂线 9163 隔离开关确已推到位。

(77) 装上先锋厂线 916 断路器合闸熔断器。

(78) 合上先锋厂线 916 断路器。

(79) 检查先锋厂线 916 断路器确已合上。

(1) 在恢复送电前需检查 10kVⅠ段母线所有安全措施均已全部拆除。

(2) 1 号电容器组 991 断路器、3 号电容器组 993 断路器根据系统电压、无功或调度指令进行投退。

(3) 1 号站用变 961 断路器视站内情况决定是否切换。

任务 3.3.3 220kV 由双母线并列运行转Ⅰ母运行、Ⅱ母检修

知识目标：

(1) 熟悉变电站 220kVⅡ母进行停电操作前的运行方式。

(2) 掌握变电站 220kVⅡ母进行停电的基本原则及要求；熟悉 220kVⅡ母进行停电操作顺序。

(3) 掌握变电仿真系统 220kVⅡ母停电的倒闸操作。

能力目标：

(1) 能阐述 220kVⅡ母进行停电操作前的运行方式。

(2) 能正确填写变电站 220kVⅡ母由双母线并列转Ⅰ母运行、Ⅰ母检修的倒闸操作票。

(3) 能在仿真机上熟练进行 220kVⅡ母停电的倒闸操作。

态度目标：

(1) 能主动学习，在完成任务过程中发现问题，分析问题和解决问题。

(2) 能严格遵守变电运行相关规程及规章制度，与小组成员协商、交流配合，按标准化作业流程完成学习任务。

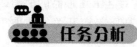

(1) 分析 220kV 一次系统运行方式。220kV 一次系统采用双母线接线，Ⅰ母和Ⅱ母通

过 231 母联断路器并列运行，231 断路器处于合闸状态，220kV Ⅰ 母所带负荷为跑袁 Ⅰ 线、大袁线、分袁线及 Ⅰ 母电压互感器，220kV Ⅱ 母所带负荷为袁渝线、跑袁 Ⅱ 线及 Ⅱ 母电压互感器。

（2）分析操作步骤。由于 220kV Ⅱ 母需要检修，原来 220kV Ⅱ 母所带的负荷和电源转接至 220kV Ⅰ 母；接在 220kV Ⅱ 母上的母线侧隔离开关全部拉开，并切除 220kV Ⅱ 母电压互感器；断开 231 断路器。

 **相关知识**

1. 母线操作一般原则

（1）运行中的双母线，当一组母线上的部分或全部断路器（包括热备用）倒至另一组母线时（冷备用除外），应确保母联断路器及其隔离开关在合闸状态。

1）对微机型母差保护，在倒母线操作前应作出相应切换（如投入互联或单母线方式连接片等），要注意检查切换后的情况（指示灯及相应光子牌亮），然后短时将母联断路器改为非自动。倒母线操作结束后应自行将母联断路器恢复自动、母差保护改为与一次系统运行方式相一致。

2）操作隔离开关时，应遵循"先合后拉"的原则（即热倒）。其操作方法有两种：一种是先合上全部应合的隔离开关，后拉开全部应拉的隔离开关；另一种是先合上一组应合的隔离开关，后拉开相应的一组应拉的隔离开关。

3）在倒母线操作过程中，要严格检查各回路母线侧隔离开关的位置指示情况（应与现场一次系统运行方式相一致），确保保护回路电压可靠；对于不能自动切换的，应采用手动切换，并做好防止误动作的措施，即切换前停用保护，切换后投入保护。

（2）对于母线上热备用的线路，当需要将热备用线路由一组母线倒至另一组母线时，应先将该线路由热备用转为冷备用，然后再操作调整至另一组母线上热备用，即遵循"先拉后合"的原则（冷倒），以免发生通过两条母线侧隔离开关合环或解环的误操作事故，这种操作无须将母联断路器改非自动。

（3）运行中的双母线并列、解列操作必须用断路器来完成。倒母线应考虑各组母线的负荷和电源分布的合理性。一组运行母线及母联断路器停电，应在倒母线操作结束后，断开母联断路器，再拉开停电母线侧隔离开关，最后拉开运行母线侧隔离开关。

2. 母线操作注意事项

（1）倒负荷时，为了避免母联断路器误跳闸，需要将母联断路器的控制电源自动空气开关断开，待倒负荷过程结束之后方可合上。

（2）一般在 220kV 母线的两端装有接地开关，检修时需要将两端的接地开关均接地，以保证检修工作的安全。

（3）当停用运行双母线中的一组母线时，要做好防止运行母线电压互感器对停用母线电压互感器二次反充电的措施。即母线转热备用后，应先断开该母线上电压互感器的所有二次侧自动空气开关（或取下熔断器），再拉开该母线上电压互感器的高压隔离开关（或取下熔断器）。

（4）双母线倒母线操作时，应注意线路的微机保护装置、自动装置及电能表所用的电压互感器电源的相应切换。如不能切换到运行母线的电压互感器上，则在操作前将这些保护停用。

（5）无论是回路的倒母线还是母线停电的倒母线操作，在合上（或拉开）某回路母线侧隔离开关后，应及时检查该回路保护电压切换箱所对应的母线指示灯以及微机型母差保护回路的位置指示灯，指示应正确。

母线停电倒母线操作后，在断开母联断路器之前，应再次检查回路是否已全部倒至另一组运行母线上，并检查母联断路器电流指示应为零；当断开母联断路器后，检查停电母线上的电压指示应为零。

（6）在母线侧隔离开关的合上（或拉开）过程中，如可能发生较大火花时，应依次先合靠母联断路器最近的母线侧隔离开关，拉开的操作顺序相反，从而可以尽量减小母线侧隔离开关操作时的电位差。

任务实施

根据倒闸操作的基本原则及一般程序，通过以上任务分析，正确写出 220kV 由双母线并列运行倒为 Ⅰ 母运行、Ⅱ 母转检修的倒闸操作步骤；并结合 Q/GDW 1799.1—2013《国家电网公司电力安全工作规程　变电部分》、各级调度规程和其他的有关规定进行倒闸操作。

220kV 由双母线并列运行倒为 Ⅰ 母运行、Ⅱ 母转检修的倒闸操作步骤：

（1）模拟操作。
（2）检查母联 231 断路器三相确已合上。
（3）检查母联 2311 隔离开关确已推到位。
（4）检查母联 2312 隔离开关确已推到位。
（5）投入 220kV 母差保护屏 13LP 互联保护连接片。
（6）检查 220kV 母差保护屏 13LP 互联保护连接片确已投入。
（7）断开 231 母联断路器控制电源自动空气开关。
（8）推上跑袁Ⅱ线 2141 隔离开关。
（9）检查跑袁Ⅱ线 2141 隔离开关确已推到位。
（10）拉开跑袁Ⅱ线 2142 隔离开关。
（11）检查跑袁Ⅱ线 2142 隔离开关确已拉开。
（12）推上 2 号主变 2021 隔离开关。
（13）检查 2 号主变 2021 隔离开关确已推到位。
（14）拉开 2 号主变 2022 隔离开关。
（15）检查 2 号主变 2022 隔离开关确已拉开。
（16）推上袁渝线 2151 隔离开关。
（17）检查袁渝线 2151 隔离开关确已推到位。
（18）拉开袁渝线 2152 隔离开关。
（19）检查袁渝线 2152 隔离开关确已拉开。
（20）检查 1 号主变 2012 隔离开关确已拉开。

(21) 检查分袁线 2112 隔离开关确已拉开。

(22) 检查大袁线 2122 隔离开关确已拉开。

(23) 检查跑袁Ⅰ线 2132 隔离开关确已拉开。

(24) 检查 220kV 母差保护屏运行方式正常。

(25) 合上 231 母联断路器控制电源自动空气开关。

(26) 退出 220kV 母差保护屏 13LP 互联保护连接片。

(27) 检查 220kV 母差保护屏 13LP 互联保护连接片确已退出。

(28) 退出 220kV 母差保护屏 16LPⅡ母复合电压保护连接片。

(29) 检查 220kV 母差保护屏 16LPⅡ母复合电压保护连接片确已退出。

(30) 断开 220kVⅡ母电压互感器二次自动空气开关。

(31) 拉开 220kVⅡ母电压互感器 2522 隔离开关。

(32) 检查 220kVⅡ母电压互感器 2522 隔离开关确已拉开。

(33) 断开 231 母联断路器。

(34) 检查 231 母联断路器三相确已断开。

(35) 拉开 2312 隔离开关。

(36) 检查 2312 隔离开关确已拉开。

(37) 拉开 2311 隔离开关。

(38) 检查 2311 隔离开关确已拉开。

(39) 在 220kVⅡ母电压互感器 2522 隔离开关与Ⅱ母之间三相分别验明确无电压。

(40) 推上 220kVⅡ母 25202 接地开关。

(41) 检查 220kVⅡ母 25202 接地开关确已推到位。

(42) 断开母联 231 断路器控制电源自动空气开关。

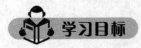 **拓展提高**

(1) 对可能出现谐振的变电站，在母线和母线电压互感器同时停电时，待停电母线转为空母线之后，应先拉开电压互感器隔离开关，后拉开母联断路器。

(2) 倒母线时，必须先取下母联断路器的控制电源自动空气开关，待倒母线成功之后方能再合上。其原因是为了避免母联断路器在倒母线过程中出现跳闸（如误操作、保护动作或直流两点接地），导致合第一组母线隔离开关或者拉开最后一组母线隔离开关时，出现不等电位操作，造成系统事故。

任务 3.3.4　220kV 母线由Ⅰ母运行、Ⅱ母检修倒为双母并列运行

学习目标

知识目标：

(1) 熟悉变电站 220kVⅡ母进行送电操作前的运行方式。

(2) 掌握变电站 220kVⅡ母进行送电的基本原则及要求；熟悉 220kVⅡ母进行送电操作顺序。

（3）掌握变电仿真系统 220kVⅡ母送电的倒闸操作。

能力目标：

（1）能阐述 220kVⅡ母进行送电操作前的运行方式。

（2）能正确填写变电站 220kV 母线由Ⅰ母运行、Ⅱ母检修转双用并列运行的倒闸操作票。

（3）能在仿真机上熟练进行 220kVⅡ母送电的倒闸操作。

态度目标：

（1）能主动学习，在完成任务过程中发现问题，分析问题和解决问题。

（2）能严格遵守变电运行相关规程及规章制度，与小组成员协商、交流配合，按标准化作业流程完成学习任务。

任务分析

（1）分析 220kV 一次系统运行方式。220kV 一次系统采用双母线接线，220kVⅠ母运行、Ⅱ母检修。220kVⅠ母所带负荷为大袁线、分袁线、袁渝线、跑袁Ⅰ线、跑袁Ⅱ线及Ⅰ母电压互感器。

（2）分析操作步骤。由于 220kVⅡ母转检修操作时，原来 220kVⅡ母所带的负荷和电源转接至 220kVⅠ母。220kVⅡ母由检修转运行操作时，需要在拉开接地开关后将其所带的负荷和电源从Ⅰ母转至Ⅱ母；投入 220kVⅡ母电压互感器；合上 231 断路器。

相关知识

（1）倒负荷时，为了避免母联断路器误跳闸而导致不等电位操作隔离开关事故，需要断开母联断路器的控制电源自动空气开关，待倒负荷过程结束之后方可合上。

（2）一般检修时退出运行的互感器，在母线准备倒负荷之前，需要将互感器提前投入运行，以便正确检查母线电压是否正常。

任务实施

根据倒闸操作的基本原则及一般程序，通过以上任务分析，正确写出 220kV 母线由Ⅰ母运行、Ⅱ母检修倒为双母线并列运行的倒闸操作步骤；并结合 Q/GDW 1799.1—2013《国家电网公司电力安全工作规程　变电部分》、各级调度规程和其他的有关规定进行倒闸操作。

220kV 母线由Ⅰ母运行、Ⅱ母检修倒为双母并列运行的倒闸操作步骤：

（1）模拟操作。

（2）拉开 220kVⅡ母 25202 接地开关。

（3）检查 220kVⅡ母 25202 接地开关确已拉开。

（4）检查 220kVⅡ母确无临时接地线。

（5）合上 231 母联断路器控制电源自动空气开关。

（6）检查 231 母联断路器三相确已断开。

（7）推上 2311 隔离开关。

（8）检查 2311 隔离开关确已推到位。

（9）推上 2312 隔离开关。

（10）检查 2312 隔离开关确已推到位。

（11）合上 231 母联断路器。

（12）检查 231 母联断路器三相确已合上。

（13）检查 220kV Ⅱ 母充电正常。

（14）推上 220kV Ⅱ 母电压互感器 2522 隔离开关。

（15）检查 220kV Ⅱ 母电压互感器 2522 隔离开关确已推到位。

（16）合上 220kV Ⅱ 母电压互感器二次自动空气开关。

（17）检查 220kV Ⅱ 母电压指示正常。

（18）投入 220kV 母差保护屏 16LP Ⅱ 母复合电压保护连接片。

（19）检查 220kV 母差保护屏 16LP Ⅱ 母复合电压保护连接片确已投入。

（20）投入 220kV 母差保护屏 13LP 互联保护连接片。

（21）检查 220kV 母差保护屏 13LP 互联保护连接片确已投入。

（22）断开 231 母联断路器控制电源自动空气开关。

（23）推上跑袁Ⅱ线 2142 隔离开关。

（24）检查跑袁Ⅱ线 2142 隔离开关确已推到位。

（25）拉开跑袁Ⅱ线 2141 隔离开关。

（26）检查跑袁Ⅱ线 2141 隔离开关确已拉开。

（27）推上 2 号主变 2022 隔离开关。

（28）检查 2 号主变 2022 隔离开关确已推到位。

（29）拉开 2 号主变 2021 隔离开关。

（30）检查 2 号主变 2021 隔离开关确已拉开。

（31）推上袁渝线 2152 隔离开关。

（32）检查袁渝线 2152 隔离开关确已推到位。

（33）拉开袁渝线 2151 隔离开关。

（34）检查袁渝线 2151 隔离开关确已拉开。

（35）检查 220kV 母差保护屏运行方式图正常。

（36）合上 231 母联断路器控制电源自动空气开关。

（37）退出 220kV 母差保护屏 13LP 互联保护连接片。

（38）检查 220kV 母差保护屏 13LP 互联保护连接片确已退出。

 **拓展提高**

（1）对母线充电前，一般应将空母线上只能用隔离开关送电的附属设备，如电压互感器、避雷器等先投入运行。

（2）对可能出现谐振的变电站，恢复母线正常运行时应先对母线送电，然后通过隔离开关将母线电压互感器合上。

任务 3.4 变电站变压器停送电操作

电力变压器是变电站的主要设备之一,其利用电磁感应原理实现不同电压等级之间的变换,根据变比的大小可以分为升压变压器和降压变压器。升压变压器主要是将低电压升高,以便于远距离传输,减少线路的损耗和压降;降压变压器则将高电压转为低电压,以满足电力用户的需要。

任务 3.4.1 1 号主变由并列运行转检修

知识目标:
(1) 熟悉变电站 1 号主变进行停电操作前的运行方式。
(2) 掌握变电站 1 号主变进行停电的基本原则及要求;熟悉 1 号主变进行停电操作顺序。
(3) 掌握变电仿真系统 1 号主变进行停电的倒闸操作。
能力目标:
(1) 能阐述 1 号主变进行停电操作前的运行方式。
(2) 能正确填写变电站 1 号主变由并列运行转检修的倒闸操作票。
(3) 能在仿真机上熟练进行 1 号主变停电的倒闸操作。
态度目标:
(1) 能主动学习,在完成任务过程中发现问题,分析问题和解决问题。
(2) 能严格遵守变电运行相关规程及规章制度,与小组成员协商、交流配合,按标准化作业流程完成学习任务。

(1) 分析一次系统运行方式。220kV 一次系统采用双母线接线,231 断路器合闸;110kV 一次系统采用单母线分段接线带旁路母线运行,131 断路器合闸,其中 110kV Ⅰ 段母线由 1 号主变供电,110kV Ⅱ 段母线由 2 号主变供电;10kV 侧采用单母线分段接线,931 断路器合闸,其中,10kV Ⅰ 段母线由 1 号主变供电,10kV Ⅱ 段母线由 2 号主变供电。
(2) 分析操作步骤。由于 1 号主变需要由运行转检修。因此要断开 901、101、201 断路器。由于 220kV 一次系统为双母线并列运行,所以不会造成 220kV 侧线路的停运。110kV 一次系统为单母线分段并列运行,可以继续对 110kV Ⅰ 段母线重要负荷的供电。10kV 一次系统为单母线分段并列运行,因此为了保证不中断对 10kV Ⅰ 段母线重要负荷的供电,需要合上 931 断路器。

相关知识

1. 变压器操作一般原则
(1) 在 110kV 及以上中性点直接接地系统中,变压器停送电和经变压器向母线充电等操作前，必须将变压器中性点接地开关合上，操作完毕后根据系统方式的要求决定拉开与否。在运行中需要拉合变压器中性点接地开关时，由所辖调度发令操作。比如在运行的 110kV 或 220kV 双绕组及三绕组变压器中，需断开中性点直接接地系统侧的断路器，则该侧的中性点接地开关应先合上。

（2）对于中低压侧具有电源的变电站，至少应有一台变压器中性点接地。在双母线运行时，当母联断路器跳闸后应保证被分开的两个系统至少应有一台变压器中性点接地。

（3）变压器投入运行时，应选择继电保护完备、励磁涌流影响较小的一侧送电。变压器送电时，应先从电源侧充电，再送负荷侧；当两侧或三侧均有电源时，应先从高压侧送电，再送低压侧，并按继电保护的要求调整变压器中性点接地方式。在变压器停电操作时，应先停负荷侧，后停电源侧；当两侧或三侧均有电源时，应先停电压侧，后停高压侧。

（4）变压器送电前，应检查送电侧母线电压及变压器分接头位置，保证送电后各侧电压不超过其相应分接头电压的 5%。

（5）带有消弧线圈接地的变压器停电操作前，必须先将消弧线圈断开，并不得将两台变压器的中性点同时接到一台消弧线圈上。

（6）新投运或大修后的变压器进行核相，确认无误后方可并列运行。新投运的变压器一般冲击合闸 5 次，大修后的冲击合闸 3 次。

2. 变压器操作的注意事项

（1）变压器由检修转为运行前，检查其各侧中性点接地开关，应在合闸位置。

（2）运行中若需倒换变压器中性点接地方式，应先合上另一台变压器的中性点接地开关后，才能拉开原来的中性点接地开关。

（3）两台变压器并列运行前，检查两台变压器有载调压电压分接头，指示应一致；若是有载调压变压器与无励磁调压变压器并列运行时，其分接电压应尽量靠近无励磁调压变压器的分接位置。并列运行的变压器，其调压操作应轮流逐级或同步进行，不得在单台变压器上连续进行两个及以上分接头变换操作。

（4）两台变压器并列运行时，如果一台变压器需要停电，在未拉开这台变压器断路器之前应检查总负荷情况，确保一台变压器停电后不会导致另一台变压器过负荷。

（5）投入备用的变压器后，应根据表计指示来确认该变压器已带负荷，然后方可停下运行的变压器。

（6）对已停电的变压器，其保护功能若有联跳的，应停用其联跳连接片。

任务实施

根据倒闸操作的基本原则及一般程序，通过以上任务分析，正确写出 1 号主变由并列运行转检修的倒闸操作步骤；并结合 Q/GDW 1799.1—2013《国家电网公司电力安全工作规程 变电部分》、各级调度规程和其他的有关规定进行倒闸操作。

1 号主变由并列运行转检修的倒闸操作步骤：

（1）模拟操作。

（2）检查两台主变负荷总和小于 2 号主变允许负荷容量。

（3）合上 10kV 931 母联断路器。

（4）检查 10kV 931 母联断路器确已合上。

（5）检查 110kV 母联 131 断路器确已合上。

（6）推上 2 号主变 220kV 侧中性点 2020 接地开关。

（7）检查 2 号主变 220kV 侧中性点 2020 接地开关确已推到位。

（8）推上 1 号主变 110kV 侧中性点 1010 接地开关。

（9）检查 1 号主变 110kV 侧中性点 1010 接地开关确已推到位。

（10）退出 2 号主变保护Ⅰ、Ⅱ屏 4LP 高压侧间隙零序保护连接片。

（11）检查 2 号主变保护Ⅰ、Ⅱ屏 4LP 高压侧间隙零序保护连接片确已退出。

（12）退出 1 号主变保护Ⅰ、Ⅱ屏 7LP 中压侧间隙零序保护连接片。

（13）检查 1 号主变保护Ⅰ、Ⅱ屏 7LP 中压侧间隙零序保护连接片确已退出。

（14）投入 2 号主变保护Ⅰ、Ⅱ屏 3LP 高压侧零序过电流保护连接片。

（15）检查 2 号主变保护Ⅰ、Ⅱ屏 3LP 高压侧零序过电流保护连接片确已投入。

（16）投入 1 号主变保护Ⅰ、Ⅱ屏 6LP 中压侧零序过电流保护连接片。

（17）检查 1 号主变保护Ⅰ、Ⅱ屏 6LP 中压侧零序过电流保护连接片确已投入。

（18）检查 1 号主变 220kV 侧中性点 2010 接地开关确已推到位。

（19）检查 1 号主变 110kV 侧中性点 1010 接地开关确已推到位。

（20）检查 1 号主变保护Ⅰ、Ⅱ屏 3LP 高压侧零序过电流保护连接片确已投入。

（21）断开 1 号主变 901 断路器。

（22）断开 1 号主变 101 断路器。

（23）断开 1 号主变 201 断路器。

（24）检查 2 号主变负荷确在其允许范围内。

（25）检查 1 号主变 901 断路器确已断开。

（26）取下 1 号主变 901 断路器合闸熔断器。

（27）拉开 1 号主变 9013 隔离开关。

（28）检查 1 号主变 9013 隔离开关确已拉开。

（29）拉开 1 号主变 9011 隔离开关。

（30）检查 1 号主变 9011 隔离开关确已拉开。

（31）检查 1 号主变 101 断路器确已断开。

（32）检查 1 号主变 1014 隔离开关确已拉开。

（33）拉开 1 号主变 1013 隔离开关。

（34）检查 1 号主变 1013 隔离开关确已拉开。

（35）拉开 1 号主变 1011 隔离开关。

（36）检查 1 号主变 1011 隔离开关确已拉开。

（37）检查 1 号主变 201 断路器三相确已断开。

（38）拉开 1 号主变 2013 隔离开关。

（39）检查 1 号主变 2012 隔离开关确已拉开。

（40）检查 1 号主变 2013 隔离开关确已拉开。

（41）拉开 1 号主变 2011 隔离开关。

（42）检查 1 号主变 2011 隔离开关确已拉开。

（43）拉开 1 号主变 220kV 侧中性点 2010 接地开关。

（44）检查 1 号主变 220kV 侧中性点 2010 接地开关确已拉开。

（45）拉开 1 号主变 110kV 侧中性点 1010 接地开关。

（46）检查 1 号主变 110kV 侧中性点 1010 接地开关确已拉开。

（47）在 1 号主变 110kV 侧与 1013 隔离开关之间三相分别验明确无电压。

（48）推上 1 号主变 10103 接地开关。

（49）检查 1 号主变 10103 接地开关确已推到位。

（50）在 1 号主变 220kV 侧与 2013 隔离开关之间三相分别验明确无电压。

（51）推上 1 号主变 20103 接地开关。

（52）检查 1 号主变 20103 接地开关确已推到位。

（53）在 1 号主变 10kV 侧与穿墙套管之间三相分别验明确无电压。

（54）在 1 号主变 10kV 侧与穿墙套管之间装设××号接地线。

（55）退出 1 号主变保护Ⅰ屏 30LP、31LP 高压侧母联断路器第一、二跳闸出口连接片。

（56）检查 1 号主变保护Ⅰ屏 30LP、31LP 高压侧母联断路器第一、二跳闸出口连接片确已退出。

（57）退出 1 号主变保护Ⅰ屏 35LP 中压侧母联断路器第一、二跳闸出口连接片。

（58）检查 1 号主变保护Ⅰ屏 35LP 中压侧母联断路器第一、二跳闸出口连接片确已退出。

（59）退出 1 号主变保护Ⅰ屏 39LP 低压侧分段断路器跳闸出口连接片。

（60）检查 1 号主变保护Ⅰ屏 39LP 低压侧分段断路器跳闸出口连接片确已退出。

（61）退出 1 号主变保护Ⅱ屏 30LP 高压侧母联断路器第一、二跳闸出口连接片。

（62）检查 1 号主变保护Ⅱ屏 30LP 高压侧母联断路器第一、二跳闸出口连接片确已退出。

（63）退出 1 号主变保护Ⅱ屏 35LP 中压侧母联断路器第一组跳闸出口连接片。

（64）检查 1 号主变保护Ⅱ屏 35LP 中压侧母联断路器第一组跳闸出口连接片确已退出。

（65）退出 1 号主变保护Ⅱ屏 39LP 低压侧分段断路器跳闸出口连接片。

（66）检查 1 号主变保护Ⅱ屏 39LP 低压侧分段断路器跳闸出口连接片确已退出。

（67）退出 220kV 母差保护Ⅰ屏 4LP201 1 号主变保护连接片。

（68）检查 220kV 母差保护Ⅰ屏 4LP201 1 号主变保护连接片确已退出。

（69）退出 220kV 母差保护Ⅱ屏 2XB 跳 201 断路器保护连接片。

（70）检查 220kV 母差保护Ⅱ屏 2XB 跳 201 断路器保护连接片。

（71）退出 110kV 母差保护屏 2XB 跳 101 断路器保护连接片。

（72）检查 110kV 母差保护屏 2XB 跳 101 断路器连接片确已退出。

（73）断开 1 号主变 901 断路器控制电源自动空气开关。

（74）断开 1 号主变 101 断路器控制电源自动空气开关。

（75）断开 1 号主变 201 断路器控制电源自动空气开关。

 **拓展提高**

在变压器解列操作中，应将变压器中性点接地之后方能将变压器从系统中退出运行。其

目的是避免在解列操作中出现断路器非同期动作或不对称开断，出现电容传递过电压或者失步工频过电压所造成的事故。

任务 3.4.2　1 号主变由检修转与 2 号主变并列运行

 **学习目标**

知识目标：

(1) 熟悉变电站 1 号主变进行送电操作前的运行方式；

(2) 掌握变电站 1 号主变进行送电的基本原则及要求；熟悉 1 号主变进行送电操作顺序。

(3) 掌握变电仿真系统 1 号主变进行送电的倒闸操作。

能力目标：

(1) 能阐述 1 号主变进行送电操作前的运行方式。

(2) 能正确填写变电站 1 号主变由检修转与 2 号主变并列运行的倒闸操作票。

(3) 能在仿真机上熟练进行 1 号主变送电的倒闸操作。

态度目标：

(1) 能主动学习，在完成任务过程中发现问题，分析问题和解决问题。

(2) 能严格遵守变电运行相关规程及规章制度，与小组成员协商、交流配合，按标准化作业流程完成学习任务。

任务分析

(1) 分析 1 号主变在检修状态时的系统运行方式。220kV 一次系统采用双母线接线，并列运行；110kV 一次系统采用单母线分段带旁路母线接线，并列运行；10kV 一次系统采用单母线分段接线，并列运行；均由 2 号主变供电。

(2) 分析操作步骤。1 号主变由检修转运行操作时，除了按规定对 1 号主变进行恢复送电外，还需要恢复 10kV 一次系统的单母线分段分列运行方式，故需断开 931 断路器。

相关知识

三绕组降压变压器送电时，应依次合上高压、中压、低压侧断路器。若中低压一次系统中有双母线或单母线分段并列运行方式时，还需要检测两个母线的负荷分配是否正常。

 **任务实施**

根据倒闸操作的基本原则及一般程序，通过以上任务分析，正确写出 1 号主变由检修转与 2 号主变并列运行的倒闸操作步骤；并结合 Q/GDW 1799.1—2013《国家电网公司电力安全工作规程　变电部分》、各级调度规程和其他的有关规定进行倒闸操作。

1 号主变由检修转与 2 号主变并列运行的倒闸操作步骤：

(1) 模拟操作。

（2）拆除 1 号主变 10kV 侧与穿墙套管之间××号接地线。

（3）检查 1 号主变 10kV 侧与穿墙套管之间××号接地线确已拆除。

（4）拉开 1 号主变 10103 接地开关。

（5）检查 1 号主变 10103 接地开关确已拉开。

（6）拉开 1 号主变 20103 接地开关。

（7）检查 1 号主变 20103 接地开关确已拉开。

（8）检查 1 号主变有载调压分接开关挡位与 2 号主变挡位一致，符合并列运行条件。

（9）检查 1 号主变冷却电源确已投入。

（10）推上 1 号主变 220kV 侧中性点 2010 接地开关。

（11）检查 1 号主变 220kV 侧中性点 2010 接地开关确已推到位。

（12）推上 1 号主变 110kV 侧中性点 1010 接地开关。

（13）检查 1 号主变 110kV 侧中性点 1010 接地开关确已推到位。

（14）合上 1 号主变 201 断路器控制电源自动空气开关。

（15）合上 1 号主变 101 断路器控制电源自动空气开关。

（16）合上 1 号主变 901 断路器控制电源自动空气开关。

（17）投入 1 号主变保护Ⅰ屏 30LP、31LP 高压侧母联断路器第一、二跳闸出口连接片。

（18）检查 1 号主变保护Ⅰ屏 30LP、31LP 高压侧母联断路器第一、二跳闸出口连接片确已投入。

（19）投入 1 号主变保护Ⅰ屏 35LP 中压侧母联断路器跳闸出口连接片。

（20）检查 1 号主变保护Ⅰ屏 35LP 中压侧母联断路器跳闸出口连接片确已投入。

（21）投入 1 号主变保护Ⅰ屏 39LP 低压侧分段断路器跳闸出口连接片。

（22）检查 1 号主变保护Ⅰ屏 39LP 低压侧分段断路器跳闸出口连接片确已投入。

（23）检查 1 号主变保护Ⅰ屏保护确已投入。

（24）投入 1 号主变保护Ⅱ屏 30LP 高压侧母联断路器第一组跳闸出口连接片。

（25）检查 1 号主变保护Ⅱ屏 30LP 高压侧母联断路器第一组跳闸出口连接片确已投入。

（26）投入 1 号主变保护Ⅱ屏 35LP 中压侧母联断路器跳闸出口连接片。

（27）检查 1 号主变保护Ⅱ屏 35LP 中压侧母联断路器跳闸出口连接片确已投入。

（28）投入 1 号主变保护Ⅱ屏 39LP 低压侧分段断路器跳闸出口连接片。

（29）检查 1 号主变保护Ⅱ屏 39LP 低压侧分段断路器跳闸出口连接片确已投入。

（30）检查 1 号主变保护Ⅱ屏保护确已投入。

（31）投入 220kV 母差保护Ⅰ屏跳 4LP201 1 号主变保护连接片。

（32）检查 220kV 母差保护Ⅰ屏跳 4LP201 1 号主变保护连接片确已投入。

（33）投入 220kV 母差保护Ⅱ屏 2XB 跳 201 断路器保护连接片。

（34）检查 220kV 母差保护Ⅱ屏 2XB 跳 201 断路器保护连接片确已投入。

（35）投入 110kV 母差保护屏 2XB 跳 101 断路器保护连接片。

（36）检查 110kV 母差保护屏 2XB 跳 101 断路器保护连接片确已投入。

（37）检查 1 号主变 201 断路器三相确已断开。

（38）检查 1 号主变 2012 隔离开关确已拉开。

（39）推上 1 号主变 2011 隔离开关。

（40）检查 1 号主变 2011 隔离开关确已推到位。

（41）推上 1 号主变 2013 隔离开关。

（42）检查 1 号主变 2013 隔离开关确已推到位。

（43）检查 1 号主变 101 断路器确已断开。

（44）推上 1 号主变 1011 隔离开关。

（45）检查 1 号主变 1011 隔离开关确已推到位。

（46）检查 1 号主变 1014 隔离开关确已拉开。

（47）推上 1 号主变 1013 隔离开关。

（48）检查 1 号主变 1013 隔离开关确已推到位。

（49）检查 1 号主变 901 断路器确已断开。

（50）推上 1 号主变 9011 隔离开关。

（51）检查 1 号主变 9011 隔离开关确已推到位。

（52）推上 1 号主变 9013 隔离开关。

（53）检查 1 号主变 9013 隔离开关确已推到位。

（54）装上 1 号主变 901 断路器合闸熔断器。

（55）合上 1 号主变 201 断路器。

（56）检查 1 号主变 201 断路器三相确已合上。

（57）检查 1 号主变充电正常。

（58）合上 1 号主变 101 断路器。

（59）检查 1 号主变 101 断路器确已合上。

（60）检查 1 号主变 101 断路器已带负荷（××A）。

（61）合上 1 号主变 901 断路器。

（62）检查 1 号主变 901 断路器确已合上。

（63）检查 1 号主变 901 断路器已带负荷（××A）。

（64）检查 1 号主变接带负荷正常。

（65）断开 10kV 931 母联断路器。

（66）检查 10kV 931 母联断路器确已断开。

（67）拉开 2 号主变 220kV 侧中性点 2020 接地开关。

（68）检查 2 号主变 220kV 侧中性点 2020 接地开关确已拉开。

（69）拉开 1 号主变 110kV 侧中性点 1010 接地开关。

（70）检查 1 号主变 110kV 侧中性点 1010 接地开关确已拉开。

（71）投入 2 号主变保护Ⅰ、Ⅱ屏 4LP 高压侧间隙零序保护连接片。

（72）检查 2 号主变保护Ⅰ、Ⅱ屏 4LP 高压侧间隙零序保护连接片确已投入。

（73）投入 1 号主变保护Ⅰ、Ⅱ屏 7LP 中压侧间隙零序保护连接片。

（74）检查 1 号主变保护Ⅰ、Ⅱ屏 7LP 中压侧间隙零序保护连接片确已投入。

（75）退出 2 号主变保护Ⅰ、Ⅱ屏 3LP 高压侧零序过电流保护连接片。

（76）检查 2 号主变保护Ⅰ、Ⅱ屏 3LP 高压侧零序过电流保护连接片确已退出。

（77）退出 1 号主变保护Ⅰ、Ⅱ屏 6LP 中压侧零序保护连接片。

（78）检查 1 号主变保护Ⅰ、Ⅱ屏 6LP 中压侧零序保护连接片确已退出。

 **拓展提高**

变压器充电前，应先将全部保护投入跳闸位置再操作；操作中先合母线侧隔离开关，再合变压器侧隔离开关；最后由保护完备的电源侧断路器充电后，再合上负荷侧断路器。

任务 3.5　变电站互感器停送电操作

互感器包括电压互感器和电流互感器，是一次系统和二次系统之间的联络元件，将一次侧的高电压和大电流变成二次侧标准的低电压（$100\mathrm{V}$ 或 $100/\sqrt{3}\mathrm{V}$）和小电流（$5\mathrm{A}$ 或 $1\mathrm{A}$），向二次系统提供交流电源，并正确反映一次系统的运行状况。

任务 3.5.1　10kVⅠ段母线电压互感器由运行转检修

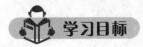 **学习目标**

知识目标：

（1）熟悉变电站 10kVⅠ段母线电压互感器停电操作前的运行方式。

（2）掌握 10kVⅠ段母线电压互感器停电操作的基本原则及要求；熟悉 10kVⅠ段母线电压互感器停电操作顺序。

（3）掌握变电仿真系统 10kVⅠ段母线电压互感器停电的倒闸操作。

能力目标：

（1）能阐述变电站 10kVⅠ段母线电压互感器停电操作前的运行方式。

（2）能正确填写变电站 10kVⅠ段母线电压互感器由运行转检修的倒闸操作票。

（3）能在仿真机上熟练进行 10kVⅠ段母线电压互感器停电的倒闸操作。

态度目标：

（1）能主动学习，在完成任务过程中发现问题，分析问题和解决问题。

（2）能严格遵守变电运行相关规程及规章制度，与小组成员协商、交流配合，按标准化作业流程完成学习任务。

任务分析

（1）分析一次系统运行方式。220kV 一次系统采用双母线接线，并列运行；110kV 侧采用单母线分段带旁路母线接线，并列运行，其中 110kVⅠ段母线由 1 号主变供电，110kVⅡ段母线由 2 号主变供电；10kV 侧采用单母线分段接线，并列运行，其中 10kVⅠ段母线由 1 号主变供电，10kVⅡ段母线由 2 号主变供电。

（2）分析操作步骤。10kVⅠ段母线电压互感器由运行转检修后，会导致保护元件测得的电压为零。但由于 10kVⅠ段母线并不检修，因此为了避免保护误动作，需要将 1 号主变 10kV 侧复合电压启动连接片解除，投入 1 号主变 10kV 侧复合电压短接连接片，同时将电容 1 号和 3 号电容器组低电压保护跳闸连接片解除，最后还需要做好验电和挂接地线等安全措施。

 **相关知识**

1. 电压互感器操作一般原则

(1) 对于双母线或单母线分段接线，两组电压互感器各接在相应的母线上运行，正常情况下二次侧不并列。当任一组母线电压互感器停电时，因其线路保护的交流电压取自线路所接的母线电压互感器，所以一般二次侧作相应切换，并再将双母线改简易单母线。但二次侧不能切换的母线互感器停用时，其所在母线要同时停用。

(2) 两组电压互感器二次侧并列时，必须先并一次侧，后并二次侧，以防止电压互感器二次侧对一次侧进行反充电，造成二次侧熔断器熔断或自动空气开关跳闸。

(3) 只有一组母线电压互感器时，一般情况下电压互感器和母线同时进行停送电操作；若单独停用电压互感器时，应考虑继电保护及自动装置进行相应的变动。

2. 电压互感器操作注意事项

(1) 两组电压互感器二次侧电压回路并列时，对电压并列回路是经母联或分段断路器回路运行启动的，母联或分段断路器应改为非自动，且微机型母线差动保护应改为互联或单母线运行方式。

(2) 若两组电压互感器二次侧电压回路不能并列时，对于将失去电压闭锁的微机型母线差动保护，仍可继续运行，但此时不得在母线差动保护二次回路上工作。

(3) 为防止反充电，母线电压互感器由运行转冷备用时，必须先断开该电压互感器的所有二次自动空气开关，再拉开高压隔离开关；相反由冷备用转运行时，必须先合上高压隔离开关，再合上其所有二次自动空气开关。

任务实施

倒闸操作的基本原则及一般程序，通过以上任务分析，正确写出 10kV I 段母线电压互感器由运行转检修的倒闸操作步骤；并结合 Q/GDW 1799.1—2013《国家电网公司电力安全工作规程 变电部分》、各级调度规程和其他的有关规定进行倒闸操作。

10kV I 段母线电压互感器由运行转检修的倒闸操作步骤：

(1) 模拟操作。

(2) 解除 1 号主变 10kV 侧复合电压启动连接片。

(3) 投入 1 号主变 10kV 侧复合电压短接连接片。

(4) 解除电容 1 号和 3 号电容器组低电压保护跳闸连接片。

(5) 将 10kV 电压切换开关由"断"切至"通"位置。

(6) 取下 10kV I 段母线电压互感器二次熔断器。

(7) 检查 10kV I 段母线电压表计指示正常。

(8) 拉开 10kV I 段母线电压互感器 9511 隔离开关。

(9) 检查 10kV I 段母线电压互感器 9511 隔离开关确已拉开。

(10) 在 10kV I 段母线电压互感器 9511 隔离开关三相动静触头之间装设××号绝缘挡板。

(11) 在 10kV I 段母线电压互感器与高压熔断器之间三相分别验明确无电压。

(12) 在 10kV I 段母线电压互感器与高压熔断器之间装设××号接地线。

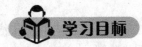 **拓展提高**

电压互感器操作要求：允许利用隔离开关拉、合无接地指示的电压互感器。大修或新更换的电压互感器（含二次回路变动）在投入运行前应核相。

任务 3.5.2　10kVⅠ段母线电压互感器由检修转运行

学习目标

知识目标：

(1) 熟悉变电站 10kVⅠ段母线电压互感器送电操作前的运行方式。

(2) 掌握 10kVⅠ段母线电压互感器送电操作的基本原则及要求；熟悉 10kVⅠ段母线电压互感器送电操作顺序。

(3) 掌握变电仿真系统 10kVⅠ段母线电压互感器送电的倒闸操作。

能力目标：

(1) 能阐述变电站 10kVⅠ段母线电压互感器送电操作前的运行方式。

(2) 能正确填写变电站 10kVⅠ段母线电压互感器由检修转运行的倒闸操作票。

(3) 能在仿真机上熟练进行 10kVⅠ段母线电压互感器送电的倒闸操作。

态度目标：

(1) 能主动学习，在完成任务过程中发现问题，分析问题和解决问题。

(2) 能严格遵守变电运行相关规程及规章制度，与小组成员协商、交流配合，按标准化作业流程完成学习任务。

任务分析

(1) 分析一次系统正常运行方式。10kV 一次系统采用单母线分段接线，分段运行（931 断路器断开，其备自投投入），其中 10kVⅠ段母线由 1 号主变供电，10kVⅡ段母线由 2 号主变供电。

(2) 分析操作步骤。在 10kVⅠ段母线电压互感器由运行转检修时，采用了挂接地线等安全措施，同时解除 1 号主变 10kV 侧复合电压启动连接片，投入 1 号主变 10kV 一次系统复合电压短接连接片，并解除 1 号和 3 号电容器组的低电压保护跳闸连接片退出。在 10kVⅠ段母线电压互感器由检修转运行时，必须拆除接地线，并将保护连接片恢复正常运行状态。

 **相关知识**

正常运行时，10kVⅠ、Ⅱ段母线各自所带的电压互感器二次侧未并列。

任务实施

根据倒闸操作的基本原则及一般程序，通过以上任务分析，正确写出 10kVⅠ段母线电压互感器由检修转运行的倒闸操作步骤；并结合 Q/GDW 1799.1—2013《国家电网公司电力

安全工作规程 变电部分》、各级调度规程和其他的有关规定进行倒闸操作。

10kVⅠ段母线电压互感器由检修转运行的倒闸操作步骤：

（1）模拟操作。

（2）拆除 10kVⅠ段母线电压互感器 9511 隔离开关三相动静触头之间××号绝缘挡板。

（3）检查 10kVⅠ段母线电压互感器 9511 隔离开关三相动静触头之间××号绝缘挡板确已拆除。

（4）拆除 10kVⅠ段母线电压互感器与高压熔断器之间××号接地线。

（5）检查 10kVⅠ段母线电压互感器与高压熔断器之间××号接地线确已拆除。

（6）推上 10kVⅠ段母线电压互感器 9511 隔离开关。

（7）检查 10kVⅠ段母线电压互感器 9511 隔离开关确已推到位。

（8）检查 10kVⅠ段母线电压互感器充电正常。

（9）装上 10kVⅠ段母线电压互感器二次熔断器。

（10）将 10kV 电压切换开关由"通"切至"断"位置。

（11）检查 10kVⅠ段母线电压表计指示正常。

（12）投入 1 号和 3 号电容器组低电压保护跳闸连接片。

（13）解除 1 号主变 10kV 侧复合电压短接连接片。

（14）投入 1 号主变 10kV 侧复合电压启动连接片。

为防止 10kV 母线常用电磁式的电压互感器产生电磁谐振，应在 10kV 母线充电后进行电压互感器的送电操作。

任务 3.6 变电站补偿装置停送电操作

电网通过无功补偿装置的投、退可以实现无功功率的动态平衡和电压的调整与控制，变电站无功补偿装置主要是电容器。

任务 3.6.1 10kV 1 号电容器组 991 由运行转检修

知识目标：

（1）熟悉变电站 10kV 1 号电容器组 991 停电操作前的运行方式。

（2）掌握 10kV 1 号电容器组 991 停电操作的基本原则及要求；熟悉 10kV 1 号电容器组停电操作顺序。

（3）掌握变电仿真系统 10kV 1 号电容器组的倒闸操作。

能力目标：

（1）能阐述变电站 10kV 1 号电容器组停电操作前的运行方式。

（2）能正确填写变电站 10kV 1 号电容器组 991 由运行转检修的倒闸操作票。

（3）能在仿真机上熟练进行 10kV 1 号电容器组停电的倒闸操作。

态度目标：

（1）能主动学习，在完成任务过程中发现问题，分析问题和解决问题。

（2）能严格遵守变电运行相关规程及规章制度，与小组成员协商、交流配合，按标准化作业流程完成学习任务。

 **任务分析**

（1）分析 10kV 母线补偿装置的运行方式。10kV Ⅰ段母线、Ⅱ段母线上均有电容器组，其为星形接线。10kV Ⅰ段母线 1 号和 3 号电容器组运行，10kV Ⅱ段母线接 2 号和 4 号电容器组运行。

（2）分析操作任务。10kV 1 号电容器组 991 是通过 991 断路器接在 10kV Ⅰ段母线上运行的，因此在由运行转检修操作中，需要断开 991 断路器。

相关知识

1. 电容器组的操作原则

（1）停电时，先断开断路器，后拉开元件侧隔离开关，再拉开母线侧隔离开关

（2）送电时，先合上母线侧隔离开关，后合上元件侧隔离开关，最后合上断路器。

（3）严禁空母线带电容器组运行。

2. 电网调度对电容器组操作的规定

（1）各变电站内电容器组的操作应在其调管的电网调度进行下令或许可下进行。

（2）通过投切电容器组来进行系统电压调整时，由电网调度值班人员下达指令。变电站现场运行值班人员可根据本站电压曲线向调度值班人员提出电容器组的操作申请，经许可后进行操作，操作结束后应向调度值班人员汇报。

（3）投切电容器组必须用断路器进行操作。

（4）电容器组的操作只涉及本变电站时，调度值班人员下达的指令是以综合命令下达。

（5）采用星形接线的电容器组检修时，接地点可选在中性点，挂一个地线即可。

任务实施

根据倒闸操作的基本原则及一般程序，通过以上任务分析，正确写出 10kV 1 号电容器组由运行转检修的倒闸操作步骤；并结合 Q/GDW 1799.1—2013《国家电网公司电力安全工作规程　变电部分》、各级调度规程和其他的有关规定进行倒闸操作。

10kV 1 号电容器组由运行转检修的倒闸操作步骤：

（1）模拟操作。

（2）断开 1 号电容器组 991 断路器。

（3）检查 1 号电容器组 991 断路器确已断开。

（4）取下 1 号电容器组 991 断路器合闸熔断器。

（5）拉开 1 号电容器组 9913 隔离开关。

（6）检查 1 号电容器组 9913 隔离开关确已拉开。

（7）拉开 1 号电容器组 9911 隔离开关。

（8）检查 1 号电容器组 9911 隔离开关确已拉开。

（9）拉开 1 号电容器组 9915 隔离开关。

（10）检查 1 号电容器组 9915 隔离开关确已拉开。

（11）在 1 号电容器组 9913 隔离开关电容器侧三相分别验明确无电压。

（12）在 1 号电容器组 9913 隔离开关电容器侧装设××号接地线。

（13）在 1 号电容器组 9915 隔离开关与 1 号电容器组之间三相分别验明确无电压。

（14）推上 1 号电容器组 99130 接地开关。

（15）检查 1 号电容器组 99130 接地开关确已推到位。

（16）在 1 号电容器组中性点验明确无电压。

（17）在 1 号电容器组中性点装设××号接地线。

（18）断开 1 号电容器组 991 断路器控制电源自动空气开关。

 **拓展提高**

（1）电容器的投切操作，必须根据调度指令，并结合电网的电压及无功功率情况进行操作。

（2）有电容器组运行的母线停电操作时，应先停运电容器组，再停运母线上的其他元件。

（3）无失压保护的电容器组，母线失压后应立即断开电容器组的断路器。

（4）电容器停用时应经放电线圈充分放电后才可合接地开关，其放电时间不得少于 5min。

任务 3.6.2　10kV 1 号电容器组由检修转运行

 **学习目标**

知识目标：

（1）熟悉变电站 10kV 1 号电容器组送电操作前的运行方式。

（2）掌握 10kV 1 号电容器组送电操作的基本原则及要求；熟悉 10kV 1 号电容器组送电操作顺序。

（3）掌握变电仿真系统 10kV 1 号电容器组的倒闸操作。

能力目标：

（1）能说出变电站 10kV 1 号电容器组送电操作前的运行方式。

（2）能正确填写变电站 10kV 1 号电容器组由检修转运行的倒闸操作票。

（3）能在仿真机上熟练进行 10kV 1 号电容器组送电的倒闸操作。

态度目标：

（1）能主动学习，在完成任务过程中发现问题，分析问题和解决问题。

（2）能严格遵守变电运行相关规程及规章制度，与小组成员协商、交流配合，按标准化作业流程完成学习任务。

任务分析

（1）分析 10kV 母线补偿装置的运行方式。10kV Ⅰ段母线、Ⅱ段母线上均有电容器组，其为星形接线。10kVⅠ段母线 3 号电容器组运行，10kVⅡ段母线接 2 号和 4 号电容器组运行，1 号电容器组处于检修状态。

（2）分析操作步骤。10kV 1 号电容器组由运行转检修时，断路器 991 已断开，9915 隔离开关也已拉开，并在电容器组的两侧挂地线。因此在 10kV 1 号电容器组由检修转运行操作时，需要先将电容器组两侧的接地线拆除，然后合上 9915、9913、9911 隔离开关和 991 断路器。

相关知识

在电容器组检修结束后，状态转运行还是转热备用，视系统电压水平和无功率分布情况而定。

任务实施

根据倒闸操作的基本原则及一般程序，通过以上任务分析，正确写出 10kV 1 号电容器组由检修转运行的倒闸操作步骤；并结合 Q/GDW 1799.1—2013《国家电网公司电力安全工作规程　变电部分》、各级调度规程和其他的有关规定进行倒闸操作。

10kV 1 号电容器组由检修转运行的倒闸操作步骤：

（1）模拟操作。

（2）拆除 1 号电容器组中性点××号接地线。

（3）检查 1 号电容器组中性点××号接地线确已拆除。

（4）拉开 1 号电容器组 99130 接地开关。

（5）检查 1 号电容器组 99130 接地开关确已拉开。

（6）拆除 1 号电容器组 9913 隔离开关电容器侧××号接地线。

（7）检查 1 号电容器组 9913 隔离开关电容器侧××号接地线确已拆除。

（8）合上 1 号电容器组 991 断路器控制电源自动空气开关。

（9）检查 1 号电容器组保护确已投入。

（10）检查 1 号电容器组 991 断路器确已断开。

（11）推上 1 号电容器组 9915 隔离开关。

（12）检查 1 号电容器组 9915 隔离开关确已推到位。

（13）推上 1 号电容器组 9911 隔离开关。

（14）检查 1 号电容器组 9911 隔离开关确已推到位。

（15）推上 1 号电容器组 9913 隔离开关。

（16）检查 1 号电容器组 9913 隔离开关确已推到位。

（17）装上 1 号电容器组 991 断路器合闸熔断器。

（18）合上 1 号电容器组 991 断路器。

（19）检查 1 号电容器组 991 断路器确已合上。

（20）检查 1 号电容器组 991 表计指示正常。

 **拓展提高**

（1）电容器组送电操作过程中，如果断路器没合好应立即断开断路器，间隔 3min 后，再将电容器组投入运行，以防止出现操作过电压。

（2）接有电容器组运行的母线送电时，应先投运母线上的其他设备，最后投运电容器组。

任务 3.7　变电站站用电停送电操作

变电站的站用电系统主要是为站内的一、二次设备提供电源，是保证变电站安全、可靠输送电能的一个必不可少的重要环节。站用电系统主要包括站用变压器、400V 交流电源屏、馈线及用电元件等。

任务 3.7.1　10kV 1 号站用变由运行转检修

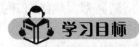 **学习目标**

知识目标：

（1）熟悉变电站 10kV 1 号站用变 961 停电操作前的运行方式。

（2）掌握 10kV 1 号站用变 961 停电操作的基本原则及要求；熟悉 10kV 1 号站用变停电操作顺序。

（3）掌握变电仿真系统 10kV 1 号站用变 961 的倒闸操作。

能力目标：

（1）能说出变电站 10kV 1 号站用变停电操作前的运行方式。

（2）能正确填写变电站 10kV 1 号站用变由运行转检修的倒闸操作票。

（3）能在仿真机上熟练进行 10kV 1 号站用变停电的倒闸操作。

态度目标：

（1）能主动学习，在完成任务过程中发现问题，分析问题和解决问题。

（2）能严格遵守变电运行相关规程及规章制度，与小组成员协商、交流配合，按标准化作业流程完成学习任务。

任务分析

（1）分析站用电系统的运行方式。10kV 一次系统为单母线分段接线，Ⅰ、Ⅱ 段母线分列运行。1 号站用变高压侧通过处于运行状态 961 断路器与 10kV Ⅰ 段母线相连；低压侧通过 401 断路器（合闸状态）与低压Ⅰ段母线相连；2 号站用变处于空载状态，高压侧通过 962 断路器与 10kV Ⅱ 段母线相连，低压侧通过 402 断路器（分闸状态）与低压Ⅱ段母线相连；站用变备自投装置投入。低压Ⅰ、Ⅱ段母线通过分段隔离开关 4311 实现并列运行。

（2）分析操作步骤。由于 1 号站用变需由运行转检修，其原来所带的所有负荷应转由 2 号站用变供电，故需要操作的断路器有 931 断路器、402 自动空气开关、961 断路器、401 自动空气开关。先合上 931 断路器，将两台站用变高压侧并列，再合 402 自动空气开关将低压侧并列，最后断开 401 自动空气开关并退出 1 号站用变。

 **相关知识**

1. 站用电系统操作一般原则

（1）站用电系统属变电站（或集控中心）管辖设备，但高压侧的运行方式由调度操作指令确定，站用电低压系统的操作由值班负责人发令。涉及站用变压器转运行或备用的操作，应经调度许可。

（2）两台站用变压器均运行时，由于二次存在电压差以及所接电源可能不同，为避免电磁环网，低压侧原则上不能并列运行，故只能采用停电倒负荷的方式，即停电时先拉开需停运的站用变压器自动空气开关（或取下熔断器），再合上低压母线联络断路器（或隔离开关），送电时与此相反。

（3）若两台站用变压器满足并列运行的条件，且高压侧在并列运行或高压侧为同一个电源时，可采用不停电倒负荷的方式，即停电时先合上低压母线联络断路器（或隔离开关），再拉开需停运的站用变压器自动空气开关（或取下熔断器），送电时与此相反。

（4）站用变压器倒闸操作要迅速，尽量缩短停电时间。如果站用变压器负荷较大，在倒换站用变压器时应先切除一部分负荷。

2. 站用电系统操作注意事项

（1）在两台站用变压器高压侧未并列时，严禁合上低压母线联络断路器（或隔离开关）。因为站用变压器高压侧未并列时，低压侧（或出线）并列会有很大的环流，可能造成短路。

（2）由于外来电源的站用变压器和站内电源的站用变压器相位不同，因此两者不得并列运行。

（3）合站用变压器低压侧隔离开关之前，注意检查站用变压器高压熔断器熔丝配置应合理，且放置符合要求。

（4）采用停电倒负荷方式的站用变压器停电后，应检查相应站用电屏上的电压表无指示，然后才能合上另一台站用变压器的自动空气开关（或放上熔断器）或低压母联断路器（或隔离开关）。

（5）在站用变压器转检修后，应做好防止倒送电的安全措施。

任务实施

根据倒闸操作的基本原则及一般程序，通过以上任务分析，正确写出 10kV 1 号站变 961 由运行转检修的倒闸操作步骤；并结合 Q/GDW 1799.1—2013《国家电网公司电力安全工作规程　变电部分》、各级调度规程和其他的有关规定进行倒闸操作。

10kV 1 号站用变由运行转检修的倒闸操作步骤：

（1）模拟操作。

（2）检查 9311 隔离开关确已推上。

（3）检查 9312 隔离开关确已推上。

（4）合上 931 断路器。

（5）检查 931 断路器确已合上。

（6）检查站用电屏（4S）低压母联 4311 隔离开关确已推上。

（7）检查站用电屏（5S）2 号站用变 4022 隔离开关确已推上。

（8）合上站用电屏（5S）2 号站用变 402 自动空气开关。

（9）检查站用电屏（5S）2 号站用变 402 自动空气开关确已合上。

（10）检查站用电屏（5S）2 号站用变表计指示正常。

（11）断开站用电屏（3S）1 号站用变 401 自动空气开关。

（12）拉开站用电屏（3S）1 号站用变 4011 隔离开关。

（13）断开 1 号站用变 961 断路器。

（14）检查 1 号站用变 961 断路器确已断开。

（15）取下 1 号站用变 961 断路器合闸熔断器。

（16）拉开 1 号站用变 9613 隔离开关。

（17）检查 1 号站用变 9613 隔离开关确已拉开。

（18）拉开 1 号站用变 9611 隔离开关。

（19）检查 1 号站用变 9611 隔离开关确已拉开。

（20）在 1 号站用变 9613 隔离开关与 1 号站用变高压侧之间三相分别验明确无电压。

（21）在 1 号站用变 9613 隔离开关与 1 号站用变高压侧之间装设××号接地线。

（22）在 1 号站用变低压侧与 1 号站用变 401 自动空气开关之间三相分别验明确无电压。

（23）在 1 号站用变低压侧与 1 号站用变 401 自动空气开关之间装设××号接地线。

（24）断开 1 号站用变 961 断路器控制电源自动空气开关。

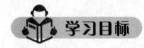 **拓展提高**

（1）对于重要负荷，如主变压器冷却电源、断路器储能电源以及隔离开关操作电源等，必须保证其供电的可靠性和灵活性，并分别接于站用电低压Ⅰ、Ⅱ段母线并构成环路，但正常运行时应开环运行。

（2）大修或新更换的站用变压器（含低压回路变动）在投入运行前应核相。

任务 3.7.2 10kV 1 号站用变由检修转与 2 号站用变并列运行

学习目标

知识目标：

（1）熟悉变电站 10kV 1 号站用变送电操作前的运行方式。

（2）掌握 10kV 1 号站用变送电操作的基本原则及要求；10kV 1 号站用变送电操作顺序。

（3）掌握变电仿真系统 10kV 1 号站用变送电的倒闸操作。

能力目标：

（1）能阐述变电站 10kV 1 号站用变送电操作前的运行方式。

（2）能正确填写变电站 10kV 1 号站用变由检修转与 2 号站用变并列运行的倒闸操作票。

（3）能在仿真机上熟练进行 10kV 1 号站用变送电的倒闸操作。

态度目标：

（1）能主动学习，在完成任务过程中发现问题，分析问题和解决问题。

（2）能严格遵守变电运行相关规程及规章制度，与小组成员协商、交流配合，按标准化作业流程完成学习任务。

任务分析

（1）分析站用电系统的运行方式。1 号站用变处于检修状态，原 1 号站用变所带负荷已转由 2 号站用变供电。低压母线分段隔离开关 4311 为合闸状态。

（2）分析操作步骤。1 号站用变由检修转运行时，需要先将低压 I 段母线的负荷转移至 1 号站用变，并拉开分段隔离开关 4311，将低压 I、II 段母线分列运行，实现分列运行，然后将 961 断路器、401 自动空气开关合上。

相关知识

站用变压器送电时，应先送电源侧（高压侧），后送负荷侧（低压侧）。

任务实施

根据倒闸操作的基本原则及一般程序，通过以上任务分析，正确写出 10kV 1 号站用变 961 由检修转与 2 号站用变并列运行的倒闸操作步骤；并结合 Q/GDW 1799.1—2013《国家电网公司电力安全工作规程 变电部分》、各级调度规程和其他的有关规定进行倒闸操作。

10kV 1 号站用变由检修转与 2 号站用变并列运行的倒闸操作步骤：

（1）模拟操作。

（2）拆除 1 号站用变低压侧与 1 号站变 401 自动空气开关之间××号接地线。

（3）检查 1 号站用变低压侧与 1 号站变 401 自动空气开关之间××号接地线确已拆除。

（4）拆除 1 号站用变 9613 隔离开关与 1 号站变高压侧之间××号接地线。

（5）检查 1 号站用变 9613 隔离开关与 1 号站变高压侧之间××号接地线确已拆除。

（6）合上 1 号站用变 961 开关控制电源自动空气开关。

（7）检查 1 号站用变保护确已投入。

（8）检查 1 号站用变 961 开关确已断开。

（9）推上 1 号站用变 9611 隔离开关。

（10）检查 1 号站用变 9611 隔离开关确已推到位。

（11）推上 1 号站用变 9613 隔离开关。

（12）检查 1 号站用变 9613 隔离开关确已推到位。

（13）装上 1 号站用变 961 断路器合闸熔断器。

（14）合上 1 号站用变 961 断路器。

（15）检查 1 号站用变 961 断路器确已合上。

（16）检查 1 号站用变充电正常。

(17) 推上站用电屏（3S）1 号站用变 4011 隔离开关。

(18) 合上站用电屏（3S）1 号站用变 401 自动空气开关。

(19) 检查站用电屏（3S）1 号站用变表计指示正常。

 **拓展提高**

装卸站用变压器高压熔断器（操作前应确认站用变压器高低压侧已断开）时，应戴护目眼镜和绝缘手套，必要时使用绝缘夹钳，并站在绝缘垫或绝缘台上。停电时先取中相，后取边相；送电时则反之。对于跌落式熔断器，遇到大风时应先拉中相，再拉背风相，最后拉迎风相。

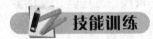 **技能训练**

(1) 对照 220kV 双母线接线变电站主接线图，叙述 220kV 双母线接线变电站一、二次系统正常运行方式。

(2) 写出 10kV 先锋厂线 916 断路器由运行转检修的基本操作步骤。

(3) 写出 10kV 先锋厂线 916 断路器由检修转运行的基本操作步骤。

(4) 写出 110kV 袁三线 116 断路器由运行转检修的基本操作步骤。

(5) 写出 110kV 袁三线 116 断路器由检修转运行的基本操作步骤。

(6) 写出 220kV 袁渝线 215 断路器由运行转检修的基本操作步骤。

(7) 写出 220kV 袁渝线 215 断路器由检修转运行的基本操作步骤。

(8) 写出 10kV 袁张Ⅱ回线线路由运行转检修的基本操作步骤。

(9) 写出 10kV 袁张Ⅱ回线线路由检修转运行的基本操作步骤。

(10) 写出 110kV 袁东线线路由运行转检修的基本操作步骤。

(11) 写出 110kV 袁东线线路由检修转运行的基本操作步骤。

(12) 写出 220kV 跑袁Ⅱ线线路及断路器由运行转检修的基本操作步骤。

(13) 写出 220kV 跑袁Ⅱ线线路及断路器由检修转运行的基本操作步骤。

(14) 写出 10kV Ⅰ段母线由运行转检修的基本操作步骤。

(15) 写出 10kV Ⅰ段母线由检修转运行的基本操作步骤。

(16) 写出 110kV Ⅰ段母线由运行转检修的基本操作步骤。

(17) 写出 110kV Ⅰ段母线由检修转运行的基本操作步骤。

(18) 写出 220kV 由双母线并列运行转Ⅱ母运行、Ⅰ母检修的基本操作步骤。

(19) 写出 220kV 母线由Ⅱ母运行、Ⅰ母检修转双母线并列运行的基本操作步骤。

(20) 写出 2 号主变由运行转检修的基本操作步骤。

(21) 写出 2 号主变由检修转运行的基本操作步骤。

(22) 写出 10kV Ⅱ段母线电压互感器由运行转检修的基本操作步骤。

(23) 写出 10kV Ⅱ段母线电压互感器由检修转运行的基本操作步骤。

(24) 写出 2 号电容器组由运行转检修的基本操作步骤。

(25) 写出 2 号电容器组由检修转运行的基本操作步骤。

(26) 写出 2 号站用变由运行转检修的基本操作步骤。

(27) 写出 2 号站用变由检修转运行的基本操作步骤。

项目四　变电站异常及事故处理

项目描述

变电站异常及事故处理的学习项目，主要学习变电站线路、母线、变压器、互感器、无功补偿装置、交直流系统等设备的异常及事故处理。

学习完本项目必须具备以下专业能力、方法能力、社会能力。

（1）专业能力：熟悉变电站运行方式和电气设备性能、结构、工作原理、运行参数，掌握变电安全规程、设备异常及事故处理规程等专业知识；能依据设备异常及事故现象进行正确判断和及时处理，解除对人身和设备安全的威胁，将损失降到最低程度。具备正确处理异常及事故处理能力。

（2）方法能力：具备从事电力行业所需要的工作方法及学习方法，包括收集故障信息、分析故障现象、确定整体思路、制定处理方案、评估处理结果、做好记录等，以养成良好的应变能力。

（3）社会能力：具备高尚的职业道德和职业素养，包括诚信守法、敬业精神、团队精神、安全意识、主动思考、服从指挥、及时汇报等优良品德。

知识背景

电气设备工作状态包括正常状态、异常状态和故障状态。

（1）正常状态，是指电气设备在规定的外部环境条件，如额定电压、电流、介质、环境温度下，连续正常地达到额定工作能力的状态。

（2）异常状态，即不正常工作状态，是相对于电气设备正常工作状态而言的，电气设备在规定的外部条件下部分或全部失去额定工作能力的状态，如变压器过负荷。

（3）故障状态，是指异常状态逐渐发展到设备丧失部分机能或全部机能，不能维持运行的状态，如变电站发生的各种短路故障。

在受到不可抗拒的外力破坏、设备缺陷、继电保护误动、运行人员误操作等诸多因素的破坏时，电力系统不可避免地会发生设备故障或事故，如主变压器在运行中过负荷、漏油、断路器运行中发出闭锁信号、母线发生短路、电压互感器高压熔断器熔断等。电气设备的异常运行或故障，都可能引起事故。事故是指当电气设备正常工作遭破坏，造成对用户的停电或人身伤亡和设备损坏的故障，前者称为停电事故，后者称为人身和设备事故。

事故处理是指在发生危及人身、电网及设备安全的紧急状况或发生电网和设备事故时，迅速解救人员、隔离故障设备、调整运行方式，以便迅速恢复正常所进行的操作过程。变电站电气设备异常及事故处理是变电站运行值班人员一项重要的基本职责和技能。如果异常及事故能得到正确及时的处理，损失就会降到最低程度。处理电气设备故障或事故是一件很复杂的工作，它要求值班员具有良好的技术素质，并且熟悉变电站运行方式和电气设备性能、结构、工作原理、运行参数以及电气事故处理规程等专业知识。运行经验证明，严格执行电气事故处理规程，遵守故障或事故的处理流程和基本原则，就能够正确判断和及时处理变电站发生的各种故障或事故。

一、设备缺陷处理流程

设备缺陷分为危急缺陷、严重缺陷和一般缺陷三大类。危急缺陷是指会威胁安全运行并需要立即处理的缺陷，若不及时处理，随时可造成设备损坏、人身伤亡、大面积停电、火灾等事故，如主变冷却器全停。严重缺陷是指对人身或设备有严重威胁，暂时尚能坚持但需尽快处理的缺陷，如主变本体轻瓦斯告警。一般缺陷是指危急缺陷和严重缺陷之外的缺陷，指性质一般、程度较轻、对安全运行影响不大的缺陷，如站用变本体温控器故障。

变电站设备缺陷处理流程如图 1-4-1 所示。

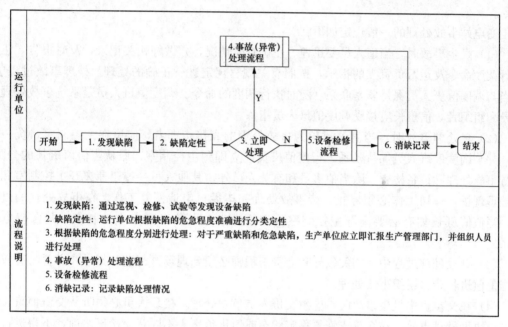

图 1-4-1 变电站设备缺陷处理流程图

二、变电站事故处理基本原则

变电站事故处理必须严格遵守变电站事故处理的基本原则及 Q/GDW 1799.1—2013《国家电网公司电力安全工作规程 变电部分》、各级调度规程和其他的有关规定。

变电站事故处理的基本原则如下：

（1）迅速限制事故的发展，消除事故的根源，解除对人身和设备安全的威胁。一般情况下不得轻易停运设备。如果对人身和设备的安全没有构成威胁时，应尽力设法维持该设备的运行；如果对人身和设备的安全构成威胁时，应尽力设法解除威胁；如果危及人身和设备的安全时，应立即停止该设备的运行。

（2）确保站用电的安全，设法保持站用电源正常。在处理事故过程中，首先应保证站用电的安全运行和正常供电，当系统或有关设备发生异常及事故而造成站用电停电或故障时，应首先处理和恢复站用电的运行，以确保其供电。

（3）事故发生后，根据当值值班长的安排，检查表计、保护、信号及自动装置动作情况，并到现场进行巡视检查，进行综合分析，判断事故的性质及范围，迅速制定事故处理方案。

（4）处理事故时，应根据现场的情况和有关规程的规定启动备用设备运行，采取必要的安全措施，对未造成事故的设备进行必要的安全隔离，保持其正常运行，防止事故扩大。

（5）在事故已被限制并趋于正常稳定状态时，应设法调整系统运行方式，让系统恢复正常；并尽快对已停电的用户和线路恢复供电；防止非同期并列和系统事故扩大。

（6）在事故处理过程中，详细做好重要操作及操作时间等记录（包括打印保护装置动作记录和故障录波图等），及时将事故处理情况报告有关领导和调度值班人员。

三、变电站事故处理一般规定

为了做到有条不紊地处理好事故，运行值班人员必须严格执行变电站事故处理一般规定，在事故发生第一时间向调度值班人员和主管领导汇报，服从调度指挥，正确执行调度命令。

变电站事故处理的一般规定如下：

（1）发生事故时，当值人员要迅速、正确查明情况，并做好相关记录，及时报告，正确执行调度命令及运行负责人的指示，按照有关规程规定进行正确的处理。处理事故过程中，应当与调度值班人员保持紧密联系，随时执行调度的命令。调度值班人员是系统事故处理的领导和组织者，值班长应接受调度值班人员指挥。

（2）在处理事故时，当值值班长为事故处理的直接指挥者，应留在主控制室，统一指挥，并与调度值班人员保持联系。当值值班员应立即到主控制室，服从当值值班长的分配，进行事故处理和设备检查。除当值人员和有关人员外，其他人员一律迅速离开主控制室和事故处理现场，一切工作必须停止，待事故处理完毕后再申请恢复工作。在事故处理的过程中，当值值班长如有必要离开主控制室，必须指定专人负责坚守主控制室，并保持电话联系。

（3）事故处理过程中，相关领导和专责工程师必须到现场进行监督指导，必要时有权代替当值值班长亲自组织事故处理。

（4）在交接班中发生事故时，应由交班人员负责处理，接班人员必须听从交班值班长的安排，协助处理事故。在系统未恢复稳定状态或值班负责人不同意交接班之前，不得进行交接班。只有事故处理告一段落或值班负责人同意交接班后，方可进行交接班。

（5）处理事故时，各级值班人员必须严格执行发令、复诵、汇报、录音和记录制度。发令人发出事故处理的命令后，要求受令人复诵自己的分令。受令人应将事故处理的命令向发令人复诵一遍，如果受令人未听懂，应向发令人问清楚，命令执行后应向发令人汇报。为便于分析事故，处理事故时应录音并在事故处理后还应记录事故现象和处理情况。

（6）事故处理中若下一个命令需根据上一命令的执行情况来确定，发令人则必须等待命令执行人的亲自汇报后再定，并且不能经第三者转达，不准根据表计的指示信号来判断命令的执行情况（可作参考）。

（7）发生事故时，各装置的动作信号不要急于复归，以便随时查核，这有利于事故的正确分析和处理。

（8）变电站的技术人员应定期整理事故档案，并集中讨论事故处理步骤的正确与否，结合事故预想、反事故演习等培训工作对职工进行安全教育，从而提高值班人员事故处理水平。

四、变电站事故处理一般程序

变电站发生事故时，为了做到准确、及时、正确地处理好事故，变电站运行值班人员在处理事故时必须遵照变电站事故处理一般程序。

变电站事故处理的一般程序如下：

（1）汇报调度，执行现场应急处理。若故障对人身和设备安全构成威胁，应立即设法消除，必要时可停止设备运行。

（2）判断故障性质及故障范围。根据监控系统信息显示、光字牌报警信号、系统有无冲击摆动现象、微机保护及自动装置动作情况、仪表及计算机打印报告，进行仔细分析，判断出故障性质及故障范围，并对故障范围内的设备和相关间隔进行全面检查，如母线故障时应检查所有相连的断路器和隔离开关。

（3）将故障设备隔离，确保非故障设备的运行，尽快恢复停电设备的供电，恢复系统运行，并做好故障设备现场安全措施，以便检修人员进行抢修。

（4）做好事故处理记录及时汇报。值班人员必须迅速、准确地记录事故处理的每一阶段情况，及时报告调度，避免发生混乱。

五、变电站事故处理基本流程

运行值班人员在进行事故处理时，必须严格遵守国家电网公司标准化作业流程，具体流程如图 1-4-2 所示。

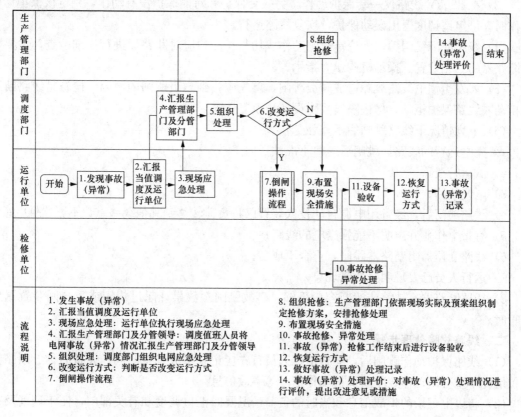

图 1-4-2 事故（异常）处理流程图

任务 4.1　变电站线路异常及事故处理

在电力系统各类故障中，输电线路故障所占比例最大。由于线路通道环境比较复杂，造成输电线路故障原因也比较多，如大雾、大雪、雷击、大风等异常天气，线路附近存在树木、沟塘、跨越线等通道，撞杆、人为破坏倒杆（塔），线路施工质量或设备本身绝缘不良等。这些都是造成线路事故的根源，会给电力系统造成极大的危害。

线路故障按故障类型一般可分为单相故障、相间故障；按性质可分为接地故障、短路故障和断线故障。线路故障既有同一线路的单相接地、多相接地短路、两相短路、三相短路、线路断线等故障，又有同杆架设不同线路间的同相短路和异相短路，其中以单相接地最为频繁。有统计表明，单相接地故障占输电线路故障的 85%～95%。

一、线路故障处理的一般原则

（1）单电源线路跳闸后，线路断路器重合闸未投入或重合闸未动作时，变电运行值班人员可无须调度命令立即试送一次。如果试送不成功，现场检查断路器、隔离开关等站内设备，无异常的线路在系统需要时可根据调度命令再强送一次。当线路有 T 接变电站或分段断路器时，应断开 T 接变电站或分段断路器后再强送。

（2）在 220kV 电网联络线、环网线路（包括双回线）三相跳闸后，当线路侧有电，可立即检定同期并列或合环；若线路侧无电，可以根据调度命令对线路强送一次。

（3）在 220kV 线路仅一套保护动作，另一套保护和对侧保护没有动作，判定该保护为误动作时，可申请调度退出误动保护，恢复线路运行。

（4）线路故障跳闸后，无论重合闸动作成功与否，均应对断路器进行详细检查，主要检查断路器的三相位置、操动机构压力指示等。

（5）如发生输电线路故障造成越级跳闸，首先应找到越级跳闸的原因，检查是线路断路器拒动或线路保护拒动，尽快隔离故障设备，恢复送电。

（6）下列情况下线路跳闸后不宜强送：

1）充电运行的线路，跳闸后一律不准试送；

2）试运行线路；

3）电缆线路；

4）线路跳闸后，经备用电源自动投入装置已将负荷转移到其他线路上，不影响供电；

5）有带电作业并声明不能强送电的线路；

6）线路变压器组断路器跳闸，重合不成功；

7）运行人员已发现明显故障现象；

8）线路断路器有缺陷或遮断容量不够、事故跳闸次数累计超过规定或重合闸装置退出运行时。

二、线路故障处理步骤

（1）线路保护动作跳闸后，运行值班人员首先应记录事故发生时间、设备名称、断路器变位情况、重合闸动作、主要保护动作信号等事故信息。

（2）将以上记录的事故信息和当时的负荷情况及时汇报调度和有关部门，便于调度及有关人员及时、全面地掌握事故情况，进行分析判断。

（3）检查受事故影响的设备运行状况，如一条线路跳闸时另一条线路设备的运行状况。

（4）记录保护及自动装置屏上的所有信号，尤其是检查线路故障录波器的测距数据。打印故障录波报告及微机保护报告。

（5）到现场检查故障线路断路器的实际位置，无论重合与否都应检查断路器及线路侧所有设备有无短路、接地、闪络、瓷件破损、爆炸、喷油等现象。

（6）检查站内其他相关设备有无异常。

（7）将详细检查结果汇报调度和有关部门。

（8）根据调度命令对故障设备进行隔离，恢复无故障设备运行，将故障设备转检修，做好安全措施。

（9）事故处理完毕后，值班人员填写运行日志、断路器分合闸等记录，并根据断路器的跳闸情况、保护及自动装置的动作情况、故障录波报告以及处理过程，整理详细的事故处理经过。

任务 4.1.1　断路器异常及事故处理

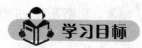 **学习目标**

知识目标：

（1）熟悉变电站高压断路器运行的基本知识。

（2）熟悉断路器的异常及事故现象。

（3）掌握断路器异常及事故处理流程和典型异常及事故的处理步骤。

能力目标：

（1）能阐述变电站高压断路器运行的基本要求。

（2）能正确区别断路器的正常运行、异常运行及事故状态，并写出典型异常及事故的处理步骤。

（3）能在仿真机上熟练进行断路器的异常及事故处理。

态度目标：

（1）能主动学习，在完成任务过程中发现问题，分析问题和解决问题。

（2）能严格遵守变电运行相关规程及规章制度，与小组成员协商、交流配合，按标准化作业流程完成学习任务。

 **任务分析**

在熟悉断路器的基本结构、主要设备部件和操动机构的运行要求基础上，能掌握变电站220、110、10kV断路器典型异常及事故的处理步骤，并进行异常及事故处理。

相关知识

1. 断路器的异常及事故现象

断路器常见异常及事故有断路器接头发热、瓷套破损有放电现象、油泵频繁打压、液压机构漏氮告警、SF$_6$ 断路器 SF$_6$ 压力低闭锁、操动机构压力低、拒绝分合闸、非全相运行等。

　　值班人员在断路器运行时发现有任何不正常现象，应及时予以消除，不能及时消除的应汇报调度及运行部门领导。若发现设备有威胁电网安全运行且不停电难以消除的缺陷时，应向值班调度员汇报，及时申请停电处理，并做好运行记录和缺陷记录。

　　2. 断路器运行注意事项

　　(1) 断路器投运前应检查接地线（或接地开关）已全部拆除（或拉开），检查防误闭锁装置是否正常。

　　(2) 操作前应检查控制回路和辅助回路的电源正常，检查机构已储能。

　　(3) SF$_6$ 断路器气体压力在规定的范围内，各种信号、表计指示均正常。

　　(4) 停运超过 6 个月的断路器在正式执行操作前，应通过远方控制方式进行试操作 2～3 次，无异常后方能按操作票拟定的方式操作。

　　(5) 操作前应检查相应隔离开关和断路器的位置，并确认继电保护已按规定投入。

　　(6) 操作控制把手时，不能用力过猛，以防损坏控制开关；手操作断路器合闸时，不能返回太快，以防时间短断路器来不及合闸，同时应监视有关电压、电流、功率等表计的指示及监控系统中断路器红、绿灯位置指示的变化。

　　(7) 断路器分合闸动作后，应到现场确认本体和机构分合闸指示器以及拐臂、传动杆位置，保证断路器确已正确分合闸，同时检查断路器本体有无异常。

　　(8) 当断路器操作机构或 SF$_6$ 气室发出闭锁信号时，严禁进行断路器的分、合闸操作。

　　(9) 当断路器液压机构发出零压闭锁信号时，严禁进行手动打压操作。

✦ 任务实施

　　根据变电站异常及事故处理基本原则、一般程序及相关规程规范，变电站断路器异常及事故进行如下处理。

一、220kV 系统 LW10B-252 SF$_6$ 断路器的异常及事故运行处理

　　(1) 运行中的断路器有下列情况之一，应立即向调度汇报并申请将断路器退出运行：

　　1) 液压操作系统油压不符合规定，如已降至操作闭锁值；

　　2) 套管有严重破损和放电现象；

　　3) SF$_6$ 气室严重漏气，发出操作闭锁信号；

　　4) 引线接头严重发红或烧断。

　　(2) 液压操动机构油压不符合规定时，运行值班员的处理步骤如下：

　　1) 立即到现场检查断路器机构的压力值及液压系统是否异常。

　　2) 检查油泵电源开关是否跳闸，如已跳闸则应合上油泵电源开关，再启动油泵打压使压力上升至正常工作压力。如合上油泵电源开关后，发生再次跳闸，就说明回路有短路故障，此时应立即汇报调度，查明短路原因，并通知维修单位进行处理。

　　3) 压力确降至"重合闸闭锁值"且不能打压使压力恢复正常时，应立即向调度汇报并申请退出重合闸装置，并通知维修单位进行处理。

　　4) 压力确降至"合闸闭锁值"且不能打压使压力恢复正常时，应立即向调度汇报并申请该断路器退出运行，并通知维修单位进行处理。

5）压力确降至"总闭锁值"且又不能打压使压力恢复正常值时，应立即断开该断路器的 220V 直流控制电源或将控制选择开关切至"就地"，使之变为死断路器，立即汇报调度并申请将该断路器退出运行，通知维修单位进行处理。

6）压力降至零时，禁止启动油泵打压，应立即汇报调度并申请停电，采取必要的安全措施后，通知维修单位进行处理。

（3）SF_6 气体压力降低时，运行值班员的处理步骤如下：

1）当断路器 SF_6 气体压力降低报警时，应立即到现场检查 SF_6 气体压力值，注意加强监视，并及时汇报调度，通知维修单位进行处理。

2）当 SF_6 气体渗漏严重，压力下降较快且接近或降至闭锁值时，应向调度汇报并申请停电处理；SF_6 气体压力低于闭锁值时，不得操作该断路器。

3）当 SF_6 气体压力降至分、合闸闭锁值告警时，应立即到现场检查 SF_6 气体压力。如压力确降至闭锁值，立即将该断路器控制电源自动空气开关（Ⅰ组直流电源开关、Ⅱ组直流电源开关）断开，将操动机构箱内"远/近"控切换开关切至"就地"位置，汇报调度并申请停电处理，通知维修单位及时处理。

（4）断路器拒绝分、合闸时，运行值班员的处理步骤如下：

1）拒绝合闸时应检查以下项目：操作是否得当，操作程序是否正确，检查控制电源是否合上，机构箱内控制选择开关位置是否正确，压力是否闭锁（包括操作动力介质的压力和灭弧室绝缘气体 SF_6 的压力）。当断路器合于故障线路并且保护动作跳闸时，禁止再次合断路器，应立即汇报调度，听候处理。若属断路器机构本身存在故障或二次回路故障，应立即汇报调度并通知维修单位来人进行处理。

3）拒绝分闸处理时应检查以下项目：操作是否得当，操作程序是否正确；检查操作电源是否合上，压力是否闭锁（包括操作动力介质的压力和灭弧室绝缘气体 SF_6 的压力）。当越级跳闸（故障线路断路器未跳开）时，应在验明确无电压后用隔离开关将故障断路器退出。当中的断路器由于机构或二次回路故障等原因拒绝分闸时，应立即汇报调度，用母联断路器将故障断路器串联后，再用母联断路器断开故障断路器所在回路，退出故障断路器（发生拒动的断路器应保持原状，以便于分析查找问题）。

（5）油泵打压异常时，运行值班人员的处理步骤如下：

1）当液压油压力降至 30.5MPa，并持续延时 3min 后，发出油泵打压故障信号时，应到现场检查油泵工作有无异常，液压油压力是否正常；检查油泵电机是否有卡阻或烧坏；检查油泵电源开关是否跳闸，如跳闸试合一次，检查油泵是否恢复正常工作。若仍无法恢复，应立即汇报调度，并通知维修单位进行处理。

2）当油泵出现打压频繁时（每次打压间隔时间小于 1h 时），应对机构进行外观检查并加强监视，通知维修单位进行处理。

3）当油泵打压超过安全阀动作值仍不停时，应断开油泵电源开关，再合上一次油泵电源开关，看油泵是否再启动。如果油泵再次启动，则应迅速断开油泵电源开关，汇报调度并加强压力监视，通知维修单位进行处理。

二、110kV 系统 LW35-126W SF₆ 断路器的异常及事故运行处理

（1）由于断路器只有在弹簧机构已储能状态下才能合闸操作，因此必须将合闸控制回路经弹簧储能位置开关触点进行连接。弹簧未储能或正在储能过程中均不能合闸，且此时会发出相应的信号。

（2）运行中一旦发出"弹簧未储能"的信号，就说明该断路器不具备快速自动重合闸的能力，应立即现场检查弹簧操动机构是否储能，判断是否属误发信号。如属误发信号，试复归信号一次。

（3）如弹簧操动机构确实未储能，应检查储能电源的自动空气开关是否跳闸。如已跳闸，在检查设备无异常后现场合上该自动空气开关，并检查电机是否正常启动。

（4）当断路器电动储能系统发生故障时，在手动储能前应将储能方式把手切至手动位置，并切断电机电源开关拉开。

（5）如出现以上情况现场值班人员无法自行处理时，应向调度值班员汇报，并通知设备检修维护单位进行处理。

 **拓展提高**

正常方式下断路器因某些原因偷跳或发生非全相运行时，500kV 和 220kV 的三相不致保护或零序保护会发信或动作跳闸。若三相不一致保护未正确动作，应立即汇报调度和有关部门。

一旦断路器发生非全相运行，运行人员应立即处理，避免事故扩大。断路器非全相运行异常处理的具体方法如下：

（1）对于 220kV 分相操作的断路器，不允许非全相运行。当断路器由于偷跳或人员误碰或线路发生瞬时性故障重合闸动作，发生非全相运行时，运行值班人员应根据出现的非全相运行情况，分别采取如下措施：

1）单相跳闸时应立即合上跳闸相，若该相合不上时立即断开其余相。

2）两相跳闸时应立即断开未跳闸相。

3）非全相运行的断路器无法断开时，应立即将该断路器的潮流降至最小，并尽快采取措施隔离故障断路器。

（2）断路器正常合闸操作中，若两相合上，一相未合上，应立即断开已合上相，再重合一次。仍未成功合闸时，应立即将合上的两相断开，并断开断路器控制电源的自动空气开关，汇报调度和通知维修单位进行处理；

（3）断路器正常分闸操作中，若两相断开，一相未断开，应立即断开断路器的控制电源的自动空气开关，到现场检查断路器位置，确定无异常后手动断开断路器。

任务 4.1.2　隔离开关异常及事故处理

 **学习目标**

知识目标：

（1）熟悉隔离开关运行的基本知识。

（2）熟悉隔离开关的异常及事故现象。

（3）掌握隔离开关异常及事故处理流程和典型异常及事故的处理步骤。

能力目标：

（1）能阐述变电站隔离开关运行的基本要求。

（2）能正确区别隔离开关的正常运行、异常运行及事故状态，并写出典型异常及事故的处理步骤。

（3）能在仿真机上进行隔离开关的异常及事故处理。

态度目标：

（1）能主动学习，在完成任务过程中发现问题，分析问题和解决问题。

（2）能严格遵守变电运行相关规程及规章制度，与小组成员协商、交流配合，按标准化作业流程完成学习任务。

任务分析

在熟悉隔离开关的基本工作原理、操作规定、运行要求的基础上，能掌握变电站隔离开关典型异常及事故的处理步骤，并进行异常及事故处理。

相关知识

（1）隔离开关常见的异常及事故有隔离开关触头发热，支柱绝缘子和传动绝缘子破损、闪络，操动机构卡涩，分、合闸不到位或三相合闸不同步，辅助开关切换不良，传动机构失灵，电动操作失灵，隔离开关自分，操作过程中停止在中间位置，电动机烧坏，接触器烧坏，远方不能操作，不能机械操作等现象。

（2）隔离开关运行中发热，主要是由于负荷过重、触头接触不良、操作时没有完全合好等情况引起。接触部位过热使接触电阻增大，氧化加剧，甚至可能会造成严重事故。

（3）运行中的隔离开关因端子箱受潮（导致分合闸回路接通）会造成自分合现象，一旦发生将可能造成带负荷拉合隔离开关，引起保护动作跳闸的事故。

（4）隔离开关合闸不到位和三相不同期，多数是机构锈蚀、卡涩、检修调试未调好或合闸进程中电源消失等原因引起的。由于在户外环境下长时间的静止，隔离开关操动机构会发生锈蚀、润滑脂干涸、缝隙积灰粘连等情况，易造成操作时卡涩。电动操作时就有可能因电动机过负荷发生熔断器熔断、热继电器动作等，手动操作时还会因用力过猛造成传动部件变形断裂。

（5）电动机构的隔离开关拒绝操作的原因有控制回路断线、合闸电源消失、二次回路继电器故障、接触器卡滞或烧坏、操作回路被闭锁和机械卡滞等。

任务实施

根据变电站异常及事故处理基本原则、一般程序及相关规程规范，变电站运行值班人员对隔离开关异常及事故进行如下处理：

（1）当隔离开关支柱绝缘子和传动绝缘子破损时，如发生在裙边上、面积不大且单个可以继续运行时，应伺机处理，较严重时应停电处理；如发生在柱体上且较严重时，禁止操作该隔离开关，申请停电处理。

（2）当隔离开关电气操作失灵时，首先应检查隔离开关的操作条件是否满足，排除因防误操作闭锁装置作用而将隔离开关操作回路解除的可能，认真核对设备编号并检查操作程序是否有误。若是操作票错误或操作顺序错误，应立即停止操作，及时弄清和更正操作票操作任务后再行操作。若不属于闭锁和误操作的原因，应对以下内容进行检查：控制电源是否正常；机构箱内的"远方/就地"切换开关位置是否正确；动力电源端子箱内交流电源是否正常，电源熔断器是否熔断；电动机保护开关是否跳闸；隔离开关机构箱内电源开关是否跳闸；电动机保护热偶继电器是否动作，缺相保护继电器是否跳闸，然后再做进一步处理。若是回路断线、接触器卡滞或接触器烧坏等元器件故障造成，应暂停操作，汇报调度和有关部门，处理后再继续操作。

（3）当操作隔离开关发生机械故障时，运行人员应根据起弧情况将隔离开关尽可能恢复到操作前的运行状态，并通知维修单位尽快进行处理。

 **拓展提高**

（1）如果隔离开关主导流部位、接触部位有发热情况，应用测温装置进一步检测，观察发热点温度和温度发展趋势，并应尽快汇报调度和有关部门，设法减小或转移负荷。可按接线方式进行负荷转移，如接线带有旁路断路器的可用旁路断路器带负荷，隔离故障后再进行处理。对室内隔离开关可采取通风降温的措施。当发现隔离开关触头烧红甚至熔化时，不得直接操作该隔离开关，防止操作时触头烧牢造成故障，引起事故扩大；应立即申请停电处理，断开该回路断路器，切断该隔离开关电流，降低隔离开关触头温度。进行负荷转移。

（2）手动操作隔离开关时，操作动作和用力要合适；在电动操作过程中突然停止，多是因为熔断器熔断、热继电器和操动机构卡涩造成。操作不到位时，应反复拉合，必要时可辅以绝缘棒顶推，使隔离开关到位，操作结束后再填报缺陷，汇报有关部门安排检修处理。

（3）在双母线接线方式下，线路或元件的二次电压、母差保护的电流回路都是通过母线隔离开关的辅助开关进行切换，若操作隔离开关时辅助开关切换不良将会导致"电压回路断线"、母差保护"开入异常"等信号掉牌。此时如未完成送电操作，可以重复操作隔离开关几次；如已经完成送电操作，应征得调度同意后再次停电处理，或申请停用有关保护并通知检修人员进行处理。

任务 4.1.3　防雷设备异常及事故处理

 **学习目标**

知识目标：
（1）熟悉变电站避雷器运行的基本知识。
（2）熟悉避雷器的异常及事故现象。
（3）掌握避雷器异常及事故处理流程和避雷器典型异常及事故的处理步骤。
能力目标：
（1）能阐述变电站避雷器运行的基本要求。
（2）能正确区别避雷器的正常运行、异常运行及事故状态，并写出典型异常及事故的处理步骤。

（3）能在仿真机上进行避雷器的异常及事故处理。

态度目标：

（1）能主动学习，在完成任务过程中发现问题，分析问题和解决问题。

（2）能严格遵守变电运行相关规程及规章制度，与小组成员协商、交流配合，按标准化作业流程完成学习任务。

任务分析

在熟悉变电站防雷设备基本结构的基础上，能掌握变电站防雷设备典型异常及事故的处理步骤，并进行异常及事故处理。

相关知识

避雷器常见的异常及事故有避雷器爆炸、阀片击穿、内部闪络故障、瓷套破损有裂纹、外绝缘套有污闪或冰闪痕迹、泄漏电流值异常、接地引下线严重锈蚀或断裂等现象。

任务实施

根据变电站异常及事故处理基本原则、一般程序及相关规程规范，变电站运行值班人员对变电站避雷器异常及事故进行如下处理：

（1）发现避雷器的泄漏电流值有明显增大时，应当立即向调度及上级主管部门汇报，并对近期的巡视记录进行对比分析，用红外线检测仪对避雷器的温度进行测量。若不属于测量误差，经分析确认为内部故障，应申请停电处理。如泄漏电流值为零，则有可能是泄流回路开路或表计损坏。

（2）避雷器瓷套有裂纹时，如天气正常，应请求调度停用故障避雷器，更换为合格的避雷器。如天气不正常（有雷雨），应尽可能不使避雷器退出运行，等雷雨天过后再处理。

（3）避雷器外绝缘套有污闪或冰闪痕迹时，应立即到现场检查设备。如未造成保护跳闸，需尽快向调度及上级主管部门汇报，闪络严重时应申请停电处理。避雷器未停运时，应用红外线检测仪对避雷器进行检测，并加强监视。

（4）避雷器接地引下线锈蚀或断裂，会使得避雷器不能可靠地与接地网相连。此时应立即向调度及上级主管部门汇报，申请停电维修或更换。

拓展提高

当避雷器发生爆炸、阀片击穿或内部闪络故障时，运行人员应立即到现场检查设备。首先初步判断故障相和故障类别，再巡视避雷器引流线、均压环、外绝缘、放电动作计数器、泄漏电流在线检测装置及接地引下线，然后向调度及上级主管部门汇报检查情况。对粉碎性爆炸事故，还应巡视故障避雷器临近设备外绝缘的损伤状况。在事故调查人员到来前，运行人员不得接触故障避雷器及其附件，不得擅自将碎片挪位或丢弃。避雷器爆炸尚未造成接地时，应退出避雷器所在间隔并更换避雷器。避雷器爆炸已造成接地时，禁止直接用隔离开关停用故障的避雷器。运行人员应做好现场的安全措施，以便检修人员检查故障设备。

任务 4.1.4　10kV 迎宾大道线 926 线路近端相间瞬时性故障（保护装置和断路器动作正确，重合闸动作）

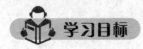 学习目标

知识目标：

(1) 熟悉 10kV 线路的运行方式和保护配置。

(2) 熟悉 10kV 线路的故障现象。

(3) 掌握 10kV 线路事故处理流程和处理步骤。

能力目标：

(1) 能阐述 10kV 线路的运行方式和保护配置。

(2) 能正确区别 10kV 线路的单相短路和相间短路故障。

(3) 能在仿真机上进行 10kV 线路的近端相间瞬时性故障的事故处理。

态度目标：

(1) 能主动学习，在完成任务过程中发现问题，分析问题和解决问题。

(2) 能严格遵守变电运行相关规程及规章制度，与小组成员协商、交流配合，按标准化作业流程完成学习任务。

 任务分析

事故现象：事故警报响，监控系统显示迎宾大道线 926 线路电流速断保护动作，926 断路器指示闪烁，重合闸动作，重合成功。

根据现场检查，判断故障为 10kV 迎宾大道线 926 线路瞬时性故障。

相关知识

1. 10kV 迎宾大道线 926 线路的正常运行方式

一次部分：10kV 迎宾大道线 926 线路将电能从 10kV Ⅱ 段母线送至该线路所带负荷（926 断路器在合闸位置，9262、9263 隔离开关在合闸位置）；10kV Ⅱ 段母线由 2 号主变压器供电；931 分段断路器在断开位置，9311、9312 隔离开关在合闸位置。

二次部分：10kV 线路保护为电流速断保护、过电流保护以及三相一次重合闸。

2. 自动重合闸装置

(1) 自动重合闸的作用。

1) 线路发生瞬时性故障时可以自动重合线路断路器，恢复线路运行，提高输电线路供电可靠性。

2) 对于双端供电的高压输电线路，可提高系统并列运行的稳定性，从而提高线路的输送容量。

3）可以纠正由于断路器本身机构不良，或继电保护误动作而引起的误跳闸。

（2）自动重合闸的工作方式。

自动重合闸通常有综合重合闸、三相重合闸、单相重合闸和停用四种工作方式。

1）在综合重合闸方式下，线路单相故障时故障相单相跳闸，随后单相重合，如果重合于永久性故障再三相跳闸；线路相间故障时三相跳闸，随后三相重合，如果重合于永久性故障再三相跳闸。

2）在三相重合闸方式下，线路任何故障都三相跳闸，随后三相重合，如果重合于永久性故障再三相跳闸。

3）在单相重合闸方式下，线路单相故障时故障相单相跳闸，随后单相重合，如果重合于永久性故障再三相跳闸；线路相间故障时三相跳闸不重合。

4）在停用方式下，线路任何故障时都直接三相跳闸，不重合。

 **任务实施**

根据变电站事故处理基本原则、处理流程和相关规程，通过以上任务分析，正确写出10kV迎宾大道线926线路近端相间瞬时性故障（保护装置和断路器动作正确，重合闸动作）的处理步骤，并结合 Q/GDW 1799.1—2013《国家电网公司电力安全工作规程 变电部分》、各级调度规程和其他的有关规定进行事故处理。

10kV迎宾大道线926线路近端相向瞬时性故障（保护、断路器动作正确，重合闸投入）处理步骤：

（1）记录故障发生时间，恢复警报；记录故障现象（监控系统信息显示的跳闸断路器位置信息，10kV迎宾大道线926线路电流正常和10kVⅡ段母线电压等相关表计指示，告警信息窗显示的事故总信号，保护与重合闸动作信息，断路器跳闸信息），并及时向调度值班人员及有关人员汇报（5min之内）。

（2）检查本站二次设备运行工况，主要检查本站监控机和10kV迎宾大道线926线路保护屏，并相互核对保护动作无误（10kV迎宾大道线926线路电流速断保护动作，三相一次重合闸动作），同时做好相应记录。

（3）穿绝缘靴、戴绝缘手套、安全帽，到现场检查926断路器位置（926断路器在合闸位置）及相关设备（检查10kVⅡ段母线、926断路器所在电气间隔的其他设备）均正常。

（4）根据现场检查情况，将"迎宾大道线电流速断保护动作，重合闸动作成功，本站其他设备无异常"检查结果汇报调度。

（5）事故处理完毕后，值班人员填写相关运行日志和事故跳闸记录，并根据事故跳闸情况、保护及自动装置的动作情况以及事故处理过程，整理出详细的事故处理报告。

拓展提高

（1）小电流接地系统发生单相接地故障时，由于线电压仍然对称（大小和相位不变），并且系统绝缘是按线电压设计的，因此不需要立即切除故障，允许带单相接地故障继续运行（一般允许运行时间不超过2h）。此时运行值班人员应汇报调度，将有关现象做好记录，根据信号、表计指示、天气、运行方式、系统操作等情况综合分析故障原因。

（2）如变电站安装有接地故障选线装置，且装置正常投入时，很容易找出故障范围。如果发出母线接地信号的同时，选线装置显示某一线路接地，则故障多在该线路上。如果发出母线接地信号时，选线装置没有显示故障线路，则故障点可能在母线及连接设备上。

处理时应注意以下两点：

1）有母线接地信号，且选线装置显示某一线路接地，应检查故障线路的站内设备有无问题，并可通过断开线路断路器来确认。

2）只有母线接地信号，而选线装置没有显示故障线路时，应检查母线及连接设备、变压器 10kV 侧出线有无异常。如果经检查，站内设备无问题，则有可能是某一线路有故障，而接地选线装置失灵，应用瞬停的方法查明故障线路。

任务 4.1.5　110kV 袁万线电流互感器线路侧 B 相永久性故障（保护装置和断路器正确动作，重合闸动作）

知识目标：

（1）熟悉变电站 110kV 线路的运行方式和保护配置。

（2）熟悉 110kV 线路的故障现象。

（3）掌握 110kV 线路事故处理流程和处理步骤。

能力目标：

（1）能阐述变电站 110kV 线路的运行方式和保护配置。

（2）能根据故障现象查找故障点。

（3）能在仿真机上进行 110kV 线路永久性故障的事故处理。

态度目标：

（1）能主动学习，在完成任务过程中发现问题，分析问题和解决问题。

（2）能严格遵守变电运行相关规程及规章制度，与小组成员协商、交流配合，按标准化作业流程完成学习任务。

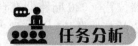

事故现象：事故警报响，监控系统显示袁万线 117 断路器指示闪烁，信息显示袁万线线路距离保护动作，零序保护动作，重合闸动作不成功，并发出相关辅助信息。

根据现场检查，判断故障为 110kV 袁万线电流互感器线路侧 B 相永久性故障。

1. 110kV 袁万线 117 线路的正常运行方式

一次部分：110kV 袁万线 117 线路将电能由 110kVⅡ段母线送至该线路所带负荷（117 断路器在合闸位置，1172、1173 隔离开关在合闸位置）；由 2 号主变压器供电；131 分段断路器在合闸位置，1311、1312 隔离开关在合闸位置，110kVⅠ段母线与 110kVⅡ段母线并列运行。

二次部分：110kV 袁万线 117 线路保护为 WXH-811 微机线路保护装置，配有三段式相间和接地距离、四段零序方向保护和三相一次重合闸装置。

2. 自动重合闸加速保护

（1）自动重合闸后加速保护（简称"后加速"）。当任一线路发生故障时，应首先由故障线路的保护有选择性地切除故障，然后由自动重合闸装置进行重合。如果是瞬时故障，则重合成功，线路恢复正常供电；如果是永久性故障，则故障线路的保护加速动作，不带延时地再次切除故障。这样就在重合闸动作后加速了保护动作，快速地切除永久性故障。

（2）自动重合闸前加速保护（简称"前加速"）。当线路发生故障时，靠近电源侧的保护首先无选择性地瞬时动作，而后借助自动重合闸来纠正这种非选择性动作。一般用于具有几段串联的辐射形线路中，自动重合闸装置仅装在靠近电源的线路上。

任务实施

根据事故处理基本原则、处理流程和相关规程，通过以上任务分析，正确写出 110kV 袁万线 117 线路近端相间永久性故障（保护装置和断路器正确动作，重合闸动作）的处理步骤，并结合 Q/GDW 1799.1—2013《国家电网公司电力安全工作规程 变电部分》、各级调度规程和其他的有关规定进行事故处理。

110kV 袁万线 117 线路近端相间永久性故障的处理步骤如下：

（1）记录事故发生时间，恢复警报。记录故障现象（监控系统显示的跳闸断路器位置信息 117 断路器指示闪烁，袁万线线路有功功率、无功功率、电流表指示均为 0，110kV Ⅱ 段母线电压正常，告警信息窗显示的事故总信号，保护与重合闸动作信息，断路器跳闸信息），初步判断"117 断路器跳闸，保护动作后重合闸不成功"，并立即汇报调度及有关人员（5min 之内）。

（2）检查本站二次设备运行工况，主要检查本站监控机和 110kV 袁万线 117 线路保护屏，并相互核对保护动作无误（110kV 袁万线 117 线路保护屏显示接地距离保护动作、零序保护动作，重合闸动作，重合闸后加速保护动作，并显示 B 相故障和故障距离），同时做好相应记录，复归 117 断路器停止闪光。

（3）穿绝缘靴，戴绝缘手套和安全帽，到现场对一次设备进行检查，检查 117 断路器操动机构及 SF₆ 压力指示正常，发现站内袁万线电流互感器线路侧 B 相有击穿接地故障现象，其他设备无异常。

（4）根据现场检查情况，将"袁万线电流互感器线路侧 B 相击穿接地，117 断路器跳闸，重合闸动作不成功，其他设备无异常"检查结果汇报调度。

（5）根据调度指令隔离故障点。检查 117 断路器在分闸位置，拉开 1173、1172 隔离开关。检查旁路 141 断路器与 117 断路器保护投入一致，并投入充电保护连接片，合上 1414、1412 隔离开关，合上 141 断路器对旁路母线充电，充电正常后断开 141 断路器，合上 1174 隔离开关后再合上 141 断路器，并检查线路送电正常。在验明 117 断路器两侧确无电压后，合上 11701、11702 接地开关，断开 117 断路器操作电源，做好相应的安全措施。

（6）向调度汇报事故处理后的运行方式。

（7）事故处理完毕后，值班人员填写相关运行日志和事故跳闸记录，并根据事故跳闸情况、保护及自动装置的动作情况、以及事故处理过程，整理出详细的事故处理报告。

 **拓展提高**

事故处理时，运行值班人员应掌握如下要点：

（1）初次汇报时间要快，汇报内容简明扼要。

（2）无论故障点是否在站内，都要对站内设备进行现场检查，特别是对断路器本体应进行重点检查。

（3）在线路发生瞬时性故障重合闸动作成功后，仍应对设备进行仔细检查。

（4）在线路永久性故障重合闸动作不成功后，是否对线路强送电应根据调度指令进行。如线路重合闸未动作或未投入的，可以根据现场运行规程进行强送电，但操作前应取得调度值班人员的许可。

任务 4.1.6　220kV 大袁线 212 线路近端 A 相瞬时性故障（保护装置和断路器正确动作，单重动作）

 **学习目标**

知识目标：

（1）熟悉变电站 220kV 线路的运行方式和保护配置。

（2）熟悉 220kV 线路的故障现象。

（3）掌握 220kV 线路事故处理流程和处理步骤。

能力目标：

（1）能阐述变电站 220kV 线路的运行方式和保护配置。

（2）能根据故障现象查找故障点。

（3）能在仿真机上进行 220kV 线路瞬时性故障的事故处理。

态度目标：

（1）能主动学习，在完成任务过程中发现问题，分析问题和解决问题。

（2）能严格遵守变电运行相关规程及规章制度，与小组成员协商、交流配合，按标准化作业流程完成学习任务。

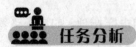 **任务分析**

事故现象：事故警报响，监控系统显示大袁线 212 断路器指示闪烁；信息显示大袁线 212 线路保护Ⅰ屏光纤分相差动保护动作，接地距离Ⅰ段保护动作，零序电流Ⅰ段保护动作，A 相跳开，重合闸动作，重合 A 相成功；大袁线 212 线路保护Ⅱ屏纵联分相差动保护动作，接地距离Ⅰ段保护动作，零序电流Ⅰ段保护动作，A 相跳开，重合闸动作，重合 A相成功。

根据现场检查，判断故障为大袁线近端 A 相瞬时性故障后恢复正常运行。

相关知识

220kV 大袁线 212 线路是袁州变电站与大台变电站之间的联络线，其正常运行方式如下：

（1）一次部分。220kV 大袁线 212 线路在 220kV I 母运行（212 断路器在合闸位置，2121、2123 隔离开关在合闸位置）；231 母联断路器在合闸位置，2311、2312 隔离开关均在合闸位置，220kV I 母与 220kV II 母并列运行。

（2）二次部分。大袁线 212 线路保护配置两套保护，实现了双主、双后备的保护配置原则。220kV 大袁线 212 线路保护 I 屏为 CSL101D 数字式线路保护装置，配有专用光纤通道的光纤分相差动保护、三段式相间和接地距离保护、四段零序方向保护、失灵启动、三相不一致保护、充电保护、综合重合闸装置、故障录波器、电压切换箱和分相操作箱；保护 II 屏为 CSL-103B 数字式线路保护装置，配有纵联分相差动保护、三段式相间和接地距离保护、四段零序方向保护和电压切换箱，采用高频载波通道传送保护信号。

任务实施

根据事故处理基本原则、处理流程和相关规程，通过以上任务分析，正确写出 220kV 大袁线 212 线路近端 A 相瞬时性故障（保护装置和断路器动作正确，单重动作）的处理步骤，并结合 Q/GDW 1799.1—2013《国家电网公司电力安全工作规程　变电部分》、各级调度规程和其他的有关规定进行事故处理。

220kV 大袁线 212 线路近端 A 相瞬时性故障的处理步骤如下：

（1）记录事故发生时间，恢复警报；记录故障现象（监控系统显示大袁线 212 断路器指示闪烁，大袁线 212 线路的有功功率、无功功率、电流等表计指示均正常，220kV I 母电压正常，告警信息窗显示的事故总信号，保护与重合闸动作信息，断路器跳闸信息），并及时向调度值班人员和有关人员汇报（5min 之内）。

（2）检查本站二次设备运行工况，主要检查监控机和 220kV 大袁线保护屏，并相互核对保护动作情况（大袁线 212 线路保护 I 屏显示光纤分相差动保护动作，接地距离 I 段动作，零序电流 I 段动作，重合闸动作；保护 II 屏显示纵联分相差动保护动作，接地距离 I 段动作，零序电流 I 段保护动作，重合闸动作），同时做好相应记录，调取故障录波及故障测距，并打印报告。

（3）穿绝缘靴，戴绝缘手套和安全帽，到现场对站内线路保护范围一次设备进行检查，检查 212 断路器及相关设备（220kV I 母、212 断路器所在电气间隔的其他设备）均正常，站内未发现故障点。

（4）根据现场检查和故障录波情况分析，将"大袁线发生 A 相瞬时性故障，重合成功，本站设备检查无异常"检查结果汇报调度。

（5）事故处理完毕后，值班人员填写相关运行日志和事故跳闸记录，并根据事故跳闸情况、保护及自动装置的动作情况、故障录波报告以及事故处理过程，整理出详细的事故处理报告。

 拓展提高

大袁线 212 线路如发生永久性接地故障，而 212 断路器又拒动（如 SF₆ 压力低闭锁）时，则 220kV 断路器失灵保护动作，造成 231、211、213、201 断路器跳闸，220kV Ⅰ 母失压，但 212 断路器在合闸位置。

此时事故处理注意事项如下：

（1）处理故障时应尽快恢复无故障设备的运行，然后再将故障设备转检修。

（2）设备检查时除要认真检查线路故障点外，还要对故障断路器拒动原因进行检查和判断。如是操动机构压力低引起，应先采取措施恢复压力再进行操作。如无法恢复压力，应先隔离拒动断路器和故障线路，恢复无故障设备运行后，再将故障设备和拒动断路器转检修。

（3）处理断路器操动机构异常前，先将断路器操作电源和操动机构动力电源切除。

任务 4.2　变电站母线异常及事故处理

由于在变电站的环境条件相对线路较好，因此母线出现故障的概率不大。但是在 220kV 以下变电站中，一旦发生母线故障，其故障影响力非常大。

一、母线故障处理基本原则

（1）经现场查明，母线设备如有明显的故障点时，应将故障点用隔离开关隔离，再确认母线无异常后，方可对其恢复送电；找不到明显故障点时，条件允许情况下应对母线做零起升压测试，或用对侧断路器试送电。

（2）恢复母线送电时，不允许未经检查强行送电。

（3）故障点在母线上不能隔离，双母线接线中只有一条母线停电时，应迅速检查故障母线，确认无故障后采用冷倒方法将无故障间隔倒换到另一条运行母线上，恢复线路送电后，再将故障母线转检修。

（4）双母线接线中两条母线同时停电时，如母联断路器无异常且未断开，应立即将其手动断开，经检查排除故障后再分别给两条母线送电。操作中要尽快恢复一条母线运行，如另一条母线不能恢复则将所有负荷倒至运行母线。

（5）母线失压造成站用电消失时，应先倒换站用电并立即汇报调度，再将故障或失压母线上未跳开断路器全部断开。

（6）对 220kV 失压母线进行试送时，应优先考虑用外部电源，其次是用母联断路器。

二、母线事故处理步骤

（1）母线保护动作跳闸后，运行值班人员首先应记录事故发生时间、设备名称、断路器变位情况、主要保护动作信号等事故信息。

（2）将以上信息和当时的负荷情况及时汇报调度和有关部门，便于调度及有关人员及时、全面地掌握事故情况，进行事故分析判断。

（3）检查运行变压器的负荷情况。

（4）如有工作现场或操作现场，应首先对现场进行检查。

（5）记录保护及自动装置屏上的所有信号，打印故障录波报告及微机保护报告。

（6）现场检查失压母线上所有设备，是否有放电、闪络或其他故障点。

（7）将详细检查结果汇报调度和有关部门，按照母线事故处理原则进行处理。

（8）事故处理完毕后，值班人员填写相关运行日志和事故跳闸记录，并根据断路器跳闸情况、保护及自动装置的动作情况、故障录波报告以及事故处理过程，整理出详细的事故处理报告。

任务 4.2.1　母线异常及事故处理

 学习目标

知识目标：

（1）熟悉母线运行的基本知识。

（2）熟悉母线的异常及事故现象。

（3）掌握母线异常及事故处理流程和异常及事故处理步骤。

能力目标：

（1）能阐述母线运行的基本要求。

（2）能正确区别母线的正常运行、异常运行及事故状态，并写出异常及事故的处理步骤。

（3）能在仿真机上进行母线异常及事故处理。

态度目标：

（1）能主动学习，在完成任务过程中发现问题，分析问题和解决问题。

（2）能严格遵守变电运行相关规程及规章制度，与小组成员协商、交流配合，按标准化作业流程完成学习任务。

 任务分析

在熟悉变电站母线的基本结构和运行要求的基础上，能掌握变电站母线异常及事故的处理步骤，并进行异常及事故的处理。

 相关知识

母线常见异常及事故有母线失压、引接接头线夹发热、电晕放电、绝缘子破裂损坏、管母线变形（下沉）或软母线弧度过大等现象。

（1）母线失压是指在电力系统中因故障而导致母线电压为零。造成母线失压可能的原因有电源线故障跳闸，出现故障后由主变压器后备保护启动越级跳闸，母差或失灵保护动作跳闸，母线故障开关拒动后由后备保护动作跳闸等。判别母线失压的依据是同时出现下列现象：①该母线的电压指示为零；②该母线的各出线及变压器负荷均消失；③该母线所供的站用电消失。

（2）母线接头发热可以通过接头金属变色或测温仪、红外成像仪发现。造成接头发热的主要原因是接头接触不良，如接触面处理不好、接触面积小、接触面压力不够等。

（3）母线电晕放电与导引线、绝缘子污秽，母线表面有毛刺，环境气候、天气情况等因素有关。电晕放电一般不影响母线正常运行，但特别严重时应汇报有关部门检修处理，同时加强巡视和测温。

（4）管型母线变形多为施工安装原因，如地基下沉、连接抗劲等。另外，过大的短路电流也可引起母线变形或连接松动。

（5）随着气温和负荷的变化，软母线的弧垂度会有一定变化，但当线路、软母线弧度过大时，会造成对地面距离缩短，而且在大风等异常天气中易造成引线摆动过大，甚至造成相间短路。

任务实施

根据变电站异常及事故处理基本原则、调度和现场运行规程规范，变电站运行值班人员对母线异常及事故进行如下处理：

1. 母线失压处理

（1）确认变电站母线失压后，应自行将失压母线上的断路器全部断开，然后向调度值班人员汇报。

（2）根据保护动作和信号指示情况分析失压原因，进行现场检查，并将保护动作情况和检查结果汇报调度值班人员。

2. 母线接头发热处理

母线接头温度一般不应超过 95℃。接头发热处理主要通过调整负荷电流来控制接头温度，并合理安排停电处理。

3. 管型母线异常及事故处理

管型母线一般配有曲臂或剪刀式隔离开关。管型母线下沉，隔离开关支撑母线下沉重量，容易发生隔离开关拉不开或接触不良，甚至造成隔离开关支柱绝缘子断裂。此时应加强监督巡视，一旦发现问题应立即上报并申请处理。

拓展提高

在多电源变电站母线失压处理时，在确认不是由本站母线故障所引起后，为防止各电源突然来电引起非同期，运行值班人员应按下述要求自行处理：

（1）单母线接线时应保留一个电源断路器，其他所有断路器（包括主变压器和馈供断路器）全部断开。

（2）双母线接线时应首先断开母联断路器，然后在每一组母线上只保留一个主电源断路器，其他所有断路器（包括主变压器和馈线断路器）全部断开。

（3）失压母线上的电源断路器中仅有一台断路器可以并列操作时，该断路器一般不作为保留的主电源断路器。

任务 4.2.2　10kVⅡ段母线 AB 相相间永久性故障（保护装置和断路器动作正确，分段自投动作不成功）

学习目标

知识目标：

（1）熟悉 10kV 母线的运行方式和保护配置。

（2）熟悉 10kV 母线的故障现象。

（3）掌握 10kV 母线事故处理流程和处理步骤。

能力目标：

（1）能阐述变电站 10kV 母线的运行方式和保护配置。

（2）能根据故障现象查找故障。

（3）能在仿真机上进行 10kV 母线相间永久性故障的事故处理。

态度目标：

（1）能主动学习，在完成任务过程中发现问题，分析问题和解决问题；

（2）能严格遵守变电运行相关规程及各项安全规程，与小组成员协商、交流配合，按标准化作业流程完成学习任务。

 **任务分析**

事故现象：事故警报响，监控系统显示 902、992、994 断路器指示闪烁，10kV Ⅱ段母线失压，2 号主变压器低压侧后备保护动作，2 号、4 号电容器组低电压保护动作，并发出相关辅助信息。10kV 分段备自投动作，后加速保护动作，分段备自投动作不成功。

经现场检查，判断故障为 10kV Ⅱ段母线发生 AB 相相间永久性故障。

相关知识

1. 10kV Ⅱ段母线的正常运行方式

（1）一次部分。10kV 侧为单母线分段运行方式，10kV Ⅰ段母线、Ⅱ段母线分列运行，931 分段断路器已拉开，9311、9312 隔离开关在合闸位置。Ⅱ段母线由 2 号主变供电给 10kV 袁张Ⅱ回、高士北路Ⅱ回、袁山中段Ⅱ回、外环北路Ⅱ回、袁秀线、迎宾大道线、2 号所用变负荷，并接有 10kV 2 号、4 号电容器；2 号站用变通过 962 断路器与 10kV Ⅱ段母线相连，处于空载状态，站用电备自投装置投入。

（2）二次部分。10kV Ⅱ段母线所带 10kV 配电线路保护为电流速断保护、过电流保护及三相一次重合闸装置；电容器组保护为低电压保护、过电压保护、过电流保护和零序平衡保护；10kV 分段 931 断路器断开，备自投运行；2 号主变压器配置的电气量保护有差动保护、220kV 复压（方向）过电流保护、220kV 零序电流保护（零序方向Ⅰ段、零序方向Ⅱ段、零序方向过电流、中性点零序过电流）、220kV 间隙保护、110kV 复压（方向）过电流保护、110kV 零序电流保护（零序方向Ⅰ段、零序方向Ⅱ段、零序方向过电流、中性点零序过电流）、10kV 复压（方向）过电流保护。

2. 10kV Ⅱ段母线 AB 相间永久性故障分析

在 10kV Ⅱ段母线 AB 相相间永久性故障中，由于 10kV Ⅱ段母线无专用母线保护，因此由 2 号主变压器 10kV 复压（方向）过电流保护动作跳开 902 断路器切除故障；此时，931 断路器再次断开自投运作不成功。

 **任务实施**

根据事故处理基本原则、处理流程和相关规程，通过以上任务分析，正确写出 10kV Ⅱ 段母线 AB 相相间永久性故障（保护装置和断路器动作正确，分段备自投动作不成功）的处理步骤，并结合 Q/GDW 1799.1—2013《国家电网公司电力安全工作规程　变电部分》、各级调度规程和其他的有关规定进行事故处理。

10kV Ⅱ 段母线相间永久性故障的处理步骤如下：

（1）记录事故发生时间，恢复警报；记录故障现象（监控系统显示 902、992、994 断路器指示闪烁，902、992、994、931 断路器回路及 10kV Ⅱ 段母线所接负荷等电流表计指示均为零，10kV Ⅱ 段母线电压表指示为零，告警信息窗显示的事故总信号，保护与重合闸动作信息，断路器跳闸信息），并及时向调度值班人员及有关人员汇报（5min 之内）。

（2）检查本站二次设备运行工况，主要检查监控机和相关保护屏，并相互核对保护动作情况（2 号主变压器Ⅰ屏显示 10kV 复压方向过电流保护 1 时限动作，10kV 复压方向过电流保护 2 时限动作；2 号主变压器Ⅱ屏显示 10kV 复压方向过电流保护 1 时限动作，10kV 复压方向过电流保护 2 时限动作；10kV Ⅱ 段母线 2 号和 4 号电容器组低电压保护动作；10kV 分段备自投动作；10kV 931 分段断路器后加速保护动作）；同时做好相应记录并打印报告；复归 902、992、994、931 断路器停止闪光。

（3）穿绝缘靴，戴绝缘手套和安全帽，到现场检查跳闸 902、992、994、931 断路器在分闸位置，检查 902 断路器电气间隔及 10kV Ⅱ 段母线各设备，发现是小动物造成母线 AB 相相间短路，母线绝缘子损坏多处，其他设备均无异常。检查并确认 10kV Ⅱ 段母线失压，断开失压线路 921、922、923、924、925、926、962 断路器。

（4）根据现场检查情况，将"10kV Ⅱ 段母线 AB 相相间永久性故障，10kV Ⅱ 段母线失压，2 号主变压器低压后备保护动作，2 号、4 号电容器、低电压保护动作，分段备自投动作不成功，本站其他设备无异常"检查结果汇报调度。

（5）根据调度指令将 10kV Ⅱ 段母线隔离并转检修组，做好相应的安全措施。

（6）向调度汇报事故处理后的运行方式。

（7）事故处理完毕后，值班人员填写相关运行日志和事故跳闸记录，并根据事故跳闸情况、保护及自动装置的动作情况、故障录波报告以及事故处理过程，整理出详细的事故处理报告。

 **拓展提高**

对于不太重要的母线，可利用母线上其他供电元件的后备保护作为母线保护。

任务 4.2.3　110kV Ⅰ 段母线 BC 相相间永久性故障（保护装置和断路器正确动作）

学习目标

知识目标：

（1）熟悉 110kV 母线的运行方式和保护配置。

（2）熟悉 110kV 母线的故障现象。

（3）掌握 110kV 母线事故处理流程和处理步骤。

能力目标：

（1）能阐述 110kV 母线的运行方式和保护配置。

（2）能根据故障现象查找故障。

（3）能在仿真机上进行 110kV 母线相间永久性故障的事故处理。

态度目标：

（1）能主动学习，在完成任务过程中发现问题，分析问题和解决问题。

（2）能严格遵守变电运行相关规程及规章制度，与小组成员协商、交流配合，按标准化作业流程完成学习任务。

任务分析

事故现象：事故警报响，监控系统显示 131、101、111、112、113、114 断路器指示闪烁，信息显示 110kVⅠ段母线差动保护动作，110kVⅠ段母线失压，并发出相关辅助信息。经现场检查，判断故障为 110kVⅠ段母线 BC 相相间永久性故障。

相关知识

110kVⅠ段母线的正常运行方式如下：

（1）一次部分。110kV 一次系统为单母线分段接线，Ⅰ段母线和Ⅱ段母线并列运行，131 母联断路器在合位。1 号主变压器接在Ⅰ段母线上；Ⅰ段母线将电能分配给 110kV 袁钓线、袁东线、袁凤线、袁西线等线路；1 号主变压器 110kV 中性点 1010 接地开关在合闸位置，2 号主变压器 110kV 中性点 1020 接地开关在断开位置。

（2）二次部分。袁钓线、袁东线、袁凤线、袁西线等线路的保护为 WXH-811 微机线路保护装置，配有三段式相间和接地距离保护、四段零序方式保护和三相一次重合闸装置；110kV 母线保护为差动保护，配有 WMH-800 型微机母线保护装置。

任务实施

根据事故处理基本原则、处理流程和相关规程，通过以上任务分析，正确写出 110kVⅠ段母线 BC 相相间永久性故障（保护装置和断路器正确动作）的处理步骤，并结合 Q/GDW 1799.1—2013《国家电网公司电力安全工作规程　变电部分》、各级调度规程和其他的有关规定进行事故处理。

110kVⅠ段母线 BC 相相间永久性故障的处理步骤如下：

（1）记录事故发生时间，恢复警报；记录故障现象（监控系统显示 131、101、111、112、113、114 断路器指示闪光，131、101、111、112、113、114 断路器回路有功功率、无功功率、电流等表计指示均为零；110kVⅠ段母线电压表指示为零；告警信息窗显示的事故总信号，保护与重合闸动作信息，断路器跳闸信息），并及时向调度值班人员及有关人员汇报（5min之内）。

（2）检查本站二次设备运行工况，主要检查监控机和相关保护屏，并相互核对保护动作情况（110kVⅠ母线差动保护动作）；同时做好相应记录，打印报告；复归 131、101、111、112、113、114 断路器停止闪光。

（3）穿绝缘靴，戴绝缘手套和安全帽，到现场检查跳闸断路器 131、101、111、112、113、114 在分闸位置，检查 110kVⅠ段母线及相关设备（131、101、111、112、113、114 断路器所在电气间隔设备），发现 110kVⅠ段母线 B、C 相各一个绝缘子闪络，其他设备均无异常。

（4）根据现场检查情况，将故障现象"110kVⅠ段母线 BC 相相间永久性故障，110kVⅠ段母线失压，本站其他设备无异常"检查结果汇报调度。

（5）根据调度指令，将 110kVⅠ段母线故障隔离转检修，做好相应的安全措施，并用 110kV 旁路 141 断路器旁带 110kV 袁钓线。

（6）向调度汇报事故处理后的运行方式。

（7）事故处理完毕后，值班人员填写相关运行日志和事故跳闸记录，并根据事故跳闸情况、保护及自动装置的动作情况、故障录波报告以及事故处理过程，整理出详细的事故处理报告。

 拓展提高

利用供电元件的后备保护来切除故障母线的保护方式简单、经济，但切除故障的时间长。因此，对于重要的母线应根据相关规程要求设置专用的母线保护。为满足快速性和选择性的要求，母线保护广泛采用差动保护原理构成。

任务 4.2.4　220kV 分袁线 2111 隔离开关母线侧 B 相永久性故障（保护装置和断路器正确动作）

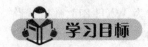 学习目标

知识目标：

（1）熟悉变电站 220kV 母线的运行方式和保护配置。

（2）熟悉 220kV 母线的故障现象。

（3）掌握 220kV 母线事故处理流程和处理步骤。

能力目标：

（1）能阐述 220kV 母线的运行方式和保护配置。

（2）能根据故障现象查找故障。

（3）能在仿真机上进行 220kV 母线故障的事故处理。

态度目标：

（1）能主动学习，在完成任务过程中发现问题，分析问题和解决问题。

（2）能严格遵守变电运行相关规程及规章制度，与小组成员协商、交流配合，按标准化作业流程完成学习任务。

任务分析

故障现象：事故警报响，监控系统显示 231、201、211、212、213 断路器指示闪烁，信息显示 220kVⅠ母差动保护动作，220kVⅠ母失压，并发出相关辅助信息。

根据现场检查，判断故障为 220kV 分袁线 2111 隔离开关母线侧 B 相永久性故障。

相关知识

220kVⅠ母的正常运行方式如下：

（1）一次部分。母联 231 断路器，2311、2312 隔离开关在合闸位置；1 号主变压器接在Ⅰ母，Ⅰ母将电能分配给 220kV 分袁线 211、大袁线 212、跑袁Ⅰ线 213 等线路；1 号主变压器 220kV 中性点 2010 接地开关在合闸位置，2 号主变压器 220kV 中性点 2020 接地开关在断开位置。

（2）二次部分。220kVⅠ母所带的分袁线、大袁线、跑袁Ⅰ线的线路保护为 WXH—811 微机线路保护装置，配有三段式相间和接地距离保护、四段零序方式保护和三相一次重合闸装置；220kV 母线保护，配置了两套差动保护。220kV 母差保护Ⅰ屏为 WMH—800 微机母线保护装置，配有比率制动特性的电流差动保护、复合电压闭锁、母联（分段）充电保护、断路器失灵保护、母联失灵死区保护、TA 断线闭锁及告警和 TV 断线告警；220kV 母差保护Ⅱ屏为 WM2—41B 微机母线保护装置，配有电流差动保护、复合电压闭锁、母联断路器失灵（死区）保护及充电保护、断路器失灵保护、TA 断线闭锁及告警、TV 断线告警和直流稳压消失监视。

任务实施

根据事故处理基本原则、处理流程和相关规程，通过以上任务分析，正确写出 220kV 分袁线 2111 隔离开关母线侧 B 相永久性故障（保护装置和断路器正确动作）的处理步骤，并结合 Q/GDW 1799.1—2013《国家电网公司电力安全工作规程　变电部分》、各级调度规程和其他的有关规定进行事故处理。

220kV 分袁线 2111 隔离开关母线侧 B 相永久性故障的处理步骤如下：

（1）记录事故发生时间，恢复警报；记录故障现象（监控系统显示 231、201、211、212、213 断路器指示闪烁，231、201、211、212、213 断路器回路有功功率、无功功率、电流等相关表计指示均为零，220kVⅠ母电压表指示为零；告警信息窗显示的事故总信号，保护与重合闸动作信息，断路器跳闸信息），并及时向调度值班人员及有关人员汇报（5min 之内）。

（2）检查本站二次设备运行工况。主要检查监控机和相关保护屏，并相互核对保护动作情况（220kVⅠ母差动保护动作），同时做好相应记录，打印报告；复归 231、201、211、212、213 断路器停止闪光。

（3）穿绝缘靴，戴绝缘手套和安全帽，到现场对母差保护范围内一次设备进行检查，跳闸断路器 231、201、211、212、213 断路器在分闸位置，检查 220kVⅠ母及相关设备（231、

201、211、212、213所在电气间隔设备），发现2111隔离开关母线侧B相永久性故障，其他设备均无异常。

（4）根据现场检查情况，将"220kV分袁线2111隔离开关母线侧B相永久性故障，220kVⅠ母差动保护动作，220kVⅠ母失压，本站其他设备无异常"检查结果汇报调度。

（5）根据调度指令，隔离220kVⅠ母故障（拉开2011、2111、2121、2131隔离开关，拉开2311、2312隔离开关，拉开220kVⅠ母电压互感器二次自动空气开关并检查，拉开220kVⅠ母电压互感器2511隔离开关并检查）；恢复201、211、212、213断路器回路供电（合上2012、2112、2122、2132隔离开关，合上201、211、212、213断路器）；将220kVⅠ母转检修，做好相应的安全措施。

（6）汇报调度事故处理后的运行方式。

（7）事故处理完毕后，值班人员填写相关运行日志和事故跳闸记录，并根据事故跳闸情况、保护及自动装置的动作情况、故障录波报告以及事故处理过程，整理出详细的事故处理报告。

拓展提高

通常把母线本身、母线隔离开关、母联断路器、母线支柱绝缘子、母线悬式绝缘子、母线电压互感器、母线避雷器等的设备故障统称为母线故障。

母线故障事故处理注意事项如下：

（1）在未找到故障点并隔离前，尽量不要采用冷倒方式将出线倒至另一段母线运行，以防止将故障点倒至正常母线而扩大事故。

（2）母线隔离开关不论是哪一侧故障，均应将该隔离开关两侧接地以便于检修处理，但应注意调整变电站的运行方式。

任务4.3 变电站变压器异常及事故处理

变压器的主要作用是变换电压和传输电能，是变电站的重要设备。若变压器发生故障，用户将无法从电力系统获取所需要电压等级的电能。

一、变压器故障处理的基本原则

（1）变压器的主保护（重瓦斯和差动保护）动作跳闸时，在未经查明原因和消除故障之前，不得进行强送。

（2）当一台变压器的断路器跳闸后，应密切关注另一台主变压器的负荷情况，以防变压器过负荷。

（3）主变压器的两套差动保护都投入运行时，若只有一套差动保护动作，则应检查此套保护是否为误动。如确实是由保护误动引起，应停用此套保护并汇报调度，根据调度命令恢复变压器运行。

（4）当变压器重瓦斯保护动作时，如经检查是因保护或二次回路故障引起变压器断路器跳闸，应根据调度命令停用变压器重瓦斯保护，恢复变压器运行。

（5）变压器的瓦斯保护或差动保护中任一保护动作时，首先应检查变压器外部有无明显

故障，再抽取变压器内气体检测。如经检测证明变压器内部无明显故障，在系统急需时可以试送一次。

（6）因变压器后备保护误动造成变压器跳闸时，应汇报调度根据其命令停用变压器后备保护，再恢复变压器运行。

（7）当保护越级动作（如线路或母线等外部故障），造成变压器跳闸时，故障隔离后可立即恢复变压器运行。

（8）变压器跳闸后应先检查站用电的供电情况，必要时调整站用电的运行方式，以站用电可靠运行。

（9）在未查明造成变压器主保护动作的故障原因前，不要着急复归保护屏信号，而且一定要做好相关记录，以便专业人员进一步分析和检查。

二、变压器事故处理步骤

（1）变压器保护动作后，运行值班人员首先应记录事故发生时间、断路器变位情况、保护动作信号、负荷及站用电情况。

（2）尽快将以上信息简要汇报调度，便于调度掌握系统事故情况，进行分析判断。

（3）检查受事故影响的运行设备运行状况。比如并列运行的变压器中有一台跳闸时，应检查另一台主变压器运行状况以及站用变压器运行情况。

（4）记录保护及自动装置屏上的所有信号，检查故障录波器的动作情况。打印故障录波报告及微机保护报告，并确定故障查找范围。

（5）现场检查。首先应检查变压器各侧断路器是否已跳闸，否则应手动断开故障变压器各侧断路器，并立即停油泵。其次检查保护范围内现场一次设备，有无着火、爆炸、喷油、放电痕迹及导线断线、短路、小动物爬入等现象。

（6）将详细检查结果汇报调度和有关部门。

（7）根据调度命令进行处理。

（8）事故处理完毕后，值班人员填写相关运行日志和事故跳闸、断路器分合闸的记录，并根据事故跳闸情况、保护及自动装置的动作情况、故障录波报告以及事故处理过程，整理出详细的事故处理报告。

任务 4.3.1　变压器异常及事故处理

 学习目标

知识目标：
（1）熟悉变电站变压器运行的基本知识。
（2）熟悉变压器的异常及事故现象。
（3）掌握变压器异常及事故处理流程和异常及事故处理步骤。
能力目标：
（1）能阐述变压器运行的基本要求。
（2）能正确区别变压器的正常运行、异常运行及事故状态并写出异常及事故的处理步骤。
（3）能在仿真机上进行变压器的异常及事故处理。

态度目标：

（1）能主动学习，在完成任务过程中发现问题，分析问题和解决问题。

（2）能严格遵守变电运行相关规程及规章制度，与小组成员协商、交流配合，按标准化作业流程完成学习任务。

任务分析

在熟悉变压器的基本结构原理、主要辅助设备部件的运行原理和运行要求的基础上，能掌握变压器异常及事故的处理步骤，并进行异常及事故处理。

相关知识

变电站变压器的异常主要表现在运行声音、运行温度、变压器油、外部连接部件和辅助设备上。

（1）变压器正常运行时发出的声音应当是连续、均匀的"嗡嗡"声。由于负荷或电压的变动，音量可能略有高低，不应有不连续的、爆裂性的噪声。

（2）过热对变压器是极其有害的。变压器绝缘损坏大多是由过热引起，温度的升高会降低绝缘材料的耐压能力和机械强度。

（3）变压器油位过低、过高或看不到油位，都应视为油位不正常。当油位低到一定程度时，会造成轻瓦斯保护动作告警；严重缺油时会使油箱内绝缘暴露受潮，降低绝缘性能，影响散热，甚至引起绝缘故障。油位应符合变压器的油位和温度的关系曲线，如不符合即为油位异常。但判断时应依据变压器正常运行时油位与曲线偏离程度作为参考点，防止油位异常误判断。

（4）变压器冷却装置包括控制部分、散热器、风扇和循环油泵，通过变压器油的循环帮助绕组和铁芯散热，因此冷却装置运行正常是变压器正常运行的重要条件。每台冷却器的运行状态有工作、辅助、备用、停止四种，在运行前应根据具体情况确定其运行状态，确定后应将每台冷却器在总控制箱中转换手柄转到相应位置。

任务实施

根据变电站异常及事故处理基本原则、调度和现场运行规程，变电站运行值班人员对变压器异常进行如下处理：

1. 变压器声音异常处理

变压器声音异常有两种原因，一种是机械振动，另一种是局部放电。

内部机械振动声一般因内部部件松动造成，不易察觉。不影响运行时，应加强巡视，观察声音是否有发展，填写缺陷单，汇报部门领导。外部机械振动声较明显，不借助工具也能听到。如用手或物件接触声音发出点，声音会减弱或消失。但处理时应注意安全距离，必要时使用符合电压等级并且合格的绝缘棒，不能处置的按缺陷报检修处理，防止发生部件损坏。

放电声分为内部放电声和外部放电声。内部放电声对变压器影响较严重，声响明显增大，内部发出爆裂声，表明变压器内部有严重故障，应立即停电处理。外部放电主要是电晕放电和变压器绝缘子放电，一般是由于套管脏污或破损引起。套管脏污放电要观察电弧长度，个别瓷套裙边之间放电可等待停电处理，多个瓷套裙边之间放电应尽快处理，情况严重时立即停电处理。变压器套管破损引起放电，应立即停电处理。

2. 变压器温度超限或不正常升高异常处理

如温度升高是由于超额定负载、过励磁或冷却器故障引起的，应按相应的规定进行处理；由于温度计、变送器等故障引起的，汇报主管部门安排处理；原因不明的必须立即报告调度及有关领导，请专业人员进行检查和寻找原因加以排除。

3. 变压器油位不正常异常处理

当变压器油面比对应气温下应有的油面过低或过高时，应查明原因并及时加油或放油。漏油程度严重的或长期的微漏现象都会使变压器的油位降低。如因大量漏油而使油位迅速下降时，禁止将重瓦斯保护改信号，应立即采取制止漏油的措施，并通知检修人员立即加油。如油面下降过多危及变压器运行时，应申请调度将变压器停运。

4. 冷却系统异常处理

若变压器冷却器发生故障退出运行时，应立即汇报调度并查明原因，尽快恢复冷却器运行。若暂时不能恢复时，应向调度汇报，并加强监视，特别是油温和负荷参数超过运行规定的要求时应向调度报告，按调度命令将变压器退出运行。

当强迫油循环风冷变压器的冷却系统（油泵、风扇、电源等）发生故障，冷却器全部停止工作时，允许带额定负载下运行 20min。如 20min 后顶层油温未达到 75℃，则允许上升到 75℃，如已达 75℃ 则将变压器退出运行。但切除全部冷却器的最长时间，在任何情况下不得超过 1h。

变压器轻瓦斯保护动作发信号后，运行值班人员首先应检查是否为保护误动或二次电缆短路。具体判断方法是检查气体继电器内是否有气体，有无直流接地异常信号。没有气体则为保护误动或二次回路异常的可能性较大。还可对主变压器的负荷、温度、油位、声响及渗漏油情况进行检查和分析。如气体继电器内有气体，可采集气体并记录气量。对气体进行感官检查和定性分析，判别是否可燃，再通知有关专业人员取样做色谱分析。汇报调度及有关部门后，根据分析结果分别作出将主变压器停运、继续采样观察或撤销警戒的处理。

任务 4.3.2　2 号主变压器内部故障（保护装置和断路器正确动作）

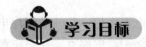

知识目标：

(1) 熟悉变电站主变压器的运行方式和保护配置。

(2) 熟悉主变压器的内部故障现象。

(3) 掌握主变压器内部故障的处理流程和处理步骤。

能力目标：

（1）能阐述主变压器的运行方式和保护配置。

（2）能根据故障现象查找故障。

（3）能在仿真机上进行主变压器内部故障的事故处理。

态度目标：

（1）能主动学习，在完成任务过程中发现问题，分析问题和解决问题。

（2）能严格遵守变电运行相关规程及规章制度，与小组成员协商、交流配合，按标准化作业流程完成学习任务。

 任务分析

事故现象：事故警报响，监控系统显示 202、102、902 断路器指示闪烁，信息显示 2 号主变压器差动保护、轻瓦斯保护、重瓦斯保护动作，10kV 分段备自投动作且动作成功，10kVⅡ段母线恢复供电，并发出相关辅助信息。

经现场检查，判断故障为 2 号主变压器内部故障。

相关知识

1. 2 号主变压器的正常运行方式

（1）一次部分。2 号主变压器 220kV 侧接在 220kVⅡ母运行，母联 231 断路器和 2311、2312 隔离开关均在合闸位置，2 号主变压器 220kV 侧中性点 2020 接地开关在断开位置（1号主变压器 220kV 侧中性点 2010 隔离开关在合闸位置）；2 号主变压器 110kV 侧接在 110kVⅡ段母线运行，131 母联断路器和 1311、1312 隔离开关均在合闸位置，2 号主变压器 110kV 侧中性点 1020 接地开关在断开位置（1 号主变压器 110kV 侧中性点 1010 接地开关在合闸位置）；2 号主变压器 10kV 侧接在 10kVⅡ段母线运行；931 分段断路器在断开位置，9311、9312 隔离开关在合闸位置。

（2）二次部分。2 号主变压器配置两套保护。主变压器保护Ⅰ屏为 WBH-801（集成了一台变压器的全部主后备电气量保护）和 WBH-802（集成了变压器的全部非电气量类保护）微机变压器保护装置，并配有 FCZ-832S 高压侧断路器操作箱（含电压切换），完成主变压器的一套电气量类保护、非电气量类保护和高压侧的操作回路及电压切换回路功能；主变压器保护Ⅱ屏为 WBH-801 微机变压器保护装置，并配有 FCZ-813S 中压侧和低压断路器操作箱（含中压侧电压切换）、ZYQ-812 高压侧电压切换箱，完成主变压器的第二套电气量类保护和中、低压侧的操作回路及高、中压侧电压切换回路功能。

其中，电气量类保护有：差动保护；220kV 复压（方向）过电流保护，220kV 零序电流保护（零序方向Ⅰ段保护、零序方向Ⅱ段保护、零序方向过电流保护、中性点零序过电流保护），220kV 间隙保护；110kV 复压（方向）过电流保护，110kV 零序电流保护（零序方向Ⅰ段保护、零序方向Ⅱ段保护、零序过电流保护、中性点零序过电流保护）；10kV 复压（方向）过电流。非电气量类保护有本体轻瓦斯保护、本体重瓦斯保护、调压重瓦斯保护、压力释放保护、冷却器故障保护、绕组温度保护和油温保护。

2. 变压器故障

（1）油箱内故障，即绕组的相间短路、接地短路、匝间短路以及铁芯的烧损等。

（2）油箱外故障，即套管和引出线上发生相间短路和接地短路。

 **任务实施**

根据事故处理基本原则、处理流程和相关规程，通过以上任务分析，正确写出 2 号主变压器内部故障（保护装置和断路器正确动作）的处理步骤，并结合 Q/GDW 1799.1—2013《国家电网公司电力安全工作规程　变电部分》、各级调度规程和其他的有关规定进行事故处理。

2 号主变压器内部故障（保护正确动作）的处理步骤如下：

（1）记录事故发生时间，恢复警报；记录故障现象（监控系统显示 202、102、902 断路器指示闪烁，202、102、902 断路器回路有功功率、无功功率、电流等相关表计指示为零，931 断路器指示闪烁，931 断路器回路电流表计指示正常；1 号主变压器过负荷；告警信息窗显示的事故总信号，保护与备自投动作信息，断路器跳闸信息），汇报调度及有关人员汇报（5min 之内）。

（2）检查本站二次设备运行工况。主要检查监控机和相关保护屏，并相互核对保护动作情况（2 号主变压器差动保护、本体重瓦斯和轻瓦斯保护动作；10kV 分段备自投动作）；同时做好相应记录，打印报告；复归 202、102、902、931 断路器停止闪光。

（3）穿绝缘靴，戴绝缘手套和安全帽，到现场对主变压器差动保护保护范围内一次设备进行检查。主变压器外部未发现有明显故障现象，2 号主变压器气体继电器内有气体，油位、油色有变化，油温明显升高。检查 202、102、902 断路器在分闸位置，931 断路器在合闸位置，断路器操动机构和 SF$_6$ 气体压力正常，其他设备情况正常。

（4）检查各母线线路负荷及 1 号主变压器负荷情况，将 1 号主变压器冷却器全投。从 2 号主变压器气体继电器中取出部分气体（剩余气体留给专业人员做进一步分析），观察气体颜色并对气体做点燃实验，气体可燃。

（5）根据现场检查情况，将"2 号主变压器内部故障，202、102、902 断路器跳闸，10kV 分段备自投动作成功，本站其他设备无异常"检查结果汇报调度。

（6）根据调度指令倒出部分负荷，断开 110kV 袁西线 114 断路器，以减轻 1 号主变压器负荷；隔离 2 号主变压器，并转检修，做好相应的安全措施。

（7）向调度汇报事故处理后的运行方式。

（8）事故处理完毕后，值班人员填写相关运行日志和事故跳闸记录，并根据事故跳闸情况、保护及自动装置的动作情况、故障录波报告以及事故处理过程，整理出详细的事故处理报告。

拓展提高

变压器内部故障的事故处理注意事项如下：

（1）变压器跳闸造成其他变压器超负荷时，应尽快投入备用变压器或在规定时间内降低负荷。

（2）根据微机保护的动作情况及外部现象判断故障原因，在未查明原因并故障之前不得送电。

（3）当发现变压器运行状态异常，例如内部有爆裂声、温度不正常且不断上升、油枕或防爆管喷油、油位严重下降、油化验严重超标、套管有严重破损和放电等现象时，应申请停电进行处理。

任务 4.3.3　1 号主变压器 220kV 侧 C 相套管闪络（保护装置和断路器正确动作）

 **学习目标**

知识目标：

（1）熟悉变电站主变压器的运行方式和保护配置。

（2）熟悉主变压器外部故障现象。

（3）掌握主变压器外部故障的处理流程和处理步骤。

能力目标：

（1）能阐述主变压器的运行方式和保护配置。

（2）能根据故障现象查找故障。

（3）能在仿真机上进行主变压器外部故障的事故处理。

态度目标：

（1）能主动学习，在完成任务过程中发现问题，分析问题和解决问题。

（2）能严格遵守变电运行相关规程及规章制度，与小组成员协商、交流配合，按标准化作业流程完成学习任务。

 **任务分析**

故障现象：事故警报响，监控信息显示 201、101、901、991、993 断路器指示闪烁，信息显示 1 号主变压器差动保护动作，10kV 分段备自投动作且动作成功，10kV Ⅰ 段母线恢复供电，并发出相关辅助信息。

根据现场检查，判断故障为 1 号主变压器 220kV 侧 C 相套管闪络。

相关知识

1 号主变压器的正常运行方式如下：

（1）一次部分。1 号主变压器 220kV 侧接在 220kV Ⅰ 母运行，231 母联断路器、2311、2312 隔离开关均在合闸位置；1 号主变压器 220kV 侧中性点 2010 接地开关在合闸位置（2 号主变压器 220kV 侧中性点 2020 接地开关在断开位置）；1 号主变压器 110kV 侧接在 110kV Ⅰ 段母线运行，131 母联断路器、1311、1312 隔离开关均在合闸位置，1 号主变压器 110kV 侧中性点 1010 接地开关在合闸位置（2 号主变压器 110kV 侧中性点 1020 接地开关在断开位置）；1 号主变压器 10kV 侧接在 10kV Ⅰ 段母线运行，931 分段断路器在断开位置，9311、9312 隔离开关在合闸位置。

（2）二次部分。1 号主变压器配置两套保护。主变压器保护Ⅰ屏为 WBH-801（集成了一台变压器的全部主后备电气量类保护）和 WBH-802（集成了变压器的全部非电气量类保护）微机变压器保护装置，并配有 FCZ-832S 高压侧断路器操作箱（含电压切换），完成主变压器的一套电气量类保护、非电气量类保护和高压侧的操作回路及电压切换回路功能；主变压器保护Ⅱ屏为 WBH-801 微机变压器保护装置，并配有 FCZ-813S 中压侧和低压断路器操作箱（含中压侧电压切换）、ZYQ-812 高压侧电压切换箱，完成主变压器的第二套电气量类保护和中、低压侧的操作回路及高、中压侧电压切换回路功能。

电气量类保护有差动保护、220kV 复压（方向）过电流保护、220kV 零序电流保护（零序方向Ⅰ段保护、零序方向Ⅱ段保护、零序方向过电流保护、中性点零序过电流保护）、220kV 间隙保护、110kV 复压（方向）过电流保护、110kV 零序电流保护（零序方向Ⅰ段保护、零序方向Ⅱ段保护、零序过电流保护、中性点零序过电流保护）、10kV 复压（方向）过电流。非电气量类保护有本体轻瓦斯保护、本体重瓦斯保护、调压重瓦斯保护、压力释放保护、冷却器故障保护、绕组温度保护和油温保护。

🔭 任务实施

根据事故处理基本原则、处理流程和相关规程，通过以上任务分析，正确写出 1 号主变压器 220kV 侧 C 相套管闪络（保护装置和断路器正确动作）的处理步骤，并结合 Q/GDW 1799.1—2013《国家电网公司电力安全工作规程 变电部分》、各级调度规程和其他的有关规定进行事故处理。

1 号主变压器 220kV 侧 C 相套管闪络的处理步骤如下：

（1）记录事故发生时间，恢复警报；记录故障现象（监控系统显示 201、101、901、991、993 断路器指示闪烁，201、101、901 断路器回路有功功率、无功功率、电流等相关表计指示均为零；931 断路器指示闪烁，931 断路器回路电流表计指示正常；2 号主变压器过负荷；告警信息窗显示的事故总信号，保护与备自投动作信息，断路器跳闸信息），并及时向调度值班人员及有关人员汇报（5min 之内）。

（2）检查本站二次设备运行工况。主要检查监控机和相关保护屏，并相互核对保护动作情况（1 号主变压器Ⅰ屏、Ⅱ屏差动保护动作，10kV 分段备自投动作）；同时做好相应记录，打印报告，复归 201、101、901、931 断路器停止闪光。

（3）穿绝缘靴，戴绝缘手套和安全帽，到现场对 1 号主变压器差动保护范围内一次设备进行检查。发现 1 号主变压器 220kV 侧 C 相套管闪络，两片瓷裙破裂。检查 201、101、901 断路器在分闸位置，931 断路器在合闸位置，断路器操动机构和 SF_6 气体压力正常，其他设备情况正常。

（4）检查各母线线路负荷及 2 号主变压器负荷情况，将 2 号主变压器冷却器全投。检查站用电正常，合上 2 号主变压器中性点 2020、1020 接地开关。

（5）根据现场检查情况，将"1 号主变压器 220kV 侧 C 相套管闪络，201、101、901 断路器跳闸，10kV 分段备自投动作成功，本站其他设备无异常"的检查结果汇报调度。

（6）根据调度指令倒出部分负荷，断开 110kV 袁西线 114 断路器，以减轻 2 号主变压器负荷；隔离 1 号主变压器，合上 991、993 断路器恢复 1 号、3 号电容器组运行；将 1 号主变转检修，做好相应的安全措施。

（7）汇报调度事故处理后的运行方式。

（8）事故处理完毕后，值班人员填写相关运行日志和事故跳闸记录，并根据事故跳闸情况、保护及自动装置的动作情况、故障录波报告以及事故处理过程，整理出详细的事故处理报告。

 **拓展提高**

当变压器差动保护动作时，应到现场检查变压器有无喷油、冒烟及漏油现象，以及变压器气体继电器、压力释放阀、主变压器各侧套管、引线及接头有无异常，各侧断路器是否断开，主变压器各侧设备有无异常。

任务 4.4　变电站互感器异常及事故处理

电压互感器常见的异常及事故有电压互感器二次电压异常升降、二次短路、二次失压或二次回路断线、铁磁谐振、高压侧熔断器熔断、渗漏油等。电流互感器常见的异常及事故有内部过热现象、运行声音异常、内部有放电声或冒烟、充油式电流互感器漏油、外绝缘破裂放电、二次回路开路以及电流互感器末屏未接地或接地不良等。

任务 4.4.1　220kVⅠ母电压互感器 A 相二次自动空气开关跳闸或二次熔断器熔断

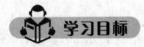 **学习目标**

知识目标：

（1）熟悉变电站电压互感器运行的基本知识。

（2）熟悉电压互感器的异常及事故现象。

（3）掌握电压互感器异常及事故处理流程和处理步骤。

能力目标：

（1）能阐述电压互感器运行的基本要求。

（2）能正确区别电压互感器的正常运行、异常运行及事故状态，并写出异常及事故的处理步骤。

（3）能在仿真机上进行电压互感器的异常及事故处理。

态度目标：

（1）能主动学习，在完成任务过程中发现问题，分析问题和解决问题。

（2）能严格遵守变电运行相关规程及规章制度，与小组成员协商、交流配合，按标准化作业流程完成学习任务。

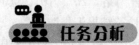 **任务分析**

在熟悉电压互感器的基本结构原理、运行操作规定和正常运行要求的基础上，能正确掌握变电站电压互感器异常及事故的处理步骤，并进行异常及事故处理。

 **相关知识**

（1）电压互感器二次回路在运行中严禁短路。当发生短路时，电压互感器二次电源自动空气开关会自动跳闸。

（2）电压互感器二次回路异常时（失压或断线），保护会失去交流电压，发出"电压回路断线"信号，断线闭锁装置动作，功率表指示降低或为零。

（3）造成二次回路失压或断线的主要原因有电压互感器高、低压侧的熔断器熔断或自动空气开关跳闸，保护及仪表用电压切换回路断线或接触不良，如双母线接线方式中某线路母线侧隔离开关辅助触点接触不良（常发生在倒闸操作之后）、电压切换继电器断线或触点接触不良、端子排线松动等。

（4）当电压互感器二次回路失压或断线时，应立即向调度申请退出与电压互感器有关的微机保护和自动装置（有可能误动的电压保护、距离保护和纵联保护），并尽快将电压互感器二次回路恢复正常后再恢复相应保护。

 **任务实施**

根据变电站异常及事故处理基本原则、调度和现场运行规程规范，变电站运行值班人员对 220kVⅠ母电压互感器 A 相二次自动空气开关跳闸或二次熔断器熔断的异常进行如下处理：

1. 异常现象检查

（1）220kVⅠ母 A 相电压指示为零，其他两相电压不变。

（2）220kVⅠ母出线或主变压器"TV 断线"信号出现，距离保护和高频闭锁保护装置异常光字牌亮，220kV 母差"低电压"掉牌等。

（3）故障录波器可能动作。

2. 异常处理

（1）根据监控系统显示情况，将异常发生时间及现象向调度值班人员及相关部门汇报。

（2）根据调度命令停用该母线上线路的距离保护（相间及接地）和高频闭锁保护，停用故障录波器。

（3）详细记录监控系统显示信息，在核对无误后复归光字牌信号。

（4）穿绝缘靴，戴绝缘手套和安全帽，到现场检查发现Ⅰ母电压互感器 A 相二次自动空气开关跳闸或二次熔断器熔断。

（5）检查电压互感器二次回路无明显短路和接地故障点后，试合电压互感器 A 相二次自动空气开关或更换二次熔断器。

（6）若恢复正常，应汇报调度，并投入该母线上线路距离保护和高频闭锁保护。

（7）若二次自动空气开关再次跳闸或二次熔断器再次熔断，则应汇报调度及相关部门，并做好相应记录，等候专业人员处理。

拓展提高

1. 电压互感器缺相

电压互感器缺相包括电压互感器一次熔断器熔断一相、熔断两相和全部熔断。

（1）10kV 电压互感器一次熔断器熔断一相时，熔断相的相电压降低或接近于零，完好相的相电压不变或稍有降低，同时发"接地"和"电压回路断线"信号。

（2）10kV 电压互感器一次熔断器熔断两相时，发"接地"信号，0.5s 低电压保护动作跳重要电动机，二次电压同相位，开口三角绕组电压升高。

（3）10kV 电压互感器一次熔断器全部熔断时，0.5s 低电压保护先动作，跳开母线上的电容器组等有低电压保护的断路器，然后 10kV 母线备用电源自投装置低电压保护动作，跳开工作电源开关。

2. 电压互感器故障的处理步骤

（1）退出可能误动的保护及自动装置，退出带电压闭锁的过电流保护和距离保护，断开故障电压互感器二次自动空气开关。

（2）将检查电压互感器故障的详细情况汇报调度，听候调度命令。

（3）电压互感器故障严重时，如高压侧绝缘已损坏，只能用断路器切除故障，应尽量用倒母线运行方式隔离故障，否则只能在不带电情况下拉开隔离开关后再恢复供电。此时应严禁用隔离开关切除带故障的电压互感器。

（4）电压互感器三相或故障相的高压熔断器已熔断时，可以拉开隔离开关隔离故障。

（5）若发现电压互感器故障为内部异常音响（如放电声），可以进行由双母线并列运行转单母线运行操作，但应在征得调度同意后进行倒母线操作，且应由母联断路器切除故障电压互感器。

（6）若发现电压互感器内部放电声剧烈或其他严重故障情况下，在明确判断后严禁在未停电情况下再次靠近故障电压互感器，应按设备紧急停电方法处理，然后向调度及相关人员汇报事故处理情况。

3. 需立即申请停电处理的电压互感器故障现象

（1）内部有严重放电声和异常响声。

（2）严重缺油（油位表看不到油位）。

（3）爆炸着火，本体有严重过热现象。

（4）严重漏油或向外喷油。

4. 电压互感器内部故障处理的注意事项

（1）35kV 母线电压互感器内部故障时，三相或故障相电压互感器跌落式熔断器熔断，应立即将电压互感器进行停电处理。

（2）220kV 母线电压互感器发生内部故障时，可采用倒母线方式将该电压互感器退出运行，但操作前必须征得值班调度员的同意，并认真做好记录。

（3）220kV 线路电压互感器发生内部故障时，应立即向调度申请将该线路停电，停用故障电压互感器。

任务 4.4.2　220kV 分袁线 211 电流互感器 B 相响声异常处理

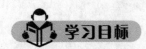 学习目标

知识目标：

（1）熟悉变电站电流互感器运行的基本知识。

（2）熟悉电流互感器的典型异常现象。

（3）掌握电流互感器异常的处理流程和处理步骤。

能力目标：

（1）能阐述电流互感器运行的基本要求。

（2）能正确区别电流互感器的正常运行和异常运行状态，并写出异常处理步骤。

（3）能在仿真机上进行电流互感器的异常处理。

态度目标：

（1）能主动学习，在完成任务过程中发现问题，分析问题和解决问题。

（2）能严格遵守变电运行相关规程及规章制度，与小组成员协商、交流配合，按标准化作业流程完成学习任务。

任务分析

在熟悉电流互感器的基本结构原理、运行操作规定和正常运行要求的基础上，能掌握变电站电流互感器异常处理步骤，并进行异常处理。

相关知识

1. 电流互感器的运行规定

（1）运行中的电流互感器严禁二次回路开路。

（2）新安装的电流互感器或其二次回路有变更时，保护验收必须核对二次接线的正确性，带负荷检查正确后方可投入保护。

（3）电流互感器二次绕组不允许多点接地，必须单点永久可靠接地。

2. 电流互感器在运行中声音异常的原因

（1）铁芯松动会发出"嗡嗡"声，半导体漆涂刷不均匀、形成内部电晕以及螺栓松动等也会使电流互感器产生较大声响。

（2）某些离开叠层的硅钢片在空载或轻载时，会有一定的"嗡嗡"声。

（3）二次回路开路造成磁通饱和及非正弦磁通，引起硅钢片振荡而发出较大的声音。

任务实施

根据变电站异常及事故处理基本原则、调度和现场运行规程规范，变电站运行值班人员对 220kV 分衰线 211 电流互感器 B 相响声的异常进行如下处理：

（1）简单记录异常发生的时间和现象，并汇报调度和相关部门。

（2）穿绝缘靴，戴绝缘手套和安全帽，到现场检查对 220kV 分衰线 211 电流互感器及其二次回路进行外观检查。

（3）现场检查未发现电流互感器二次回路有明显开路点，电流表、功率表、电度表指示均无异常。

（4）根据现场检查情况，将"220kV 分衰线 211 电流互感器本体故障"检查结果汇报调度及相关部门。

（5）根据调度命令停电处理，断开 211 断路器，并拉开 2113、2111 隔离开关。

（6）根据工作需要，做好相应的安全措施。

（7）汇报调度处理后的运行方式。

（8）处理完毕后，值班人员填写相关运行日志，并根据异常处理过程整理出详细的处理报告，等候专业人员处理。

 拓展提高

1. 电流互感器二次开路故障的检查

（1）回路仪表指示异常降低或为零。用于测量表计的电流回路开路时，会使三相电流表指示不一样，功率表指示降低，电能表不转或转速缓慢。如表计指示时有时无，有可能是接触不良造成的。

（2）电流互感器本体有噪声、振动等不均匀的声音。

（3）电流互感器本体有严重发热、异味、变色、冒烟等。

（4）电流互感器二次回路端子，元件线头等有无放电、打火。

（5）继电保护有误动作或拒动作。

（6）仪表、电能表、继电器等有冒烟、烧坏等现象。

2. 电流互感器二次回路开路故障处理

应立即汇报相应的值班调度员、站长或专责工程师，退出可能误动的保护（如母差保护和变压器差动保护等），申请减小一次负荷电流；应尽快查明开路点，设法将开路点短接，在处理过程中应按 Q/GDW 1799.1—2013《国家电网公司电力安全工作规程　变电部分》的有关规定，以防触电事故发生。当负荷电流较大时，开路点严重放电并危及设备绝缘时，不能自行处理，应向调度申请停电处理。对于故障退出的电流互感器，应进行必要的电气试验检查和处理。

3. 需立即申请停电处理的电流互感器故障现象

（1）内部有严重放电声和异常声响。

（2）爆炸、着火，本体有严重过热现象。

（3）当 GIS 装置漏气较严重，又一时无法进行补气时。

任务 4.5　变电站无功补偿装置异常及事故处理

变电站常见的无功补偿装置有并联补偿电容器、静止补偿器等。

任务 4.5.1　电容器异常及事故处理

 学习目标

知识目标：

（1）熟悉变电站电容器运行的基本知识。

（2）熟悉电容器的异常及事故现象。

（3）掌握电容器异常及事故的处理流程和处理步骤。

能力目标：

（1）能阐述电容器运行的基本要求。

（2）能正确区别电容器的正常运行、异常运行及事故状态，并写出异常及事故的处理步骤。

（3）能在仿真机上进行电容器的异常及事故处理。

态度目标：

（1）能主动学习，在完成任务过程中发现问题，分析问题和解决问题。

（2）能严格遵守变电运行相关规程及规章制度，与小组成员协商、交流配合，按标准化作业流程完成学习任务。

任务分析

在熟悉电容器的运行原理和运行要求的基础上，能掌握变电站电容器异常及事故的处理步骤，并进行异常及事故处理。

相关知识

1. 电容器组的运行标准

（1）允许过电压。电容器组允许连续运行的过电压为 1.1 倍额定电压。

（2）允许过电流。电容器组允许在 1.3 倍额定电流下长期运行。

（3）允许温升。室温要求控制在 $-40\sim40℃$，电容器外壳及箱壁的温度通常不准超过 55℃。

电容器投切时暂态过程比较严重时，为限制投入产生的涌流，在电容器前面串联一个电抗较小的电抗器，同时此电抗器与电容器组成串联谐振滤波器，用以消除系统的铁磁谐振。

2. 电容器常见异常

电容器常见的异常有电容器外壳膨胀、渗漏油、温升高、绝缘子表面闪络放电、异常声响、爆破、过电压、过电流等现象。

任务实施

根据变电站异常及事故处理基本原则、调度和现场运行规程规范，变电站运行值班人员对电容器异常及事故进行如下处理：

1. 电容器常见故障的处理方法

电容器常见故障的处理方法见表 1-4-1。

表 1-4-1 电容器常见故障的处理方法

故障现象	产生原因	处理方法
外壳鼓肚变形	(1) 介质内产生局部放电，使介质分解而析出气体 (2) 部分元件击穿或极外壳击穿，使介质析出气体	立即退出运行
温度过高	(1) 环境温度过高，电容器布置过密 (2) 高次谐波电流影响 (3) 频繁切合电容器，反复受过电压及涌流作用 (4) 介质老化，$\tan\delta$ 不断增大	(1) 改善通风条件，增大电容器间隙 (2) 加装串联电抗器 (3) 采取措施，限制操作过电压及涌流 (4) 停止使用及时更换
爆炸着火	内部发生极间或机壳间击穿而又无适当保护时，与之并联的电容器组对其放电，因能量大引起爆炸着火	(1) 立即断开电源 (2) 用砂子或干式灭火器灭火

2. 电容器爆炸着火处理步骤

(1) 立即断开电源。

(2) 用干式灭火器灭火。

(3) 根据火情控制情况及时报火警、汇报上级及有关设备检修维护单位。

3. 处理电容器故障时的注意事项

(1) 电容器组断路器跳闸后，不允许强送电。如为过电流保护动作跳闸，应查明原因，否则不允许再投入运行。

(2) 在检查处理电容器故障前，应先拉开断路器及隔离开关，并验电和装设接地线。

(3) 电压波动使电容器过电压或低电压保护动作时，应检查保护动作情况及一次设备，而且断路器跳开后至再投入电容器运行至少间隔 5min。

 **拓展提高**

电容器发生下列情况之一应立即退出运行并报告调度值班人员：

(1) 全站及 10kV 母线失压。

(2) 鼓肚、漏油或起火。

(3) 集合式电容器严重漏油、鼓肚，或油标看不见油位。

(4) 电容器压力释放阀动作。

(5) 套管放电闪络。

(6) 接头严重过热或熔化。

(7) 母线电压持续超过其额定值的 1.1 倍，或电流超过其额定值的 1.3 倍。

(8) 当电容器外壳温度超过 55℃，或室温超过 40℃时，采取降温措施无效时。

任务 4.5.2　1 号电容器组引线 AB 相相间短路（保护装置和断路器动作正确）

 **学习目标**

知识目标：

(1) 熟悉变电站电容器的运行方式和保护配置。

(2) 熟悉电容器故障现象。

(3) 掌握电容器故障的处理流程和处理步骤。

能力目标：

(1) 能阐述电容器的运行方式和保护配置。

(2) 能根据故障现象查找故障。

(3) 能在仿真机上进行电容器故障的事故处理。

态度目标：

(1) 能主动学习，在完成任务过程中发现问题，分析问题和解决问题。

(2) 能严格遵守变电运行相关规程及规章制度，与小组成员协商、交流配合，按标准化作业流程完成学习任务。

任务分析

故障现象：事故警报响，监控系统显示 991 断路器指示闪烁，10kV 1 号电容器组过电流保护动作，并发出相关辅助信息。

经现场检查，判断故障为 1 号电容器组引线 AB 相相间短路故障。

相关知识

1 号电容器组正常运行方式如下：

(1) 一次部分。1 号电容器组 991 接 10kV Ⅰ 段母线运行，1 号主变压器 901 断路器带 10kV Ⅰ 段母线负荷，10kV 931 分段断路器在分闸位置，9311、9312 隔离开关在合闸位置。

(2) 二次部分。1 号电容器组保护为欠电压保护、过电压保护、过电流保护和零序平衡保护，931 分段断路器备自投投入。

任务实施

根据事故处理基本原则、处理流程和相关规程，通过以上任务分析，正确写出 1 号电容器组引线 AB 相相间短路故障（保护装置和断路器动作正确）的处理步骤，并结合 Q/GDW 1799.1—2013《国家电网公司电力安全工作规程 变电部分》、各级调度规程和其他有关规定进行事故处理。

1 号电容器组引线 AB 相相间短路故障的处理步骤如下：

(1) 记录事故发生时间，恢复警报，记录故障现象（监控系统显示 991 断路器指示闪烁，991 断路器回路电流表指示为零，告警信息窗显示的事故总信号，保护动作信息，断路器跳闸信息），并及时向调度及有关人员汇报（5min 之内）。

(2) 检查本站二次设备运行工况。主要检查监控机和 1 号电容器组 991 断路器保护屏，并相互核对保护动作情况（10kV 1 号电容器组 991 断路器过电流保护动作），同时做好相应记录，复归保护信号，复归 991 断路器停止闪光。

(3) 穿绝缘靴，戴绝缘手套和安全帽，到现场检查 991 断路器位置（991 断路器在分闸位置）及相关设备（检查 10kV Ⅰ 段母线、991 断路器所在电气间隔设备，发现 1 号电容器组引线 AB 相相间短路点，其他设备情况正常）。

（4）根据现场检查情况，将"1号电容器组引线 AB 相相间短路故障，本站其他设备无异常"检查结果汇报调度。

（5）根据调度命令，隔离1号电容器组991断路器并转检修，做好相应的安全措施。

（6）汇报调度事故处理后的运行方式。

（7）事故处理完毕后，值班人员填写相关运行日志和事故跳闸记录，并根据事故跳闸情况、保护及自动装置的动作情况、故障录波报告以及事故处理过程，整理出详细的事故处理报告。

 拓展提高

1号电容器组引线 AB 相发生相间短路故障时，如991断路器拒动，则由上一级保护1号主变压器10kV复压方向过电流保护动作，断开901断路器以切除故障，10kVⅠ段母线失压，10kVⅠ段母线3号电容器组993断路器低电压保护动作；10kV 分段备自投动作，后加速保护动作，10kV 分段备自投不成功；检查站用电切换正常。故障处理时应将1号电容器组991断路器隔离，合上901断路器，恢复10kVⅠ段母线的供电，恢复3号电容器993断路器运行，安排1号电容器组991断路器检修。

任务 4.6　变电站站用电与直流系统异常及事故处理

查找和处理变电站站用电与直流系统的故障时，应保证保护及自动装置的电源、调度通信电源、强油风冷变压器的冷却电源、充电装置电源的正常供电，以保证一次主设备和电力系统的安全运行。由于站用电与直流系统所接负荷众多，处理不当往往会引起一次系统故障，甚至会造成人身伤亡，因此掌握站用电与直流系统异常及事故处理是变电运行人员非常重要的工作。

任务 4.6.1　变电站站用电系统异常及事故处理

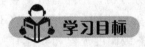 学习目标

知识目标：

（1）熟悉变电站站用电系统运行的基本知识。

（2）熟悉站用电系统的异常及事故现象。

（3）掌握站用电系统异常及事故的处理流程和处理步骤。

能力目标：

（1）能阐述站用电系统运行的基本要求。

（2）能正确区别站用电系统的正常运行、异常运行及事故状态，并写出异常及事故的处理步骤。

（3）能在仿真机上进行站用电系统的异常及事故处理。

态度目标：

（1）能主动学习，在完成任务过程中发现问题，分析问题和解决问题。

（2）能严格遵守变电运行相关规程及规章制度，与小组成员协商、交流配合，按标准化作业流程完成学习任务。

任务分析

在熟悉变电站站用电系统正常运行方式的基础上，能掌握站用电系统异常及事故状况的处理步骤，并进行异常及事故处理。

相关知识

1. 站用电系统正常运行方式

（1）变电站装设两台站用变压器，布置在站用电室，不设置备用站用变压器，站用变压器采用干式变压器，并兼作接地变压器用。

（2）1号站用变通过961断路器与10kVⅠ段母线相连，处在运行状态，低压侧通过401自动空气开关与低压380/220VⅠ段母线相连；2号站用变通过962断路器与10kVⅡ段母线相连，处在空载状态，低压侧通过402自动空气开关与低压380/220Ⅱ段母线相连，站用电备自投装置投入。

2. 站用电失压故障分析

（1）站用电失压的主要现象。

1）正常照明全部或部分失去，发出站用电系统异常或故障信号。

2）站用负荷如变压器控制箱、冷却器电源、断路器液压机构电源、隔离开关操作交流电源、加热器回路等分支电源跳闸。

3）直流充电装置跳闸，事故照明切换。

4）变电站电源进线跳闸造成全站失压，照明消失。

5）变压器冷却电源失去，风扇停转。

（2）站用电部分或全部失电的原因。

1）变电站电源进线线路故障，或因系统故障电源线路对侧跳闸造成电源中断，或本站设备故障失去电源。

2）系统故障造成全站失去电压。

3）站用电回路故障导致站用电失压。

任务实施

根据变电站异常及事故处理基本原则、调度和现场运行规程，变电站运行值班人员对变电站站用电系统异常及事故进行如下处理：

（1）站用电部分失去电压时，应先做好个人安全防护措施，并用万用表、绝缘电阻表对失压设备进行检查，查找故障点。若是环路供电，应先检查工作电源跳闸后备用电源是否已正常切换，若未自动切换应进行手动切换，保证站用负荷正常供电。

（2）进一步检查失压分支交流熔断器是否熔断，或自动空气开关是否跳开。可试送电一次，若送电正常则可判断该分支无明显故障点；若送电不成功，应用绝缘电阻表测量分支绝缘，查明故障点，并报上级部门安排检修处理。

（3）站用电全部失压时，事故照明应自动切换，监控系统显示站用负荷失压信号，如"主变压器风冷全停"、"交流电源故障"等光字牌。此时应首先分清失压是由于本站电源进线失压导致的，还是因为站内站用电故障引起的。若是本站电源进线失压导致的全站停电，应投入备用变压器或通过联络线接入站内；若是因为站内站用电故障引起的全站停电，应迅速查找故障点。

（4）查找站内故障点应采用分段查找方式进行，并根据各种现象判断故障点可能的范围。在分段隔离后，用绝缘电阻表测量绝缘电阻，逐步缩小范围，直至找到故障点。摇测绝缘时，可先将绕组接地端拆开，测量后再恢复。若测量绝缘不合格应通知检修人员。短时无法查找事故原因的，应尽快通知有关专业人员进一步查找。

 **拓展提高**

站用变压器的自动空气开关或熔断器是变压器过载及二次回路短路的保护。因为站用变压器平时负荷不大，所以自动空气开关或熔断器熔断一般是二次回路发生短路故障。

站用变压器的高压熔断器是保护变压器内部故障和外部引出线故障的，主要反应低压侧熔断器以上的短路故障。但当低压侧母线短路，低压熔断器未熔断时，也会越级使高压熔断器熔断。

任务 4.6.2　变电站直流系统异常及事故处理

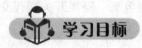 **学习目标**

知识目标：

（1）熟悉变电站直流系统运行的基本知识。

（2）熟悉直流系统的异常及事故现象。

（3）掌握直流系统异常及事故的处理流程和处理步骤。

能力目标：

（1）能阐述直流系统运行的基本要求。

（2）能正确区别直流系统的正常运行、异常运行及事故状态，并写出典型异常及事故的处理步骤。

（3）能在仿真机上进行直流系统的异常及事故处理。

态度目标：

（1）能主动学习，在完成任务过程中发现问题，分析问题和解决问题。

（2）能严格遵守变电运行相关规程及规章制度，与小组成员协商、交流配合，按标准化作业流程完成学习任务。

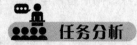 **任务分析**

在熟悉变电站直流系统设备组成和正常运行方式的基础上，能掌握直流系统异常及事故

的处理步骤，并进行异常及事故处理。

 **相关知识**

1. 变电站直流系统的组成

（1）220kV 变电站直流系统电压为 220V，直流系统主要由蓄电池、高频开关电源、直流主馈电屏及直流分馈电屏组成，由其对全站测控、保护装置及事故照明等负荷辐射式供电。

（2）直流系统主要设备包括两组蓄电池组，每组数量 104 个，高频开关电源 120A/315V。

（3）每套高频开关电源配一台微机直流监控装置，实现对蓄电池组的自动充、放电控制，并监测直流系统运行工况。

2. 220kV 变电站直流系统正常运行方式

（1）直流系统采用单母线分段接线，正常时两段母线分列运行。每段母线接一组蓄电池和一套高频开关电源，蓄电池组不设端电池，正常时按浮充电方式运行。每套高频开关电源由两路 380V 交流电源供电（一路工作，一路备用），两路交流电源联锁，当工作电源消失时能自动或手动切换至备用电源。高频开关电源输出回路通过双投刀开关可接入充电母线或馈电母线，正常时接入充电母线给蓄电池浮充电，同时给直流负荷供电。

（2）直流系统采用辐射状单元供电及局部环状供电方式。双套保护的直流系统中每套保护独立供给一回直流电源。单套保护的直流系统中，保护和操作回路共用一回直流电源。

任务实施

根据变电站异常及事故处理基本原则、调度和现场运行规程规范，变电站运行值班人员对变电站直流系统异常及事故进行如下处理：

1. 蓄电池的故障处理

（1）阀控密封铅酸蓄电池壳体变形。一般造成的原因有充电电流过大或充电电压超过了 $2.4V \times N$（N 为蓄电池个数），内部有短路或局部放电、温升超标、安全阀动作失灵等原因，造成内部压力升高。处理方法是减小充电电流，降低充电电压，检查安全阀是否堵死。

（2）运行中浮充电压正常，但放电时电压很快下降到终止电压值。一般原因是蓄电池内部失水干涸、电解物质变质。处理方法是申请更换蓄电池。

（3）蓄电池组熔断器熔断后，应立即检查处理，并采取相应措施，防止直流母线失电。

（4）蓄电池组发生爆炸、开路时，应迅速将蓄电池总熔断器或自动空气开关断开。

（5）发现蓄电池外壳有膨肚现象时，应立即汇报检修部门。

（6）蓄电池着火时应用四氯化碳灭火器灭火，不能用二氧化碳灭火器来灭火。

2. 充电装置、绝缘监测装置的故障处理

（1）直流电源系统设备发生短路、交流或直流失压时，应迅速查明原因，消除故障。

（2）出现某条直流线路电压无显示时，应检查母线电压是否输入正确。

（3）绝缘监测装置开机无显示时，可能是内部电源接插件接触不良或电源故障，应检查电源或内部电源接插件。

3. 直流接地的故障处理

（1）当直流接地绝缘监测装置发出告警信号时，应立即查看直流接地绝缘监测装置内信息，判明接地故障方位、接地相和对地绝缘电阻值。

（2）此时站内若有与直流二次回路有关的修试工作，应要求立即停止工作，查询有无发生接地。

（3）在直流接地绝缘监测装置不能判明故障地点时，分别切除直流回路来查找接地点，但应先与调度联系退出会误动的保护，且每个回路断电时间越短越好，一般约为 3s。

（4）切除直流负荷按下列顺序进行：

事故照明电源、通信室电源、充电电源、主控制室长明灯，10、110、220kV 断路器操作电源、控制信号电源，故障录波装置电源，各断路器信号电源，站用变断路器保护控制电源，电容器断路器保护控制电源、并联电抗器断路器保护控制电源，10kV 分段断路器控制电源，10、110kV 各出线断路器及母联断路器保护控制电源，220kV 各出线断路器、母差保护和母联断路器保护控制电源，主变压器控制保护信号电源、蓄电池输出隔离开关。

拓展提高

直流母线故障时，应迅速查明原因，隔离故障后恢复送电；故障点不明的应报检修人员立即检查处理，尽早排除故障。

任务 4.6.3　1 号站用变短路故障（保护装置和断路器动作正确）

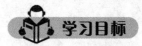
学习目标

知识目标：

（1）熟悉变电站站用变的运行方式和保护配置。

（2）熟悉站用变故障现象。

（3）掌握站用变故障的处理流程和处理步骤。

能力目标：

（1）能阐述站用变的运行方式和保护配置。

（2）能根据故障现象查找故障。

（3）能在仿真机上进行站用变故障的事故处理。

态度目标：

（1）能主动学习，在完成任务过程中发现问题，分析问题和解决问题。

（2）能严格遵守变电运行相关规程及规章制度，与小组成员协商、交流配合，按标准化作业流程完成学习任务。

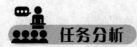
任务分析

事故现象：事故警报响，监控系统显示 961 断路器指示闪烁，1 号站用变过电流保护动作，并发出相关辅助信息。

经现场检查，判断故障为 1 号站用变短路故障。

 **相关知识**

1 号站用变正常运行方式如下：

（1）一次部分。1 号站用变通过 961 断路器与 10kVⅠ段母线相连，处在运行状态，低压侧通过 401 自动空气开关与低压 380/220VⅠ段母线相连；2 号站用变通过 962 断路器与 10kVⅡ段母线相连，处在空载状态，低压侧通过 402 自动空气开关与低压 380/220Ⅱ段母线相连，站用电备自投装置投入。

（2）二次部分。1、2 号站用变配置有 RCS-9621A 成套保护装置。

 **任务实施**

根据事故处理基本原则、处理流程和相关规程，通过以上任务分析，正确写出 1 号站用变短路故障（保护装置和断路器动作正确）的处理步骤，并结合 Q/GDW 1799.1—2013《国家电网公司电力安全工作规程　变电部分》、各级调度规程和其他有关规定进行事故处理。

1 号站用变短路故障的处理步骤如下：

（1）记录事故发生时间，复归警报；记录故障现象（监控系统显示 961 断路器指示闪烁，961 断路器回路有功功率、无功功率、电流等相关表计指示均为零；告警信息窗显示的事故总信号，保护与重合闸动作信息，断路器跳闸信息）；站用电备自投装置动作，且动作成功；并及时向调度值班人员及有关人员汇报（5min 之内）。

（2）检查本站二次设备运行工况。主要检查监控机和 1 号站用变保护屏，并相互核对保护动作情况（1 号站用变过电流保护动作），同时做好相应记录，打印报告，复归 961 断路器停止闪光。

（3）穿绝缘靴，戴绝缘手套和安全帽，到现场检查 961 断路器位置（961 断路器在分闸位置）及相关设备（检查 380VⅠ段母线、1 号站用变、电缆等），检查未发现明显异常及事故。

（4）检查 1 号主变压器风冷电源已自动切换至 2 号站用变供电。

（5）经现场检查，将"1 号站用变短路故障"检查情况汇报调度和相关部门。

（6）根据调度命令，隔离 1 号站用变并转检修，做好相应的安全措施。

（7）汇报调度事故处理后的运行方式。

（8）事故处理完毕后，值班人员填写相关运行日志和事故跳闸记录，并根据事故跳闸情况、保护及自动装置的动作情况、故障录波报告以及事故处理过程，整理出详细的事故处理报告。

拓展提高

处理站用电交流电源故障的基本原则如下：

（1）若站用电交流电源发生故障全部中断时，要尽快投入备用电源，并注意首先恢复重要的负荷，以免过大的电流冲击；若在晚上则要投入必要的事故照明。

（2）处理过程中，要注意站用电交流电源对设备运行状态的影响，并对设备进行详细检修，恢复一些不能自动复归的状态。

（3）迅速查明故障原因并尽快消除。

任务 4. 6. 4　变电站直流系统接地故障

 学习目标

知识目标：

（1）熟悉变电站直流系统接地故障现象。

（2）掌握直流系统故障的处理流程和处理步骤。

能力目标：

（1）能根据故障现象查找故障。

（2）能在仿真机上进行直流系统故障的事故处理。

态度目标：

（1）能主动学习，在完成任务过程中发现问题，分析问题和解决问题。

（2）能严格遵守变电运行相关规程及规章制度，与小组成员协商、交流配合，按标准化作业流程完成学习任务。

任务分析

变电站直流系统接地故障的基本处理思路为先检查直流系统情况，再查找直流系统接地点并排除，最后恢复直流系统正常运行。

相关知识

（1）由于直流系统网络连接比较复杂，其接地情况归纳起来有以下几种：按接地极性分为正极接地和负极接地；按接地种类可分为直接接地（又称金属接地或全接地）和间接接地（又称非金属接地）；按接地的情况可分为单点接地、多点接地、环路接地和绝缘降低。

（2）造成直流接地的原因：二次回路绝缘材料不合格，绝缘性能低，年久失修，严重老化；外力破坏如磨伤、砸伤、压伤、扭伤或过电流引起的烧伤等；二次回路及设备严重污秽和受潮，接线盒进水，使直流对地绝缘严重下降；小动物侵害或小金属零件掉落在元件上造成直流接地故障；设备元件组装不合理或错误。

任务实施

根据事故处理基本原则、处理流程和相关规程，通过以上任务分析，正确写出变电站直流系统接地故障的处理步骤，并结合 Q/GDW 1799.1—2013《国家电网公司电力安全工作规程　变电部分》、各级调度规程和其他有关规定进行事故处理。

变电站直流系统接地故障的处理步骤如下：

（1）记录事故发生时间，恢复警报；记录故障现象（直流接地绝缘监测装置告警信号），汇报调度并告知监控中心。

（2）值班负责人进行分工，明确直流系统检查责任人，简要交代检查重点和内容，交代安全注意事项。

（3）检查直流系统情况：①确定站内二次回路上有无工作或设备检修试验，如有工作应立即停止工作，查询有无发生接地；②根据直流系统绝缘在线监察及接地故障定位装置的显示，查看是哪条支路接地；③判断接地极性；④检查室外端子箱、机构箱门是否关严，箱内二次回路有无受潮；⑤检查蓄电池、工作电源是否正常。

（4）将直流接地现象、现场检查工作情况、天气情况和人身安全情况向调度汇报。

（5）查找直流系统接地点并排除。在直流接地绝缘监测装置不能判明故障地点时，用分网法缩小查找范围，将直流系统分成几个不相联系的部分，但需要注意不能使保护失去电源，操作电源尽量使用蓄电池；对于不重要的直流负荷和不能转移的分路，利用瞬时停电法（每个回路断电时间越短越好，一般约为 3s）检查该路有无接地故障。

瞬时停电法查找和排除直流接地时，应按下列顺序进行：①断开现场临时工作电源；②断合事故照明回路；③断合通信电源；④断合附属设备；⑤断合充电回路；⑥断合合闸回路；⑦断合信号回路；⑧断合操作回路；⑨断合蓄电池回路。

每拉开一条支路应同时查看接地现象是否消失，如接地现象消失则该支路有直流系统接地点，应及时排除。

（6）向调度和监控中心汇报直流接地现象和直流接地处理后的运行情况。

（7）将上述情况均记录在 PMS 系统中。

（1）220kV 变电站或重要 110kV 变电站直流系统，常采用两组蓄电池和两套充电装置（简称 2+2 方式）；两段母线分列运行，分段断路器正常断开；重要负荷由两段母线分别供电，任何一段母线停电均不会使重要负荷停电，每段母线均有绝缘监察装置和电压监视装置。

（2）变电站直流系统电源故障处理注意事项：

1）若直流系统电源发生故障全部中断时，要尽快投入备用电源，并注意首先恢复重要的负荷，以免过大的电流冲击；若在晚上则要投入必要的事故照明。

2）处理过程中，要注意直流电源对设备运行状态的影响，要对设备进行详细检查，恢复一些不能自动复归的状态。

3）直流接地点的查找必须严格按现场规程进行，不得造成另一点接地或直流短路。

4）迅速查明故障原因并尽快消除。

（1）写出 SF$_6$ 断路器 SF$_6$ 压力低闭锁的基本处理步骤。

（2）写出隔离开关电气操作失灵的基本处理步骤。

(3) 写出避雷器泄漏电流值明显增大的基本处理步骤。

(4) 写出 10kV 袁张 I 回 911 线路近端相间瞬时性故障（保护装置和断路器动作正确，重合闸重合成功）的基本处理步骤。

(5) 写出 110kV 袁凤线电流互感器断路器侧 A 相永久性故障（保护装置和断路器正确动作，重合闸重合成功）的基本处理步骤。

(6) 写出 220kV 袁渝线 215 线路近端 B 相瞬时性故障（保护装置和断路器正确动作，单重重合成功）的基本处理步骤。

(7) 写出母线引接接头线夹发热的基本步骤。

(8) 写出 10kV I 段母线 AC 相相间永久性故障（保护装置和断路器动作正确，分段备自投不成功）的基本处理步骤。

(9) 写出 110kV II 段母线 AB 相相间永久性故障（保护装置和断路器正确动作）的基本处理步骤。

(10) 写出 220kV 分袁线 2142 隔离开关母线侧 B 相永久性故障（保护装置和断路器正确动作）的基本处理步骤。

(11) 写出变压器声音异常的基本处理步骤。

(12) 写出 1 号主变压器内部故障（保护装置和断路器正确动作）的基本处理步骤。

(13) 写出 2 号主变压器 110kV 侧 C 相套管闪络（保护装置和断路器正确动作）的基本处理步骤。

(14) 写出 220kV II 母电压互感器 B 相二次自动空气开关跳闸或二次熔断器熔断的基本处理步骤。

(15) 写出 220kV 袁渝线 215 电流互感器 A 相响声异常处理的基本步骤。

(16) 写出电容器温度过高的基本处理步骤。

(17) 写出 2 号电容器组引线 AB 相相间短路（保护装置和断路器动作正确）的基本处理步骤。

(18) 写出变电站站用电全部失压的基本处理步骤。

(19) 写出变电站蓄电池着火处理的基本处理步骤。

(20) 写出 2 号站用变短路故障（保护装置和断路器动作正确）的基本处理步骤。

(21) 写出变电站直流系统金属接地故障的基本处理步骤。

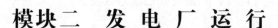

模块二 发电厂运行

发电厂是电力系统有功电源的主要来源，起着生产电能并将电能输送给电网的作用。发电厂主要由发电机及励磁系统，电力变压器（主变压器），厂用变压器，馈电线（进线、出线）和母线，隔离开关（接地开关），断路器，电压互感器 TV（PT）、电流互感器 TA（CT），避雷器及微机保护装置、自动装置、调度自动化和通信等相应的辅助设备组成。

发电厂电气运行的基本任务是给电网各用户提供优质、可靠而充足的电能，确保电力系统安全稳定运行。其主要内容有发电厂电气运行工况监控、发电厂电气设备巡视及维护、发电机-变压器组（简称发变组）异常及事故处理。

项目一 发电厂电气运行监控

项目描述

发电厂电气运行工况监视，主要学习发电厂基础知识，电气主接线及在 DCS 上的工况运行监视。

学习完本项目必须具备以下专业能力、方法能力、社会能力。

（1）专业能力：具备发电厂电气设备基础知识，了解电气主接线及 DCS 系统上各种符号的表示。

（2）方法能力：具备正确理解、分析发电机运行规程和发电厂一、二次系统运行方式的能力，具备较强的发现问题、解决问题能力。

（3）社会能力：愿意交流，主动思考，善于在反思中进步；学会服从指挥，遵章守纪，吃苦耐劳，安全作业；学会团队协作，认真细致，保证目标实现。

任务 1.1 发电厂电气运行认知

学习目标

知识目标：

（1）了解发电厂运行的概念。

（2）掌握遵守发电机运行规程及各项安全规程。

能力目标：

能正确分析发电厂运行规程，具备较强抽象思维能力。

态度目标：

能严格遵守各项运行规章制度，与小组成员协商、交流配合，按标准化作业流程完成学习任务。

 任务分析

在掌握发电厂电气运行基本知识的基础上，领会电气运行的工作制度。

相关知识

发电厂电气运行的基本任务是给电网各用户提供优质、可靠而充足的电能，确保电力系统安全稳定运行。

下面介绍发电厂电气运行内容及管理制度。

一、电气运行概述

1. 发电厂电气运行及主要内容

从事电气运行的工作人员，称为运行值班员。

电气运行是电气运行值班人员对完成电能在发电厂形成过程中的电气设备与输配线路所进行的监视、控制、操作与调节的过程。

2. 运行值班人员在电气运行中必须做到的"四勤"

（1）勤联系：在负荷增减和事故处理过程中，有关人员必须相互及时联系和配合。

（2）勤调整：对系统中的电能质量和有关设备运行的工作参数必须随时调整到规定允许值范围内。

（3）勤分析：对运行中的设备状态随时进行分析、联想和总结，以便采取更科学的对策和做到更完善的管理。

（4）勤检查：为了及时消除设备的隐患与故障，电气运行人员必须根据运行规程的规定，定时、定责、定岗的巡查对应的运行设备。

3. 电气运行的运行组织和调度原则

（1）电力系统的运行组织。电网调度机构是电网运行的组织、指挥、指导和协调的机构，负责电网的运行。目前我国的电网调度机构是五级调度管理模式，即国调、网调、省调、地调和县（市）调。

发电厂、变电站运行值班的每一个班组（或变电站控制中心的每一个班组）称为运行值班单位。

电网调度指挥系统由发电厂、变电站运行值班单位（含变电站控制中心），电网各级调度机构等组成。电网的运行由电网调度机构统一调度。根据电网调度管理条例相关规定，调度机构调度管理管辖范围内的发电厂、变电站的运行值班单位必须服从该级调度机构的调度，下级调度机构必须服从上级调度机构的调度。

（2）电力系统的调度原则。电力系统的发电、供电和用电是一个不可分割的整体。为了

保障电力系统的安全、经济运行，必须实行集中管理、统一调度。

调度机构是电网的生产运行单位，又是网局、省局、供电局的职能部门，代表网局、省局、供电局在电网运行工作中行使指挥权。各级调度在电力系统的运行指挥中是上下级关系。因此，按照下级服从上级的原则，下级调度机构制定的调度规程不应与上级调度制定的调度规程相矛盾，各发电厂和变电站的现场运行规程中涉及调度业务部分，均应取得相应调度机构的同意，如有调度规程相矛盾的条文，应根据调度规程原则予以修订。在跨省大区电网中，网调是最高调度管理机构；在省内电网中，中调是最高调度管理机构。

（3）调度的操作命令。

1）调度的操作命令分为综合令和具体令。

a. 综合令。倒闸操作只涉及一个发电厂、一个变电站或不必观察对电网影响的操作，一般下综合令。受令单位接令后负责组织具体操作，地线自理。

b. 具体令。倒闸操作涉及两个及以上单位或新设备第一次送电，一般下具体令。具体令由调度按操作票内容逐项下达。每一项操作完成，接到回令，再下达下一项，直到操作全部结束。

2）正确对待调度的操作命令。

a. 对于调度下达的操作命令，值班人员应认真执行。如对操作命令有疑问或发现与现场情况不符，应向发令人提出。

b. 发现所下操作命令将直接威胁人身或设备安全时，应拒绝执行。同时将拒绝执行命令的理由以及改正命令的建议，向发令人及本单位的领导报告，并记入值班记录中。

c. 允许不经调度许可的操作。紧急情况下，为了迅速处理事故，防止事故的扩大，允许值班人员不经调度许可执行下列操作，但事后应尽快向调度报告，并说明操作的经过及原因，主要包括：①将直接对人员生命有威胁的设备停电或将机组停止运行；②将已损坏的设备隔离；③恢复厂用电源或按规定执行保证厂用电源的措施；④当母线已无电压，拉开该母线上的断路器；⑤将解列的发电机并列（指非内部故障跳机）；⑥其他按现场运行规程的规定情况，如强送或试送已跳闸的断路器；⑦将有故障的电气设备紧急与电网解列或停止运行；⑧继电保护或自动装置已发生或可能发生误动，将其停用；⑨失去同期或发生振荡的发电机，在规定时间不能恢复同期，将其解列等。

二、电气运行的管理制度

1. 工作票制度

正常情况下（事故情况除外），凡在电气设备上的工作，均应填用工作票或按命令（口头或电话）执行的制度，称为工作票制度。工作票制度是保证检修人员在电气设备上安全工作的组织措施之一，是为避免发生人身和设备事故，而必须履行的一种设备检修工作手续。

（1）工作票的作用。工作票是批准在电气设备上工作的书面命令，也是明确安全职责，严格执行安全组织措施，向工作人员进行安全交底，履行工作许可手续，工作间断、工作转移和工作终结手续，同时实施安全技术措施等的书面依据。因此，在电气设备上工作时，必须按要求填写工作票。

（2）工作票的种类及使用范围。根据工作性质的不同，在电气设备上工作时的工作票可分为三种：第一种工作票，第二种工作票，口头或电话命令。

（3）执行工作票的程序。签发工作票→送交现场→审核把关→布置安全措施→许可工作→开工会→收工会→工作终结→工作票终结。

2．操作票制度

凡影响机组生产（包括无功）或改变电力系统运行方式的倒闸操作及机炉开、停等较复杂的操作项目，均必须填用操作票的制度称为操作票制度。

（1）操作票的作用。操作票是安全正确进行倒闸操作的依据，电气设备改变运行状态，必须使用操作票进行操作，这是防止误操作的主要措施之一。

为防止误操作，还应采取防误操作的主要组织措施和主要技术措施。

（2）操作票的填写方法。操作票由操作人根据值班调度员下达的操作任务、值班负责人下达的命令或工作票的工作要求填写，填写前操作人应了解本站设备的运行方式和运行状态，对照模拟图安排操作项目。

3．运行交接班制度

运行值班人员在进行交班和接班时应遵守有关规定和要求的制度，称为交接班制度。交接班制度是确保连续正常供给电的一项有力措施。运行值班人员在进行交接班时，要认真负责，接班要做到心中有数。只有认真执行交接班制度，才能避免因交接班不清而引发的事故。

4．运行巡回检查制度

运行值班人员在值班时间内，对有关电气设备及系统进行定时、定点、定专责全面检查的制度，称为巡回检查制度。通过巡回检查可以及时发现设备缺陷和排除设备隐患，掌握设备的运行状况和健康水平，积累设备运行资料，从而保证设备安全运行，每个运行值班人员应按各自的岗位职责，认真、按时执行巡回检查制度。巡回检查分交接班检查，经常监视检查和定期巡回检查。

5．设备定期试验与切换制度

发电厂、变电站按规定对主要设备进行定期试验与切换运行，这种制度称设备的定期试验与切换制度。通过对设备的定期试验与切换运行，以保证设备的完好性，保证在运行设备故障时备用设备能真正起到备用作用。该制度规定了设备定期试验与切换的有关要求，设备定期试验与切换的项目及周期等，设备定期试验与切换应填写操作票，应做好记录。

以上介绍的工作票制度、操作票制度、交接班制度、巡回检查制度和设备的定期试验与切换制度也就是人们常说的"两票三制"。据统计，电力系统中因工作票和操作票执行不严造成的误操作占了85％左右。

6．运行分析制度

运行分析是运行管理的主要工作，是保证安全、经济生产的重要环节。为了不断掌握生产规律，积累运行经验，提高运行管理水平，必须经常对设备的运行、操作、异常情况以及人员执行规章制度的情况等进行科学、细致和全面地分析。通过运行分析，找出薄弱环节，及时发现问题，有针对性制订防范措施，保证设备和系统的安全、经济运行。该制度规定了运行分析的内容、方法及要求，各级生产人员应认真做好运行分析工作。

7．其他制度

（1）设备缺陷管理制度。运行值班人员对发现的设备缺陷进行审核、登记、上报、处理及缺陷消除结果进行记录的制度，称为设备缺陷管理制度。该制度是为了及时消除影响安全运行或威胁安全生产的设备缺陷，提高设备完好率、保证安全生产的一项重要制度，它为编制设备检修试验计划提供了依据。该制度规定了设备缺陷的分类、缺陷的审核、缺陷记录及记录要求、缺陷的上报、缺陷的处理、缺陷处理后的验收及记录。

（2）运行管理制度。该制度规定了备品（如熔断器、电刷等）、安全用具、图纸、资料、钥匙及测量的管理要求。

（3）运行维护制度。该制度规定了对电刷、熔断器等部件的维护，按制定的维护项目、维护周期进行清扫、检查、测试。对发现的设备缺陷，运行值班人员能处理的应及时处理，不能处理的由检修人员或协助检修人员进行处理，以保证设备处于良好运行状态。

8. 电气运行规程

发电厂、变电站根据现场实际编制了本单位相应电气设备及系统电气运行规程，配置了电力系统调度规程。电气运行规程包括电气主系统、厂用电系统、发电机、变压器、电动机、配电装置、继电保护、自动装置等运行规程。这些规程是电气设备安全运行的科学总结，反映了电气设备运行的客观规律，是保证发电厂、变电站安全生产的重要技术措施，是电气运行值班人员工作的基本依据，各岗位运行人员必须掌握规程的规定条文，严格按照规程的规定进行运行调整、系统倒换、参数控制、故障处理。

9. 值班日志和运行日志

为了使值班人员及时掌握设备的运行情况，了解设备运行的历史及积累资料，值班控制室一般设有交接班记录本、倒闸操作登记本、工作票登记本、设备变更记录本、设备绝缘登记本、继电保护和自动装置定值变更本、配电盘记事本、断路器事故遮断登记本、设备缺陷登记本、熔断器更换登记本、变压器分接头位置登记本、消弧线圈分接头位置登记本等。这些统称为值班日志。

运行日志的记录是值班工作的动态文字反映，是整个运行工作中的一个重要内容。它能帮助值班人员掌握电气设备的运行参数，进行运行分析，发现设备的隐患，及时调整负荷和更改运行方式，从而保证生产任务的完成和降低消耗指标。运行值班人员应学会记录运行日志，计算有关的参数。

运行日志中的主要参数有以下几项：

（1）电量（kWh）。它包括发电量、厂用电量、受电量（指发电厂与系统并列运行时，发电厂从系统接受的电量）、送出电量等。

（2）功率（kW）。它包括发电功率、受电功率、送出功率、厂用电功率、最大负荷和最小负荷。

（3）几项指标。它包括厂用电率、负荷率、煤耗率、给水泵用电消耗、循环水用电消耗、制粉用电消耗、锅炉风机用电消耗等；主要设备的电流、温度和各母线的电压。

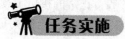 任务实施

电气运行值班流程如图 2-1-1 所示。

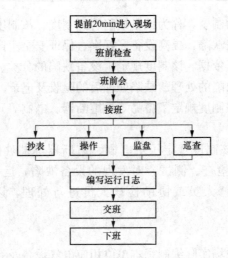

图 2-1-1　电气运行值班流程图

一、接班前的准备工作

（1）接班人员应提前 20min 进入现场。

（2）接班人员到达各控制室、设备管辖范围后，应立即开始接班前现场检查。

（3）接班人员应携带手电筒、听针等简单工具到现场进行接班前设备检查。

（4）检查的内容包括且不局限于：现场设备的泄漏情况，现场的卫生情况，设备的异常（噪声、振动、参数异常等）情况。

二、班前会

（1）上班后全班人员到中控室参加由调度长主持召开的班前会。

（2）班前会内容包括且不局限于：调度长详细介绍上几值的重要运行情况；设备异动及重要设定值变动情况；本值要进行的主要工作；安排相关岗位的值班人员；本值安全生产要注意的问题，提出存在的安全风险，布置安全措施；如部门领导参加班前会，则做必要补充；传达公司、部门有关的技术命令、技术通知及指令。

三、岗位对口交接班内容

岗位对口交接班的内容包括且不局限于：本岗位本值运行方式变动情况及目前设备运行情况；本岗位设备缺陷发生及处理情况，执行的安全措施情况；本值发生的人身或设备异常情况及其简要原因；有关技术命令、技术通知、上级指令等；需要下一班注意的其他运行事项及可能的操作内容；接班人员查阅运行日志、记录及报表；定期工作的执行情况；清点工器具、钥匙等；检查岗位卫生工作；接班人员对交班人员的口述如有不清之处，应主动提出询问，交班人员有义务耐心给予回答。

四、交接班注意事项

（1）接班时，交班人员忙于处理异常，接班方应在交班方负责人的要求下，协助交班人员工作，但必须受交班调度长统一指挥；待异常原因查明，恢复正常后，履行正常的接班手续。

（2）接班人员上班前 4h 内不能饮酒，并且接班时不应有酒气。交班方发现接班人员酒后接班，应拒绝交班并立即汇报调度长，交班调度长应要求接班方换人接班；当接班方无人接班时，交班人必须留在岗位上继续工作，直至部门领导派人接班。

（3）在完成现场检查后，如发现设备缺陷或其他疑惑应及时向上一班提出。

（4）接班时检查不认真，应当发现的问题未发现，责任、后果由接班方负责。

（5）检查所辖设备状态是否与交班记录相符，发现不符之处必须立即指出。

（6）交班人员应本着为本值负责、为接班负责的态度进行交接班。

（7）交班人员应在交班前 30min 对所辖的设备、卫生情况进行检查，确认无问题后将交班情况总结，准备向接班人员交代，双方确认无问题后，准时签字交接班。

（8）交班人员必须耐心听取并回答接班人员的询问。听取接班人员的意见或建议，主动做好本值应完成的各项工作，主动为接班人员创造良好的工作条件。

五、接班

（1）原则按岗位对口进行交接。

（2）各岗位接班前检查并确认设备、文明卫生、工器具、办公设施等符合要求后，就地签名接班，并将接班情况汇报调度长。

（3）在中控室完成接班工作。

（4）调度长收到各岗位接班前的检查情况的汇报，并确认没有问题后，宣布中控室各岗位签名接班。

某岗位不能接班时，原则上不影响中控室的交接班，应在日志上记录其详细情况。

六、拒绝接班的规定

接班人员在下列情况可拒绝接班，待交班人员处理好后再接班。

（1）交班记录不清、不全。

（2）设备状况交代不清。

（3）工器具缺失或损坏未记录。

（4）钥匙、通信（操作）工器具不全或未记录。

（5）定期工作未完成。

（6）设备、系统出现异常未处理好，原因未查明。

（7）转机设备维护不好。

（8）卫生不合格。

（9）其他责任未落实。

（10）查阅运行记录，设备缺陷记录本，发现有记录不清或不能理解之处，必须立即向交班人员询问清楚，交代不清可向上级汇报，仍不清楚，可拒绝接班。

七、接班后的工作

（1）监盘。认真监盘，精心调整，确保各系统、设备正常运行。监盘人员应保持良好的精神状态，坐姿端正。严禁监盘人员围坐聊天，做与监盘无关的事。

（2）操作。精心操作，精心调整，确保输送系统及其附属设备、斗轮机、卸船机、装船机、有关工程车辆的安全经济运行。正确使用各种安全用具。严格执行操作票制度和工作票制度。严格执行设备定期试验、轮换制度。

（3）巡回检查。按规定时间、路线、内容对所属设备进行巡回检查。巡回检查中，若发现异常情况，应及时处理，并逐级汇报上级。巡回检查中，发现的设备缺陷，应及时填写设备缺陷单，重大缺陷或不及时消除将影响设备正常运行的缺陷，应立即报告调度长，并由调度长通知检修人员尽快消除，在设备缺陷未消除之前，运行人员应加强监视并采取相应的措施。

（4）抄表化验。按规定时间正确抄好各运行记录表，定期检查或化验煤质。正确统计各经济小指标。

(5) 卫生。下班前 30min，按文明生产管理标准做好所辖设备和区域的卫生；控制室保持地面清洁，桌椅整齐，桌面清洁，各种日记本、运行等记录表及公用工器具按定置要求放置整齐。

(6) 填写运行日记。包括运行方式、设备检修备用情况、本岗位的作业与异常情况。

八、交班

交班时间到点，接班人员无异议并在运行记录本上签字后，完成交班手续。

发电厂在启动、运转、停役、检修过程中，有大量以电动机拖动的机械设备，用以保证机组的主要设备和输煤、碎煤、除灰、除尘及水处理等辅助设备的正常运行。这些电动机以及全厂的运行、操作、试验、检修、照明等用电设备都属于厂用负荷，总的耗电量，统称为厂用电。

厂用电的电量，大部分由发电厂本身供给。其耗电量与电厂类型、机械化和自动化程度、燃料种类及其燃烧方式、蒸汽参数等因素有关。厂用电耗电量占发电厂全部发电量的百分数，称为厂用电率。厂用电率是发电厂运行的主要经济指标之一。一般凝汽式电厂的厂用电率为 5%～8%。降低厂用电率可以降低电能成本，同时相应增大对系统的供电量。

厂用电负荷，根据其用电设备在生产中的作用和突然中断供电所造成的危害程度，按其重要性可分为以下四类：

(1) Ⅰ类厂用电负荷。凡是属于单元机组本身运行所必需的负荷，短时停电会造成主辅设备损坏、危及人身安全、主机停运及影响大量出力的负荷，都属于Ⅰ类负荷。如火电厂的给水泵、凝结水泵、循环水泵、引风机、送风机、给粉机等。通常，它们设有两套或多套相同的设备。这些负荷分别接到两个独立电源的母线上，并设有备用电源，当工作电源失去，备用电源就立即自动投入。

(2) Ⅱ类厂用电负荷。允许短时停电（几分钟至几个小时），恢复供电后，不致造成生产紊乱的厂用电负荷，属于Ⅱ类厂用负荷。此类负荷一般属于公用性质负荷，不需要 24h 连续运行，而是间断性运行，如上煤、除灰、水处理系统等的负荷。一般它们也有备用电源，常用手动切换。

(3) Ⅲ类厂用电负荷。较长时间停电，不会直接影响生产，仅造成生产上不方便者，都属于Ⅲ类厂用负荷。如修配车间、试验室、油处理室等负荷。通常由一个电源供电，在大型电厂中，也常采用两路电源供电。

(4) 事故保安负荷。在 200MW 及以上机组的大容量电厂中，自动化程度较高，要求在事故停机过程中及停机后的一段时间内，仍必须保证供电，否则可能引起主要设备损坏、重要的自动控制失灵或危及人身安全。这类负荷称为事故保安负荷。按对电源要求的不同，其又可分为：①直流保安负荷，如发电机的直流润滑油泵、事故氢密封油泵等；②交流不停电保安负荷，如实时控制用的计算机；③允许短时停电的交流保安负荷，如盘车电动机、交流润滑油泵、交流密封油泵、除灰用事故冲洗水泵、消防水泵等。为满足事故保安负荷的供电要求，对大容量机组应设置事故保安电源。通常，事故保安负荷是由蓄电池组、柴油发电机组、燃气轮机组或具有可靠的外部独立电源作为其备用电源。

任务 1.2　火电厂电气主接线图绘制

 **学习目标**

知识目标：

（1）在仿真环境下，各学习小组掌握火电厂仿真系统的正常运行方式及各设备平面布置。

（2）能绘制仿真火电厂主接线图，了解厂用电系统。

能力目标：

能正确分析各主接线的优缺点，具备较强抽象思维能力。

态度目标：

能严格按照电气主接线图绘制的各项要求，与小组成员协商、交流配合，按标准化作业流程完成学习任务。

 **任务分析**

认识发电厂电气主接线图的各种符号，能根据要求画出电气主接线图。

相关知识

电气主接线是发电厂的主体，是由一次设备按一定的要求和顺序连接成的电路，用于表示电能的生产、汇集和分配的电路，通常也称一次接线或电气主系统。电气主接线应满足供电的安全可靠，具有一定的灵活性，力求操作简单、运行检修方便，节省投资和年运行费用，并有发展和扩建的可能。

电气主接线图：用规定的文字和图形符号按实际运行原理排列和连接，详细地表示电气设备的基本组成和连接关系的接线图。一般画成单线图（即用单相接线表示三相交流系统），但对三相接线不完全相同的局部（如各相电流互感器的配备情况不同）则画成三线图。常见电气设备的图形符号见表 2-1-1。

表 2-1-1　　　　　　　　　　常见电气设备的图形符号一览表

序号	设备名称	图形符号	序号	设备名称	图形符号	序号	设备名称	图形符号
1	发电机	Ⓖ	6	隔离开关		11	避雷器	
2	双绕组变压器		7	带接地开关隔离开关		12	电抗器	
3	三绕组变压器		8	电压互感器		13	熔断器	
4	自耦变压器		9	电流互感器				
5	断路器		10	母线				

电气主接线作用：代表发电厂电气部分的主体结构，起着汇集电能和分配电能的作用，是电力系统网络结构的重要组成部分。电气主接线中一次设备的数量、类型、电压等级、设备之间的相互连接方式，以及与电力系统的连接情况，反映出该发电厂的规模和在电力系统中的地位。电气主接线形式对电气设备选择、配电装置布置、继电保护与自动装置的配置起着决定性的作用，也将直接影响系统运行的可靠性、灵活性、经济性。

电气主接线基本要求：

（1）保证必要的供电可靠性。发电厂和变电站是电力系统的重要组成部分，其主接线的可靠性应与系统的要求相适应。

（2）具有一定的灵活性。主接线不仅能满足在正常情况下根据调度的要求灵活的改变运行方式，而且能在各种故障和设备检修时，尽快退出设备、切除故障，使停电时间最短、影响范围最小，并且保证人员的安全。

（3）简单清晰，便于操作。主接线应力求简单，节省设备投资，尽量减少占地面积，减少年运行费用。同时，主接线应便于操作，保证维护及检修时的安全、方便。必要时还应满足扩建的要求。

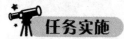

一、单元接线

单元接线是将不同的电气设备（发电机、变压器、线路）串联成一个整体，称为一个单元，然后再与其他单元并列。各种单元接线如图 2-1-2 所示。

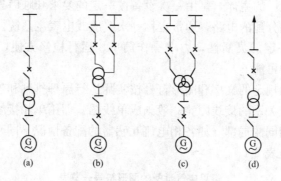

图 2-1-2　单元接线

（a）发电机—双绕组变压器单元接线；（b）发电机—自耦变压器单元接线；
（c）发电机—三绕组变压器单元接线；（d）发电机—变压器—线路组单元接线

图 2-1-2（a）为发电机—双绕组变压器组成的单元，断路器装于主变高压侧作为该单元共同的操作和保护电器，在发电机和变压器之间不设断路器，可装一组隔离开关供试验和检修时作为隔离元件。

当高压侧需要联系两个电压等级时，主变采用三绕组变压器或自耦变压器，便组成发电机—三绕组变压器（自耦变压器）单元接线，如图 2-1-2（b）、（c）所示。为了能保证发电机故障或检修时高压侧与中压侧之间的联系，应在发电机与变压器之间装设断路器。若高压侧与中压侧对侧无电源时，发电机和变压器之间可不设断路器。

图 2-1-2（d）为发电机—变压器—线路组单元接线。它是将发电机、变压器和线路直接

串联，中间除了自用电外没有其他分支引出。这种接线实际上是发电机—变压器单元和变压器—线路单元的组合，常用于1～2台发电机、1回输电线路，且不带近区负荷的梯级开发的水电站，把电能送到梯级开发的联合开关站。

发电机—变压器单元接线的特点：

(1) 接线简单清晰，电气设备少，配电装置简单，投资少，占地面积小。

(2) 不设发电机电压母线，发电机或变压器低压侧短路时，短路电流小。

(3) 操作简便，降低故障的可能性，提高了工作的可靠性，继电保护简化。

(4) 任一元件故障或检修全部停止运行，检修时灵活性差。

单元接线适用于机组台数不多的大、中型不带近区负荷的区域发电厂以及分期投产或装机容量不等的无机端负荷的中、小型水电站。

二、扩大单元接线

扩大单元接线是指采用两台发电机与一台变压器组成单元的接线，如图 2-1-3 所示。

在这种接线中，为了适应机组开停的需要，每一台发电机回路都装设断路器，并在每台发电机与变压器之间装设隔离开关，以保证停机检修的安全。装设发电机出口断路器的目的是使两台发电机可以分别投入运行，且当任一台发电机需要停止运行或发生故障时，可以操作该断路器，而不影响另一台发电机与变压器的正常运行。

扩大单元接线与单元接线相比有以下特点：

(1) 减小了主变压器和主变高压侧断路器的数量，减少了高压侧接线的回路数，从而简化了高压侧接线，节省了投资和场地。

(2) 任一台机组停机都不影响厂用电的供给。

(3) 当变压器发生故障或检修时，该单元的所有发电机都将无法运行。

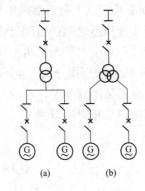

图 2-1-3　扩大单元接线

(a) 发电机双绕组变压器扩大单元接线；

(b) 发电机分裂绕组变压器扩大单元接线

扩大单元接线用于在系统有备用容量时的大中型发电厂中。

三、厂用电及其基本接线形式

(一) 厂用电的电压等级

厂用电的电压等级与电动机的容量直接相关。大容量电动机宜采用较高的电压，厂用电的电压应与采用的电动机电压相匹配。火电厂中拖动各种厂用机械的电动机，其容量差别很大，从一般的几千瓦、几十千瓦，大到几百千瓦、几千千瓦，不可能只采用一个电压等级的电动机，但应力求电压等级尽量减少。300MW 机组的火力发电厂，一般设置两个电压等级，即厂用高压（一般为 6kV）和厂用低压（400V）。100～200kW 以上的电动机采用高压。

对于 600MW 机组的厂用电，根据国内若干电厂的设置情况，可分两种方案。

方案一：厂用电采用 6kV 和 400V（或称 6.3kV 和 400V）两个电压等级。配电原则：200kW 及以上的电动机采用 6kV 电压供电，200kW 以下的电动机采用 400V 电压供电。

方案二：厂用电采用 10、3kV 与 380V（或称 10.5、3.15kV 与 400V）三个电压等级。配电原则：2000kW 及以上的电动机采用 10kV 电压供电，200～2000kW 的电动机由 3kV 电压供电，200kW 以下的电动机采用 400V 电压供电。

大型发电厂的厂用电负荷最大者是给水泵（特别是超临界压力机组）。为了提高热力系统的循环效率，给水泵一般采用汽动给水泵，此时只配一台30％容量的电动给水泵作为启动和备用，但也有全部采用电动给水泵的。究竟是否全部采用电动给水泵，对厂用电系统的接线、电压等级、厂用变压器容量的选择等都有影响。

（二）厂用电源及其引接方式

发电厂的厂用电源，必须供电可靠，且能满足电厂各种工作状态的要求，除应具有正常的工作电源外，还应设置备用电源、启动电源和事故保安电源。许多300MW及以上大容量机组电厂中都以启动电源兼作备用电源。

1. 厂用工作电源及其引接

对于大容量机组，各机组的厂用工作电源必须是独立的，是保证机组正常运行最基本的电源，要求供电可靠，而且要满足整套机炉的全部厂用负荷要求，并可能还要承担部分公用负荷。

300kW及以上机组都采用发变组单元接线，并采用分相封闭母线。机组厂用电源都从发电机至主变压器之间的封闭母线引接，即从发电机出口经高压厂用工作变压器（又简称高压厂用变或厂总变）将发电机出口电压降至所要求的厂用高压，如图2-1-4（a）所示。一般在600MW机组的厂用分支上也不装设断路器，主要是因为要求的开断电流很大，断路器难于选择，也不装隔离开关，只设可拆连接片，以供检修和调试用。为提高供电可靠性，厂用分支也都采用分相封闭母线。

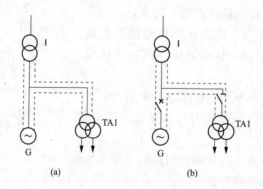

图 2-1-4　厂用工作电源的引接
(a) 发电机出口不设断路器；(b) 发电机出口设有断路器

在这种接线方式下，发电机、主变压器、厂用高压变压器（厂总变）以及相互连接的导体，任何组件故障都要断开主变压器高压侧的断路器并停机。因此，仅当发电机处于正常运行时，才能对厂用负荷供电；在发电机处于停机状态未启动时，发电机电压未建立之前或停机使电压下降时，都不能对厂用负荷供电。这说明，需要另外设置独立可靠的启动和停机用的电源。停机电源是指保证发电机安全停机的某些厂用负荷继续运行一段时间所需的电源。

如果发电机出口装有断路器〔见图2-1-4（b）〕，则发电机启动和停机时，只要断开发电机出口断路器，厂用负荷仍可从系统经主变压器，再经厂总变（即高压厂用变压器）供电低压400V。

厂用工作电源，由高压厂用母线通过低压厂用变压器引接。若高压厂用电设有10.5kV和3.15kV两个电压等级，则400V工作电源一般从10.5kV厂用母线引接。

2. 厂用备用电源与启动电源

厂用备用电源用于工作电源因事故或检修而失电时替代工作电源，起后备作用。备用电源应具有独立性和足够的供电容量，最好能与电力系统紧密联系，在全厂停电下仍能从系统获得厂用电源。

启动电源一般是指 200MW 及以上机组在启动或停运过程中，工作电源无法供电的工况下为该机组的厂用负荷提供的电源。

300MW 及以上机组的厂用电，一般采用启动电源兼备用电源的方式设置，而且一般都从系统经启动/备用变压器（简称启/备变，如果它带有厂用公用负荷，则又常简称其为公备变）引接。从 220kV 系统引接具有很高的可靠性，这种电源除起备用电源和启动电源的作用外，也承担了发电机停机电源的作用。

启动/备用变压器平时是否处于运行工况，要看其平时是否带公用负荷。一种方式是，如果全厂的公用负荷由各机组的工作变压器分担，启动/备用变压器平时不带公用负荷，则启动/备用变压器平时不投入，一次侧断开，可省去空载损耗，其容量也可减小；但工作变压器容量稍有增大，故障时动作的断路器较多，可靠性略有降低。另一种方式是，启动/备用变压器平时带有较多的公用负荷，容量较大，而工作变压器的容量相应减小，启动/备用变压器替代工作电源时，动作的断路器较少，可靠性有所提高，但启动/备用变压器将长期带电，使损耗增大。

300MW 及以上机组，一般每两台机组设一套（通常为两台）公用的启动/备用变压器。对于低压 400V 的备用电源，与低压工作电源的引接相似，也从高压厂用母线（亦称中压厂用母线）经低压变压器引接，但低压工作电源与备用电源取自高压厂用母线的不同分段上。

3. 事故保安电源

对于大容量发电机组，当厂用工作电源和备用电源都消失时，为确保在严重事故状态下能安全停机，应设置事故保安电源，以满足事故保安负荷的连续供电。

300MW 及以上单元机组的厂用备用电源（启/备变），通常接于 220V 系统，供电的可靠性已相当高，但仍需设置后备的备用电源，即事故保安电源。采用的事故保安电源通常是蓄电池组和柴油发电机。

（1）蓄电池组。蓄电池组是一种独立而十分可靠的保安电源。蓄电池组不仅在正常运行时承担控制操作、信号设备、继电保护等直流负荷，而且在事故情况下，仍能提供直流保安负荷用电，如润滑油泵、氢密封油泵、事故照明等。同时，还可经过逆变器将直流变为交流，兼作交流事故保安电源，向不允许间断供电的交流负荷供电。由于蓄电池容量有限，故不能带很多的事故保安负荷，且持续供电时间一般不超过 1h。

（2）柴油发电机。柴油发电机是一种广泛采用的事故保安电源，当失去厂用电源时，柴油发电机能在 10～15s 之内向保安负荷供电。一般每台 600MW 机组厂用负荷设置一套 400V、三相、50Hz、600～800kW 柴油发电机组，作为交流事故保安电源。当一个发电厂有两个以上单元机组时，各个单元机组的柴油发电机保安母线之间也可设置联络线，以保证互为备用。

（3）外接电源。当发电厂附近有可靠的变电站或者有另外的发电厂时，事故保安电源还可由附近的变电站或发电厂引接，作为第三备用电源。

（三）厂用电基本接线形式

厂用电基本接线形式合理与否，对机、炉、电的辅机以及整个发电厂的工作可靠性有很大影响。

300MW 及以上机组通常都为一机一炉单元式设置，采用机、炉、电为单元的控制方式，因此厂用系统也必须按单元设置，各台机组单元（包括机、炉、电）的厂用电系统必须是独立的，而且采用多段（两段或四段）单母线供电。

1. 高压厂用电系统基本接线

高压厂用电系统，是指厂总变和启/备变以下 3～10kV 电压等级的厂用电系统。300MW 及以上单元机组高压厂用电系统的接线，与采用的电压等级数、厂总变的型式和台数、启/备变的型式和台数、启/备变平时是否带公用负荷等因素有关。国内 600MW 机组电厂的高压厂用系统接线，基本上可分两种。

第一种接线，高压厂用电采用 6kV 一个电压等级，设置一台高压厂用三相三绕组（或分裂绕组）的工作变压器、两台三相双绕组启/备变，启/备变平时带公用负荷，接线如图 2-1-5 所示。这种厂用电接线的主要特点是：

（1）单元（机、炉、电）厂用负荷由两段高压厂用母线（1A 和 1B）分担，正常运行由厂总变供电，有双套或更多套设备的，可均匀地分接在两段母线上，以提高可靠性。厂总变不带公用负荷，故其容量较小。

（2）公用负荷由两段厂用公用母线分担。正常运行时，两台启/备变各带一段公用母线（亦称公用段），两段公用母线分开运行。由于该厂的启/备变经常带公用负荷，故也称其为"公备变"。

（3）当一台启/备变停役或由于其他设备有异常使一台启/备变不能运行时，可由另一台启/备变带两段公用母线。因此，对公用负荷而言，两台启/备变是互为备用的电源。

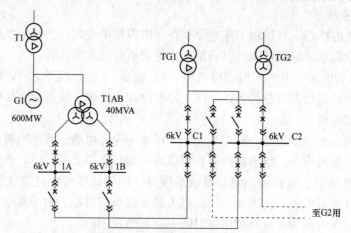

图 2-1-5　600MW 机组高压厂用电系统接线（一）

在这种接线方式中，三相三绕组（或分裂绕组）工作变压器也可用两台三相双绕组工作变压器所代替，但需做技术经济比较。

第二种接线，如图 2-1-6 所示。每个机组单元设置两台三绕组或分裂绕组的工作变压器（厂总变），每两台机组设公用的两台三绕组或分裂绕组变压器作启动兼备用变压器进行切换接通，代替故障的工作电源（厂总变），承担全部厂用负荷。

这种接线的特点是，工作电源经两台三绕组或分裂绕组变压器，分接至四段高压厂用母线，既带机组单元负荷，又带公用负荷。启/备变平时不带负荷。

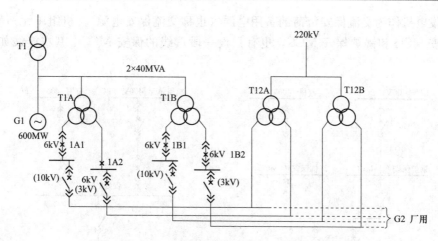

图 2-1-6 600MW 机组高压厂用电系统接线（二）

这种高压厂用电系统接线形式，既可用于采用 6kV 一个电压等级的接线，也可用于采用 10.5kV 和 3.15kV 两个电压等级的高压厂用电系统接线。

2. 400V 厂用电系统基本接线

600MW 机组单元低压厂用电系统，其工作电源和备用电源都从高压厂用母线上引接，对于设有 10.5kV 和 3.15kV 两级高压厂用电的，一般从 10.5kV 母线上引接。

400V（或 380V）低压厂用电系统，通常在一个单元中设有若干个动力中心（简称代）和由代供电的若干个电动机（马达）控制中心（MCC）。一般容量在 75～200kW 之间的电动机和 150～650kW 之间的静态负荷接于动力中心（PC），容量小于 75kW 的电动机和小功率加热器等杂散负荷接于电动机控制中心（MCC）。从电动机控制中心又可接出至车间就地配电屏（PDP），供本车间小容量杂散负荷。

400V 各动力中心，如汽轮机 PC、锅炉 PC、除灰 PC、水处理 PC 等，它们的基本接线为单母线分段，如图 2-1-7 所示。

每一个 400V 的 PC 单元设两段母线，每段母线通过一台低压厂用变压器（简称低厂变）供电，两台变压器的高压侧分别接至厂用高压母线的不同分段上。两段低压母线之间设一台联络断路器。工作电源与备用电源之间的关系，采用暗备用方式，即两台低压厂变互为备用。一台低压厂变故障或其他原因停运时，另一台低压厂变能满足同时带两段母线的负荷运行的要求。也就是说，一台低压厂变退出工作后，可合上两段母线的联络断路器，由另一

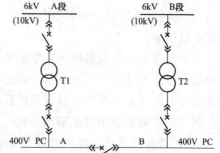

图 2-1-7 厂用电 380V 动力中心接线

台低压厂变带两段母线的负荷。但在正常运行时，一般两台低压厂变是不能并联工作的，即不可合上联络断路器，因为 PC 的所有设备的短路容量均按一台低压厂变提供的短路电流选择的。

3. 400V 保安 MCC 基本接线

失去正常厂用电时，会危及机组主、辅机安全，造成永久性损坏的负荷，即机组的保安负荷，由专门设置的保安电动机控制中心（MCC）对其集中供电。300MW 及以上机组通常

设置柴油发电机作为交流保安负荷的备用电源（也称交流保安电源）。机组单元一般设置有汽轮机保安 MCC 和锅炉保安 MCC，也有只设一段母线的保安 MCC，基本接线如图 2-1-8 所示。

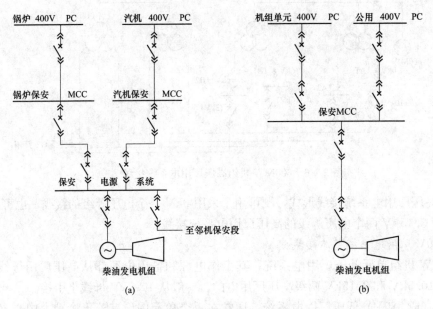

图 2-1-8　交流保安 MCC 接线

图 2-1-8（a）中保安 MCC 每段有两个电源。正常运行时，每段保安 MCC 由机组单元低压厂用动力中心供电；当保安 MCC 失电时，柴油发电机自动投入，一般 15s 内可向失电的保安 MCC 恢复供电。图 2-1-8（b）中保安段母线有三路电源，即机组单元厂用 PC、公用 PC、柴油发电机。正常运行时，由机组单元厂用 PC 供电；当保安 MCC 母线失电时，自动切换至公用 PC 供电，同时启动柴油发电机。如果柴油发电机电压已达到额定值（约经 10s），而保安 MCC 母线仍然为低电压，则由柴油发电机发出切除公用 PC 供电命令，改由柴油发电机供电。

为了确保柴油发电机处于完整的备用状态，对柴油发电机应定期进行带负荷试验。柴油发电机一般不允许在厂用电系统并列运行（防止短路容量超过 400V 开关设备的额定值），因此柴油发电机还必须配置一套试验负荷装置。

四、厂用电系统中性点接地方式

（一）高压厂用电系统的中性点接地方式

高压（3、6、10kV）厂用电系统中性点接地方式的选择，与接地电容电流的大小有关。当接地电容电流小于 10A 时，可采用高电阻接地方式，也可采用不接地方式；当接地电容电流大于 10A 时，可采用中电阻接地方式，也可采用电感补偿（消弧线圈）或电感补偿并联高电阻的接地方式。目前 300MW 及以上机组电厂的高压厂用电系统多采用中性点经电阻接地的方式。

1. 高压厂用电系统采用中性点不接地方式的主要特点

（1）发生单相接地故障时，流过故障点的电流为较小的电容性电流，且三相线电压仍基本平衡。

（2）当高压厂用电系统的单相接地电容电流小于 10A 时，一般允许继续运行 2h，为处理这种故障争取了时间。

（3）当高压厂用电系统的单相接地电容电流大于 10A 时，接地处的电弧（非金属性接地）不易自动消除，将产生较高的电弧接地过电压（可达额定相电压幅值的 3.5 倍），并易发展为多相短路。故接地保护动作时跳闸，中断对厂用设备的供电。

（4）实现有选择性的接地保护比较困难，需要采用灵敏的零序方向保护。以往采用反应零序电压的母线绝缘监视装置，在发现接地故障时，需对馈线逐条拉闸才能判断出故障回路。

（5）无须中性点接地装置。这种中性点不接地方式应用在单相接地电容电流小于 10A 的高压厂用电系统中比较合适。但为了降低间隙性电弧接地过电压水平和便于寻找接地故障点，采用中性点经高电阻或中电阻接地方式更好。

2. 中性点经高电阻或中电阻接地的主要特点

（1）选择适当的电阻，可以抑制单相接地故障时非故障相的过电压倍数不超过额定相电压幅值的 2.6 倍，避免故障扩大。

（2）当发生单相接地故障时，故障点流过固定的电阻性电流，有利于确保馈线的零序保护动作。

（3）接地总电流小于 15A 时，保护动作于信号；接地总电流大于 15A 时，改为中电阻接地方式，保护动作于跳闸。

（4）需增加中性点接地装置。

（二）低压厂用电系统中性点接地方式

低压厂用电系统中性点接地方式主要有两种，即中性点直接接地方式和中性点经高电阻接地方式。600MW 机组单元厂用 400V 系统，多采用中性点经高电阻接地的方式，但也有采用中性点直接接地方式的。

低压厂用电系统经高电阻接地的主要特点是：

（1）当发生单相接地故障时，可以避免断路器立即跳闸和电动机停运，也不会使一相的熔断器熔断造成电动机两相运行，提高了低压厂用电系统的运行可靠性。

（2）当发生单相接地故障时，单相电流值在小范围内变化，可以采用简单的接地保护装置，实现有选择性的动作。

（3）必须另外设置照明、检修网络，需要增加照明和其他单相负荷的供电变压器，但也消除了动力网络和照明、检修网络相互间的影响。

（4）不需要为了满足短路保护的灵敏度而放大馈线电缆的截面。

（5）接地电阻值的大小以满足所选用的接地指示装置动作为原则，但不应超过电动机带单相接地运行的允许电流值（一般按 10A 考虑）。

在变压器 380V 侧中性点连接 44Ω 接地电阻，并可在变压器的进线屏上控制，以改变接地方式（不接地或经电阻接地两种）。中性点还经常接一只电压继电器，用来发出网络单相接地故障信号。信号发送到运行人员值班处，运行人员获悉信号后，首先到中央配电装置室投入接地电阻（当原来是不接地方式运行时），屏上高电阻接地指示灯发亮的回路，即为发生接地的馈线。如故障发生在去车间的干线上，运行人员应到车间配电盘检查。当某一支路的高电阻指示灯发亮时，即表明该支路发生接地。若所有支路都未发现接地故障，即说明接地发生在车间配电盘母线上。此外，为了防止变压器高、低压绕组间绝缘击穿或 380V 网络中产生感应过电压，在 380V 侧中性点上，与接地电阻并列装设一只击穿熔断器。

五、厂用电源的切换

前已述及，厂用负荷设有两个电源，即工作电源和备用电源。在正常运行时，厂用负荷母线由工作电源供电，而备用电源处于断开状态。

对于大容量机组，由于采用发变组单元接线，机组单元的厂用工作电源从发电机出口引接，而发电机出口一般又不装设断路器为了发电机组的启动，尚需设置启动电源，并将启动电源兼作备用电源。在此情况下，机组启动时，其厂用负荷需由启/备变供电，待机组启动完成后，再切换至由工作电源（接至发电机出口的工作变压器）供电；而在机组正常停机（计划停机）时，停机前又要将厂用负荷母线从工作电源切换至备用电源供电，以保证安全停机。此外，在厂用工作电源发生事故（包括高压厂用工作变压器、发电机、主变压器、汽轮机等事故）而被切除时，又要求备用电源尽快自动投入。因此，厂用电源的切换在发电厂中是经常发生的。

对于 300MW 及以上机组电厂的厂用工作电源与事故备用电源之间的切换有很高的要求。其一，厂用电系统的任何设备（电动机、断路器等）不能由于厂用电的切换而承受不允许的过负荷和冲击；其二，在厂用电切换过程中，必须尽可能地保证机组的连续输出功率、机组控制的稳定和机炉的安全运行。

厂用电源的切换方式，除按操作控制分手动与自动外，还可按运行状态、断路器的动作顺序、切换的速度等进行区分。

1. 按运行状态区分

（1）正常切换。在正常运行时，由于运行的需要（如开机、停机等），厂用母线从一个电源切换到另一个电源，对切换速度没有特殊要求。

（2）事故切换。由于发生事故（包括单元接线中的厂总变、发电机、主变压器、汽轮机和锅炉等事故），厂用母线的工作电源被切除时，要求备用电源自动投入，以实现尽快安全切换。

2. 按断路器的动作顺序区分

（1）并联切换。在切换期间，工作电源和备用电源是短时并联运行的，它的优点是保证厂用电连续供给，缺点是并联期间短路容量增大，增加了断路器的断流要求。但由于并联时间很短（一般在几秒内），发生事故的概率低，所以在正常的切换中被广泛采用。应注意观测工作电源与备用电源之间的差拍电压和相角差。

（2）断电切换（串联切换）。其切换过程是，一个电源切除后才允许投入另一个电源。一般是利用被切除电源断路器的辅助触点去接通备用电源断路器的合闸回路。因此厂用母线会出现一个断电时间，断电时间的长短与断路器的合闸速度有关。其优缺点与并联切换相反。

（3）同时切换。在切换时，切除一个电源和投入另一个电源的脉冲信号同时发出。由于断路器分闸时间和合闸时间的长短不同以及本身动作时间的分散性，在切换期间，一般有几个周波的断电时间，但也有可能出现 1～2 周波两个电源并联的情况。所以在厂用母线故障及在母线供电的馈线回路故障时应闭锁切换装置，否则投入故障供电网会因短路容量增大而有可能造成断路器爆炸的危险。

3. 按切换速度区分

（1）快速切换。快速切换，一般是指在厂用母线上的电动机反馈电压（即母线残压）与待投入电源电压的相角差还没有达到电动机允许承受的合闸冲击电流前合上备用电源。快速切换的断路器动作顺序可以是先断后合或同时进行，前者称为快速断电切换，后者称为快速同时切换。

（2）慢速切换。慢速切换主要是指残压切换，即工作电源切除后，当母线残压下降到额定电压的 20%～40% 后合上备用电源。残压切换虽然能保证电动机所受的合闸冲击电流不致过大，但由于停电时间较长，对电动机自启动和机、炉运行工况产生不利影响。慢速切换通常作为快速切换的后备切换。

国内大容量机组厂用电源的切换中，正常切换一般采用并联切换，事故切换一般采用断电切换，而且切换过程不进行同期检定，在工作电源断路器跳闸后，立即联动合上备用电源断路器。这是一种快速断电切换，但实现安全快速切换的一个条件是，厂用母线上电源回路断路器必须具备快速合闸的性能，断路器的固有合闸时间一般不要超过 5 个周波（0.1s）。在有的电厂中，事故切换也采用快速同时切换。

拓展提高

一、交流不停电电源系统

交流不停电电源 UPS（Uninterruptible Power System）一般为单相或三相正弦波输出，为机组的计算机控制、数据采集系统、重要的炉机电保护、测量仪表及重要电磁阀等负荷提供与系统隔离，防止干扰的、可靠的不停电交流电源。

交流不停电电源（UPS）是由整流器、逆变器、静态开关、调压器等主要部件组成。UPS 系统典型接线如图 2-1-9 所示。

UPS 系统运行方式为：

（1）正常运行方式。在正常运行方式下，输入电源来自保安 MCC 的 400V 交流母线，经整流器 U1 转换为直流，再经逆变器 U2 变为 200V 交流，并通过静态切换开关送至 UPS 主母线。

（2）当整流器故障或正常工作电源失去时将由 220V 蓄电池直流系统母线通过闭锁二极管经逆变器转换为 220V 交流，继续供电。

（3）在逆变器故障时，通过静态切换开关自动切换到由旁路系统供电。旁路系统电源，来自保安 MCC（或 400V PC），经隔离降压变

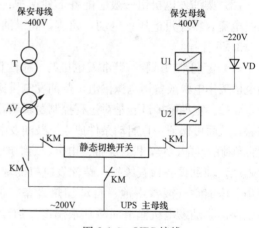

图 2-1-9 UPS 接线

压器 T，再经调压器 AV（调压变压器或自动调压器）和静态切换开关送至 UPS 主母线。

（4）当静态切换开关需要维修时，可手动操作旁路开关，使其退出，并将 UPS 主母线切换到旁路交流电源系统供电。

二、事故保安电源

（一）柴油发电机组

1. 概述

柴油发电机组不受电力系统的影响，具有工作的独立性，所以在 300MW 及以上发电机组中，都配备了专用柴油发电机组作为事故保安电源。

当厂用电因某种原因突然失去（或 400V 保安电源 MCC 失电），而备用电源短时又不能快速恢复投用时，柴油发电机组须快速启动向 400V 保安电源 MCC 供电，以确保机组安全停机和向正常进行事故处理的负荷供电，如汽轮机盘车电动机及其轴承润滑油泵和顶轴油泵、汽轮机润滑油系统事故冷却水泵电源（开式水事故泵）、小汽轮机的主油泵、发电机密封油泵、锅炉扫描冷却风机、空预器电动机及润滑油泵、UPS 装置、直流系统充电器、汽轮机、锅炉热力设备保安用阀门挡板电源、通信系统及主要生产场所的事故照明等。

总之，柴油发电机组应在由于电网原因或机组本身原因造成厂用电中断的情况下，迅速按要求向机组重要的保安设备供电，以避免主机设备损坏或引起其他恶性事故而给生产恢复造成巨大的影响。

2. 柴油发电机组系统的技术要求

（1）柴油发电机组系统是以柴油发电机作为独立的不受外界电网影响的电源，在厂用电中断时要求快速启动以保证机组安全停机，因此要求其具备以下特点：①柴油发电机组在接到启动信号后，能够自动启动、升速、励磁、调压带负荷、调速及手动/自动控制，一般还要求 10s 内达到满速，15s 后可加载至额定功率的 25%，20s 后加载到额定功率的 50%，30s 后加载到额定功率。加载顺序由柴油发电机组自动控制装置根据柴油机的调速特性实现。②柴油发电机容量必须满足所供给的保安电源负荷之和，且能够满足保安负荷最大的旋转负荷自启动的要求。③柴油发电机作为独立的电源系统，与保安电源供电系统互相切换所采用的转换开关必须具有自动互相闭锁或采用同期并列方式。④柴油发电机的燃油必须实现自动补充，能带额定负荷连续运行数小时。⑤柴油发电机组自启动后必须迅速实现自身冷却系统的正常运转。

（2）柴油发电机组一般应配备下列保护：低电压，过电压，低频率，逆功率，失磁，低压过电流，零序过电压，差动，超速，润滑油压低，冷却水温高，润滑油温高等保护。

3. 运行维护

（1）定期维护试验。柴油发电机的可靠性直接关系到主机设备的安全。在正常情况下，厂用电由工作电源或备用电源供电，柴油发电机处于热备用状态，因此平时的定期维护试验是十分重要的。定期维护试验是对过程控制逻辑回路进行检查，是对其辅助设备自投或自动装置的校验，从而可保证一旦启动条件成立，柴油发电机组即可快速自启动。有的电厂还进行柴油发电机带负荷的性能试验，即在柴油发电机定期维护试验时，与系统并列，进行带负荷性能试验。

（2）辅助设备检查维护。柴油发电机的辅助设备有供油泵、润滑油泵、冷却水泵或冷却风扇、压缩空气或蓄电池、自动加热设备、油（水）冷却装置等。这些设备应处于自动状态，保证柴油发电机润滑油冷却水温度、启动用压缩空气（或直流电压）、储备油箱等均在要求范围内，以达到快速、可靠启动的目的，为此需要定期对这些辅助设备进行检查、校验自动投入定值和进行自启动试验。为了保证在环境温度较低（一般低于 20℃）时，备用中的柴油发电机组能快速启动，润滑油加热器、冷却水加热器应自动可靠投入，使其冷却介质温度保持在一定的温度（一般为 49℃）以上，从而使得柴油发电机在启动时能使各机构运动部件之间快速建立油膜，形成良好的活动间隙，这一点在冬季尤其重要。

（二）蓄电池直流系统

发电厂的直流系统，主要用于对开关电器的远距离操作、信号设备、继电保护系统、自动装置及其他一些重要的直流负荷（如事故油泵、事故照明和不停电电源等）的供电。直流系统是发电厂厂用电中最重要的一部分，应保证在任何事故情况下都能可靠和不间断地向其用电设备供电。

在 300MW 及以上机组的大型发电厂直流系统中，采用蓄电池组作为直流电源。蓄电池组是一种独立可靠的电源，在发电厂内发生任何事故甚至在全厂交流电源都停电的情况下，仍能保证直流系统中的用电设备可靠而连续的工作。

1. 直流系统电压的选择

（1）控制负荷专用的蓄电池组（对网控室可包括事故照明）采用 110V。

（2）动力负荷和直流事故照明负荷专用的蓄电池组采用 220V。

（3）控制负荷、动力负荷和直流事故照明共享的蓄电池采用 220V 或 110V。

（4）对强电回路蓄电池组采用 220V 或 110V。

国内发电厂的直流电压大多为 220V，新建发电厂也有采用 110V 和 220V 两种电压的。

2. 直流系统的接线方式

（1）单回路集中供电。这种供电方式的主要供电对象是事故照明、不经常使用的负荷及部分较次要的直流负荷。单回路集中供电系统接线图如图 2-1-10 所示。

影响直流系统运行的主要因素是系统绝缘，而绝缘的电阻值大小一方面取决于设备本身的绝缘，另一方面则与负荷电缆的长度与出线的多少有关。不难理解，负荷电缆越长，根数越多，导致系统绝缘下降的可能性越大。

因此，在可能的情况下，对一些不常用的，如事故照明及不重要的负荷，应尽量采用单回路集中供电方式，即由一路电缆集中供电而不要一一分开。

这种供电方式的致命缺点是当该路电缆出线发生故障时，将导致这部分负荷失去直流电源。

（2）单回路独立供电。汽轮机组的直流油泵及全厂事故警报等负荷采用这种供电方式。直流油泵虽然不需经常运行，但在关键时刻必须保证供电，否则将对汽轮机安全产生严重威胁。因而，虽然只是一台直流电动机，也应由专用独立电源供电，以提高其供电的可靠性。

（3）双回路集中供电。这种供电方式使用较普遍。其主要供电对象是操作回路、保护回路及信号回路，这些负荷又比较集中，例如主控制室、集中控制室、配电装置等。双回路集中供电系统接线图如图 2-1-11 所示。

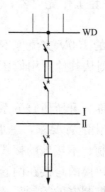 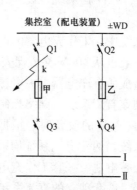

图 2-1-10　单回路集中供电系统接线图　　图 2-1-11　双回路集中供电系统接线图

（4）辐射供电回路。对于大机组的发电厂，蓄电池组按机组配置。为保证设备供电更为可靠，可采用辐射式供电系统。该方式有以下优点：

1）减少了干扰源（主要是感应耦合和电容耦合）。

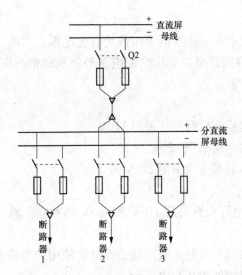

图 2-1-12 直流分电屏辐射式供电系统接线图

2）一个设备或系统由 1～2 条馈线直配供电，当设备检修或调停时，可方便地退出且不影响其他设备。

3）便于寻找接地故障。为了简化供电网络，减少馈线电缆数量，可在靠近配电装置处设直流分电屏，每一分电屏由两组蓄电池各用一条馈线供电。断路器等的电源由分电屏引接。直流分电屏辐射式供电系统接线图，如图 2-1-12 所示。

3. 直流电源系统的设置

在有大机组的电厂中通常设有多个彼此独立的直流系统。例如，单元控制室直流系统、网络控制室直流系统（又称升压所或升压站直流系统）和输煤直流系统等。

对于 300MW 及以上机组的大型电厂，单元控制室和升压所直流系统的设置，应满足继电保护装置主保护和后备保护由两套独立直流系统供电的双重化配置原则。

（1）单元控制室直流系统。单元控制室直流系统，一般每台发电机组设置两套 110V（或 115V）直流电源系统，统称为 110V 直流系统，为继电保护系统、控制操作系统、信号设备及自动装置等直流负荷供电。其主要负荷是控制操作回路设备，故电厂中又常称这种直流电源为操作电源。除设置 110V 直流系统外，每一台机组另设一套 220V（或 230V）直流系统，为发电机组事故润滑油泵、事故氢密封油泵汽动给水泵的事故润滑油泵、不停电电源系统（UPS）及控制室的事故照明等直流动力负荷供电。220V 直流系统的特点是，平时运行负荷很小，而机组事故时负荷很大。两套 110V 直流系统和一套 220V 直流系统均采用单母线、两线制不接地系统。每套直流系统均设有相应电压的一组铅酸蓄电池。两套 100V 直流系统各配置一套蓄电池、一套充电器，另设一套可切换的公共备用充电器，跨接在两直流系统的母线上。220V 直流系统，设一组蓄电池，配置一套工作充电器，另设一套备用充电器。

上述各直流系统中，工作充电器的电源均从相应机组的 400V 交流保安母线引接；备用充电器的电源，一般也从 400V 交流保安母线引接，有的则从其他厂用低压母线上引接，以防保安母线故障造成所有充电器失去电源。

（2）网络控制室直流系统。网络控制室直流系统又常称为升压所直流系统，当发电厂升压所的控制对象有 500V 的设备时，根据保护与控制双重化配置要求，一般设置两套 110V（或 220V）直流系统。两套直流系统均采用单母线、二线制、不接地的接线方式。两套直流系统配置一组铅酸蓄电池、一套工作充电器，另设一套可切换的跨接在两套直流系统母线上的公共备用充电器。两套独立的直流系统一起用于向网络控制室的控制系统、保护系统、信号系统等直流负荷供电。

对于升压所的 110V 直流系统，其接线形式及有关的技术条件等参数通常与单元控制室的 110V 直流系统相同；不同之处在于升压所 110V 直流系统的充电电源，接自升压所的低压厂用母线。

（3）输煤直流系统一般有 6kV（或 3kV）交流配电装置，为了便于对其集中管理、提高可靠性并与其他直流电源不相干扰，相应地设置了输煤直流系统。

输煤直流系统一般为 110V 单母线、两线制不接地系统，设置一组蓄电池配置两套充电器（一套工作、另一套备用）。输煤直流系统对防酸要求较高，因此多采用封闭式铅酸蓄电池或镍镉蓄电池。

4. 蓄电池组的运行方式

蓄电池组的运行方式有两种，即充放电方式与浮充电方式。电厂中的蓄电池组普遍采用浮充电方式运行。

（1）浮充电方式运行的特点。充电器经常与蓄电池组并列运行，充电器除供给直流负荷外，还以较小的浮充电电流向蓄电池组进行浮充电，以补偿蓄电池的自放电损耗，使蓄电池经常处于完全充足电的状态；当出现短时大负荷时，例如断路器合闸、许多断路器同时跳闸、启动直流电动机或者直流事故照明时，则主要由蓄电池组以大电流放电来供电；而硅整流充电器一般只能提供略大于其额定输出的电流值（由其自身的限流特性决定）。

浮充电流数值虽不大，但因长期运行，选大了会过充电，造成正极板脱落物增加而提前损坏；选小了则造成欠充电，使负极板脱落物增加，以及硫化而造成电池容量降低。为了使电池经常处于良好状态，应认真进行监视和调节，使浮充电流的大小经常保持在要求值，以维持母线电压。蓄电池浮充电流的大小与下列因素有关：①电池的新旧程度；②电解液的浓度和温度；③电池的绝缘情况；④电池局部放电的大小；⑤浮充时负荷的变化；⑥浮充前电池的状态。

（2）均衡充电。按浮充电方式运行的蓄电池组，每运行一段时间（2～3 个月）应进行一次均衡充电，即用比浮充电压更高一些的电压充电一段时间。其目的是消除由于控制的浮充电电流可能偏小而造成极板出现硫化的危险。也可以说，定期进行均衡充电，是为了保持极板有效物质的活性。

均衡充电一次的持续时间，既与均衡充电电压大小有关，也与蓄电池的类型有关。例如铅酸蓄电池，浮充电方式运行下，一般每季进行一次均衡充电。充电时间长短与每只蓄电池均衡充电电压有关。通常均衡充电的方法和持续时间要按生产厂家说明而定。

5. 直流系统的运行监视

为了能及时发现并消除电压波动或绝缘降低引起的异常运行，在直流系统中应装设绝缘监视装置、电压监视及调节装置。

（1）绝缘监视装置。当直流系统发生一点接地而不伴随其他故障时，对直流系统的运行不会产生任何危害，但带电接地不允许长期运行。因为一旦另一点再发生接地，极有可能造成保护、信号回路或控制回路的误动或拒动。因此，及时发现直流系统的一点接地并隔绝或消除是非常必要的。为此，在直流系统中应设置绝缘监视装置。

绝缘监视装置用以监视和测量直流系统的绝缘情况，每组直流母线必须装设一套。

（2）电压监视装置。直流系统电压的高低是衡量直流系统能否正常工作的另一重要标志。直流电压过高时，会引起用电设备的损坏；直流电压过低时，会降低继电保护和自动装置的灵敏度，甚至会造成保护拒动（如断路器的跳、合闸对直流电压就有一个最低允许值要求）。因此，必须保证直流系统的电压运行在一定范围内。在一般情况下，允许 220V 直流母线电压的运行范围为 225V±5V，有些厂还规定了更明确的范围为 227～231V。所以，要求运行人员能经常监视直流母线电压的变化情况并及时进行调节。

但是，由于种种因素，直流电压还是可能发生异常，为此应设置电压监视装置。现场规定，一般低限为 210V，高限约为 240V。当直流系统出现电压过高或过低时发出信号，运行人员应立即检查电压，并根据各厂设备情况和具体规定采取恢复电压的措施。

6. 蓄电池和整流装置的检查和监视

每天由专职人员检查蓄电池一次，并顺序抽查测量部分蓄电池电压和电解液的密度，进行记录。运行值班员每月对全部蓄电池测量电压一次，每天对蓄电池检查一次。运行中的监视和操作注意事项：

(1) 正常运行时，直流母线电压应维持在规定范围内。

(2) 应利用绝缘监察装置经常测量直流系统的绝缘电阻。

(3) 一般不宜将同一电压等级的两组蓄电池或充电装置长时间并列运行。

(4) 不允许以整流器作为电源单独向负荷供电。

(5) 晶闸管整流器不允许过负荷运行。

(6) 当直流系统有两段母线并列运行时，只允许投入一套监视装置。

(7) 凡由双回路供电的环状回路，或与其他设备在受电侧有联络者，无论其电源侧是否在同一母线，均应各自送电，在受电侧开环；开环后，应使两路馈线所带负荷尽量均匀。若受电侧无法开环者，以一路电源送电为宜。

任务 1.3　火电厂主要设备运行工况的监控

学习目标

知识目标：

(1) 掌握发电机、电动机等主要电气设备额定运行方式下的主要参数，熟悉 300MW、600MW 发电厂正常运行监控内容。

(2) 了解火电厂正常运行方式及各电气设备额定运行方式下的主要参数。

能力目标：

(1) 能正确理解、分析火电厂主接线图、厂用电系统接线图、直流系统接线图等。

(2) 形成发电厂运行监控基本思路，具备较强抽象思维能力。

态度目标：

能严格遵守发电厂电气运行操作规程及各项安全工作规程，与小组成员协商、交流配合，按标准化作业流程完成学习任务。

任务分析

了解发电厂电气设备主要技术参数，根据电气设备参数情况准确判断电气设备的运行状况，能够及时处理各种简单故障。

 **相关知识**

一、发电机主要技术参数

（1）铭牌。铭牌是制造厂向使用单位介绍产品的特点和额定运行数据用的。其所标的容量、电压、电流温升均为额定值。

（2）额定容量。额定容量是指发电机长期安全运行的最大允许输出的视在功率，单位为kVA、MVA。

（3）额定电压。额定电压是指发电机长期安全工作的最高线电压，单位为 kV 等。

（4）额定电流。额定电流是指发电机正常连续运行的最大工作电流，单位为 A、kA 等。

（5）同步。同步是指发电机的定子磁场和转子磁场以相同的方向、相同的速度旋转，$n=60f/p$（n 为转速，f 为频率，p 为极对数）。

（6）功率因数。功率因数是指有功功率和视在功率的比值。

（7）额定转速。额定转速是指发电机为了维持交流电的频率为 50Hz 时所需要的转速，单位为转/分（r/min）。

（8）额定频率。我国规定额定频率为 50Hz。

（9）额定温升。额定温升是指运行中发电机定子绕组和转子绕组允许比环境温度升高的温度。我国规定环境温度以 40℃计算。

二、变压器主要技术参数

变压器主要技术参数有额定容量 S_N、额定电压 U_N、额定电流 I_N、额定温升 ζ_N、阻抗电压百分数 $U_k\%$，都标在变压器的铭牌上。此外，在铭牌上还标有相数、接线组别、额定运行时的效率及冷却介质温度等参数或要求。

1. 额定容量 S_N

额定容量是设计规定的在额定条件使用时能保证长期运行的输出容量，单位为 kVA 或 MVA。对于三相变压器而言，额定容量是指三相总的容量。

对于双绕组变压器，一般一、二次侧的容量是相同的。对于三绕组变压器，当各绕组的容量不同时，变压器的额定容量是指容量最大的一个（通常为高压绕组）的容量，但在技术规范中都写明三侧的容量。例如，某厂总变的额定容量为 48/36/12MVA，一般就称这个厂总变的额定容量为 48MVA。

2. 额定电压 U_N

额定电压是由制造厂规定的变压器在空载时额定分接头上的电压，在此电压下能保证长期安全可靠运行，单位为 V 或 kV。当变压器空载时，一次侧在额定分接头处加上额定电压 U_{1N}，二次侧的端电压即为二次侧额定电压 U_{2N}。对于三相变压器，如不做特殊说明，铭牌上的额定电压是指线电压；而单相变压器是指相电压。

3. 额定电流 I_N

变压器各侧的额定电流是由相应侧的额定容量除以相应绕组的额定电压计算出来的线电流值，单位为 A 或 kA。

对于单相双绕组变压器，一次侧额定电流为 $I_{1N}=S_N/U_{1N}$，二次侧额定电流为 $I_{2N}=S_N/U_{2N}$。

对于三相变压器，如不做特殊说明，铭牌上标的额定电流是指线电流。

4. 额定频率 f_N

我国规定标准工业频率为 50Hz，故电力变压器的额定频率都是 50Hz。

5. 额定温升 ζ_N

变压器内绕组或上层油的温度与变压器外围空气的温度（环境温度）之差，称为绕组或上层油的温升。在每台变压器的铭牌上都标明了该变压器的温升限值。我国标准规定，绕组温升的限值为 65℃，上层油温升的限值为 55℃，并规定变压器周围的最高温度为＋40℃。因此变压器在正常运行时，上层油的最高温度不应超过 95℃。

6. 阻抗电压百分数 $U_k\%$

阻抗电压百分数，在数值上与变压器的阻抗百分数相等，表明变压器内阻抗的大小。阻抗电压百分数又称为短路电压百分数。

短路电压百分数是变压器的一个重要参数。它表明了变压器在满载（额定负荷）运行时变压器本身的阻抗压降大小。它对于变压器在二次侧发生突然短路时，将会产生多大的短路电流有决定性的意义；对变压器的并联运行也有重要意义。

短路电压百分数的大小，与变压器容量有关。当变压器容量小时，短路电压百分数亦小；变压器容量大时，短路电压百分数亦相应较大。我国生产的电力变压器，短路电压百分数一般在 4%～24% 的范围内。

7. 额定冷却介质温度

对于风冷的变压器，额定冷却介质温度是指变压器运行时，其周围环境中空气的最高温度不应超过＋40℃，以保证变压器绕组和油的温度不超过＋30℃额定允许值。

对于强迫油循环水冷却的变压器，冷却水的最高温度不应超过＋30℃。当水温过高时，将影响冷油器的冷却效果。对冷却水温度的规定值，标明在冷油器的铭牌上。此外还对冷却水的进口水压有规定，必须比潜油泵的油压低，以防冷却水渗入油中，但水压太低了，水的流量太小，将影响冷却效果，因此对水的流量也有一定要求。对于不同容量和型式的冷油器，有不同的冷却水流量的规定。以上这些规定都标明在冷油器的铭牌上。

☆ 任务实施

一、发电机额定运行方式

发电机按制造厂铭牌额定数据运行的方式，称为额定运行方式。发电机的额定数据是制造厂对其在稳定、对称运行条件下最合理的运行参数。当发电机在各相电压和电流都对称的稳态条件下运行时，具有损耗小、效率高、转矩均匀等性能。所以在一般情况下，发电机应尽量保持额定或接近额定工作状态下运行。

发电机按照制造厂规定的参数运行，可保证其额定输出功率，并能长期运行，但不得超出额定输出功率运行。

正常运行时，一般采用恒功率因数运行或手动调节励磁方式运行，还可采用恒无功运行。

发电机运行时，一般是在额定参数下运行。由于电网负荷的供需平衡，不可能所有的机组都按铭牌额定参数运行，会出现某些机组偏离铭牌参数运行的情况。发电机的运行参数偏离额定值，但在允许范围内的运行方式，称为允许运行方式。

二、发电机运行参数变化范围及影响

发电机在允许运行方式下运行时，其运行参数的允许变化范围都作了具体规定。下面介绍发电机有关运行参数的允许变化范围。

（1）发电机允许温度和温升。发电机运行时会产生各种损耗，这些损耗一方面使发电机的效率降低，另一方面会变成热量使发电机各部分的温度升高。温度过高及高温延续时间过长都会使绝缘加速老化，缩短使用寿命，甚至引起发电机事故。一般来说，发电机温度若超过额定允许温度 6℃ 长期运行，其使用寿命会缩短一半。所以，发电机运行时，必须严格监视各部分的温度，使其在允许范围内。另外，当周围环境温度较低，温差增大时，为使发电机内各部位实际温度不超过允许值，还应监视其允许温升。

发电机的允许温度和温升，取决于发电机采用的绝缘材料等级和温度测量方法。

（2）发电机内氢气压力和温度。为了保持发电机氢气的运行压力，必须维持机端轴承的密封油压。通常，密封油压高于机壳内的氢压。正常运行时，密封油压、油氢压差应保持在规定值的范围内。空侧和氢侧油压应尽量相等，以免窜油，但空侧和氢侧密封油压差不应超过规定值。

氢气运行温度对发电机的运行有很大影响，温度太低，机内容易结露，温度太高，影响输出功率。为保证机组额定输出功率和各部分温度、温升不超过允许值，发电机冷氢温度应在不超过额定的冷氢温度下运行。当冷氢温度发生变化时，其接带负荷应按制造厂的规定调整。

（3）冷却水的水质、温度和水压允许变化范围。定子内冷却水的水质对发电机的运行有很大影响，如导电率大于规定值，运行中会引起较大泄漏电流，使绝缘引水管老化，过大的泄漏电流还会引起相间闪络；水的硬度过大，则水中含钙、镁离子多，运行中使管路结垢，影响冷却效果，甚至堵塞管道。

定子内冷却水水压的高低，影响定子绕组的冷却效果，影响机组输出功率，故机组内冷却水压力应符合制造厂规定。为防止定子绕组漏水，内冷却水运行压力不得大于氢压。当发电机的氢压发生变化时，应相应调整水压。

（4）发电机电压允许变化范围。发电机运行时，应在额定电压下运行。而实际运行时，发电机的电压是根据电网的需要而变化的。发电机电压在额定值的 $\pm 5\%$ 范围内变化时，允许长期按额定输出功率运行，但最大变化范围不得超过额定值的 $\pm 10\%$。发电机电压偏离额定值超过 $\pm 5\%$ 时，都会给发电机的运行带来不利影响。

电压低于额定值对发电机运行的主要影响：降低发电机运行的稳定性。这里所说的稳定性包括两个方面：其一是并列运行的稳定性；其二是发电机电压调节的稳定性。并列运行稳定性的降低可从功角特性看出。当电压降低时，功率极限降低，若保持输出功率不变，则势必增大功角运行，而功角越接近 90°，稳定性越差。电压调节稳定性降低，是指电压降低时发电机的铁芯可能处于不饱和状态，其运行点可能落在空载特性的直线部分。这时只要励磁电流作很小范围的调节，都将会造成较大幅度的电压变动，甚至不易控制。这种情况还会影响并列运行的稳定性。使发电机定子绕组温度升高。在发电机电压降低的情况下，保持输出功率不变，则定子电流升高。定子电流增大，有可能使定子绕组温度超过允许值。影响厂用电动机和整个电力系统的安全运行，反过来又影响发电机本身。

电压高于额定值对发电机运行的主要影响：①转子绕组温度有可能超过允许值。保持发电机有功输出功率不变而提高电压时，转子绕组励磁电流就要增加，这会使转子绕组温度升高。当电压升高到 1.3～1.4 倍额定电压运行时，转子表面由于脉动损耗增加（这些损耗与电压的平方成正比），转子绕组的温度有可能超过允许值。②使定子铁芯温度升高。定子铁芯的温升一方面是定子绕组发热传递的，另一方面是定子铁芯本身的损耗发热引起的。当定子端电压过分升高时，定子铁芯的磁通密度增高，铁芯损耗明显上升，使定子铁芯的温度大大升高。过高的铁芯温度会使铁芯的绝缘漆烧焦、起泡。③可能使定子结构部件出现局部高温。由于定子电压过多升高，定子铁芯磁通密度增大，使定子铁芯过度饱和，因而会造成较多的磁通逸出轭部并穿过某些结构部件，如机座、支撑筋、齿连接片等，形成另外的漏磁磁路。过多的漏磁会使结构部件产生较大涡流，可能引起局部高温。④对定子绕组绝缘造成威胁。正常情况下，定子绕组的绝缘能耐受 1.3 倍额定电压。但对运行多年、绝缘已老化或本身有潜伏性绝缘缺陷的发电机，升高电压运行，定子绕组的绝缘可能被击穿。

（5）发电机频率允许变化范围。频率降低，对发电机运行的影响：①影响发电机通风冷却效果。发电机的通风是靠转子两端的风扇来进行的，频率降低即为转子的转速下降，而转速降低将使风扇鼓进的风量减少，造成发电机的冷却条件变坏，从而使绕组和铁芯的温度升高。②若保持输出功率不变，会使定子、转子绕组温度升高。由于发电机的电动势与频率和主磁通成正比，频率下降时，电动势也下降。若发电机输出功率不变，则定子电流增加，使定子绕组的温度升高；若保持电动势不变，使输出功率也不变，则应增加转子的励磁电流，这使转子绕组的温度也升高。③保持机端电压不变，会使发电机结构部件产生局部高温。频率降低时，若用增加转子电流来保持机端电压不变，这使定子铁芯中的磁通增加，定子铁芯饱和程度加剧，磁通逸出磁轭，使机座上的某些结构部件产生局部高温，有的部位甚至冒火星。④影响厂用电及系统安全运行。频率降低，使厂用电动机转速下降，厂用机械的输出功率降低，这将导致发电机的输出功率降低。而发电机输出功率下降又会加剧系统频率的降低，如此循环，将影响系统稳定运行。⑤可能引起汽轮机叶片断裂。这是因为功率等于转矩与角速度的乘积，角速度 $\omega = 2\pi f$，频率 f 降低，则 ω 降低，若输出功率不变，转矩应增加。可见，叶片会过负荷。此时，叶片将产生较大振动，若叶片的振动频率与固有振动频率接近或相等，叶片可能因共振而折断。

频率过高，发电机的转速会增加，转子离心力增大，将使转子部件损坏，影响机组安全运行。所以，当转速达到汽轮机危及保安器动作值时，保安器将动作，则汽轮机主汽门关闭，机组停止运行。

根据上述分析，正常运行时，发电机的频率应经常保持 50Hz 运行。频率偏离额定值 $-3\% \sim +2\%$（48.5～51Hz）时能够保持连续额定功率运行。若频率降至 48.0Hz 且发电机负荷一时无法增加时，应立即将发电机解列。

（6）发电机功率因数允许变化范围。功率因数通常也称力率，它在数值上等于有功功率与视在功率的比值，即 $\cos\varphi = P/S$。

根据发电机运行所带有功和无功功率的不同，$\cos\varphi$ 有迟相和进相之分。发电机运行时的定子电流滞后于定子电压一个角度 φ，同时向系统输出有功和无功功率，此工况为发电机的迟相运行，与此工况对应的 $\cos\varphi$ 为迟相功率因数。当发电机运行时的定子电流超前于定子电压一个角度 φ，发电机从系统吸取无功，用以建立机内磁场，并向系统输出有功功率，此工况为发电机的进相运行，与此工况对应的 $\cos\varphi$ 为进相功率因数。

发电机在输出额定功率时的迟相 $\cos\varphi$ 为额定功率因数，其值一般为 0.8～0.9。发电机在额定功率下运行，功率因数越高，无功功率输出越小。

发电机运行时，由于系统有功和无功负荷是变化的，因此其 $\cos\varphi$ 也是变化的。考虑发电机运行的稳定性，$\cos\varphi$ 一般应运行在迟相的 0.8～0.95 范围内，$\cos\varphi$ 低限值不做规定。$\cos\varphi$ 也可以工作在迟相的 0.95～1.0 或进相的 0.95，但此种工况，发电机的静态稳定性差，容易引起振荡和失步。因为，迟相 $\cos\varphi$ 值越高，转子励磁电流越小，定、转子磁极间的吸力减小，功角增大，定子的电动势降低，发电机的功率极限也降低，故发电机的静态稳定度降低。所以，通常规定 $\cos\varphi$ 一般不得超过迟相的 0.95 运行。对于有自动调节励磁的发电机，在 $\cos\varphi=1$ 或 $\cos\varphi$ 在进相的 0.95～1.0 范围内，也只允许短时间运行。

发电机在 $\cos\varphi$ 变化情况下运行时，有功和无功功率一定不能超过发电机的允许运行范围。在静态稳定条件下，发电机的允许运行范围主要取决于下述四个条件：

1）原动机的额定功率。原动机的额定功率一般要稍大于或等于发电机的额定功率。

2）定子的发热温度。发热温度决定了发电机额定容量的安全运行极限。

3）转子发热温度。该温度决定了发电机转子绕组和励磁机的最大励磁电流。

4）发电机进相运行时的静态稳定极限。当发电机的 $\cos\varphi$ 值小于零而进入进相运行时，功角 δ 不断增大，此时发电机输出的有功功率受到静态稳定条件的限制（即静态稳定极限的限制）。

运行中的发电机在进行有功和无功功率调节时，在一定定子电压和电流下，当 $\cos\varphi$ 值下降时，其输出有功功率减小，输出无功功率增大；而 $\cos\varphi$ 值上升时，输出有功和无功功率的变化则相反。因此，功率因数变化时，运行人员应控制发电机在允许运行范围内。

发电机的 P-Q 曲线，可根据其相量图绘制，如图 2-1-13 所示。

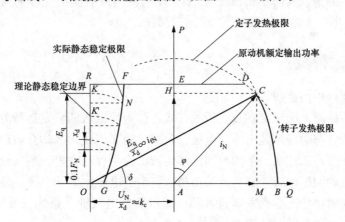

图 2-1-13 发电机 P-Q 曲线图

（7）定子不平衡电流允许范围。发电机正常运行时，其三相电流大小应相等。但在实际运行中，发电机可能处于不对称状态，如系统中有电炉、电焊等单相负荷存在，系统发生不对称短路、输电线路或其他电气设备一次回路一相断线、断路器或隔离开关一相未合等原因，使发电机三相电流不相等（不平衡）。

对汽轮发电机三相不平衡电流的允许范围做如下规定：

1）正常运行时，发电机在额定负荷下的持续不平衡电流（定子各相电流之差）不超过额定值的 10%，且最大一相的电流不大于额定值。在低于额定负荷下连续运行时，不平衡电流可大于上述值，但应根据试验确定。

2）长期稳定运行，每相电流均不大于额定值时，其负序电流分量不大于额定值的 8%～10%。

3）短时耐负序电流的能力应满足 $I_2^2 t \leqslant 10$。在发电机或变压器发生两相短路故障时，引起的负序电流会使转子严重发热而烧坏。因此，规定一个短时的负序电流允许值，用来衡量汽轮发电机承受短时不对称故障的能力，用 $I_2^2 t$ 表示。式中，I_2 是 t 时间内变化着的负序电流有效值与额定电流值的比值，t 是故障时允许 I_2 存在的时间。

（8）发电机组绝缘电阻允许范围。发电机启动前或停机备用期间，应对其绝缘电阻进行监测。测量对象为发电机定子绕组、转子绕组、励磁回路、各测温元件等。

1）发电机定子绝缘电阻的规定。300MW 及以上机组，一般接成发变组单元接线，测量发电机定子回路的绝缘电阻（包括发电机出口封闭母线、主变低压侧绕组、高压厂变高压绕组），一般用水内冷发电机绝缘测试仪进行测量。测量时，定子绕组水路系统内应通入合格的内冷水，不同条件下的测量值换算至同温度下的绝缘电阻值（一般换算至 75℃下），不得低于前一次测量结果的 1/3～1/5，但最低不能低于 20MΩ，吸收比不得低于 1.3（吸收比＝R_{60}/R_{15}）。发电机定子出口与封闭母线断开时，定子绝缘电阻值不低于 200MΩ。绝缘电阻不符合上述要求时，应查明原因并处理。

2）发电机转子绕组及励磁回路绝缘电阻值的规定。用 500V 绝缘电阻表测量转子绕组绝缘电阻，其值不得低于 5MΩ，包括转子绕组在内的励磁回路绝缘电阻值不得低于 0.5MΩ。

3）轴承和测温元件绝缘电阻的规定。发电机和励磁机轴承绝缘垫的绝缘电阻值，用 1000V 绝缘电阻表测量，其值不得低于 1MΩ；发电机内所有测温元件的对地绝缘电阻在冷态下用 250V 绝缘电阻表测量，其值不得低于 1MΩ。

一、发电机运行中的监视

发电机按产品铭牌上的额定参数运行的方式，称为发电机的额定运行方式，属于正常运行状态。这一运行状态的特征是电压、电流、功率、功率因数、冷却介质温度和氢压等都是额定值。发电机在额定工作状态下能长期连续运行。为了保证发电机的安全运行，运行人员要经常监视发电机的频率、有功功率、无功功率、定子电压、定子电流、转子电压、转子电流、功率因数，同时要定时监视发电机各部分温度和发电机轴承系统以及冷却系统的参数，当参数超出规定时应进行及时的调整。

1. 频率的监视

电力系统的频率取决于整个电力系统有功功率的供求关系，我国电力系统频率为 50Hz，因此发电机的额定频率也是 50Hz，频率正常变化范围应在额定值的±0.2Hz，最大偏差不应超过额定值的±0.5Hz。频率超过额定值的±2.5Hz 时，应立即停机。在允许变化范围内，发电机可按额定容量运行。

运行频率高于额定值较多时，由于发电机的转速升高，转子上承受的离心力增加，可能使转子的某些部件损坏，因此频率升高主要受转子机械强度的限制；同时频率升高，转子转速上升，发电机的通风摩擦损耗相应增多，虽然在保持一定电压条件下，发电机的磁通可以小一些，对应的铁芯损耗可能降低，但总的来说，发电机的效率要下降。

运行频率低于额定值较多时，由于转子转速下降，发电机端电压降低，要维持额定电压不变，必须增大转子的励磁电流以增大磁通，使转子和励磁回路的温度升高，同时由于漏磁通相应增加，会引起发电机定子部分的局部过热。频率降低，转子转速下降，由于发电机两端风扇的鼓风风压以与转速平方成正比的关系下降，导致送风量减少，将使发电机的冷却条件变差，引起发电机各部分的温度升高。因此，当电网频率降低时，必须密切注意监视发电机的电压和定子、转子绕组及铁芯的温度，使其不超出允许范围。另外，频率降低还可能引起汽轮机末级叶片损坏；厂用电动机由于频率降低，其机械功率也会受到严重影响。

由于上述原因，发电机不允许在偏离额定频率较多的情况下运行。在电力系统运行频率变化±0.2Hz的允许范围内，由于发电机的设计留有裕度，可不计上述影响，允许发电机保持额定功率长期连续运行。

2. 发电机电压的监视

与频率一样，电压是衡量电能质量的重要指标之一。发电机正常运行的端电压，允许在额定值的±5%范围内变化，此时发电机的输出容量可以保持在额定值不变，即当定子电压升高5%时，定子电流相应减少5%；当定子电压降低5%时，定子电流可增大5%，此时定子绕组和铁芯的温升可能高于额定值，但实践证明，绕组和铁芯的温升不超过额定值5℃，因而不会超过其额定温升。

当发电机电压超过额定值的5%时，必须适当降低发电机的输出功率，因为现代大容量内冷发电机磁路是按正常运行时接近于磁饱和程度设计的，因此即使电压继续提高不多，也会使铁芯进入过饱和，引起磁密增大使定子铁芯损耗增大而使铁芯温度升高，对电机绝缘造成严重威胁。铁芯过度饱和还会引起漏磁通增大，漏磁通沿发电机机架的金属部件形成回路，产生很大的感应电流，导致转子护环表面及定、转子端部结构部件中的附加损耗增大而过热。发电机正常连续运行的最高允许电压，应遵照制造厂的规定，但不得超过额定值的110%。

当发电机电压低于额定值的5%时，定子电流不应超过额定值的5%。此时，发电机要减少输出功率，否则定子绕组的温度将超过容许值。系统无功功率的不足是造成电压过低的主要原因，发电机的最低运行电压应根据系统稳定运行的要求来确定，一般不得低于额定值的90%。因为电压过低，不仅会影响发电机并列运行的稳定性，导致机组可能与电力系统失去同步而造成事故，还会使单元机组发电厂的厂用电动机运行情况恶化、转矩降低，从而使机炉的正常运行受到影响。对300MW汽轮发电机的技术要求是，发电机在额定输出功率时，允许电压偏差为±5%，但温升不应超过允许限值。

3. 发电机功率的监视

电力系统运行方式的改变或由于电力用户用电的变化，使系统的有功功率和无功功率失去平衡，从而会引起系统频率和电压的变化。因此，机组运行中应按照预定的负荷曲线或调度的命令，对各发电机的有功负荷和无功负荷进行调整，维持系统有功功率和无功功率的平衡，以保证频率和电压维持在允许的偏移范围之内。

(1) 有功功率的调整。正常情况下，发电机有功功率的调整是根据频率和有功负荷的变化，由汽轮机调节系统（DEH）控制汽轮机调节汽门的开度，调节汽轮机的进汽量，改变汽轮机的转矩大小，从而改变发电机的输出有功功率。

汽轮机的驱动转矩与发电机的制动电磁转矩平衡时，发电机的转速维持恒定。当有功负荷增加时，发电机转轴上的制动转矩增大，若汽轮机驱动转矩不变，则发电机转速下降。要维持发电机的频率不变，就需要增加汽轮机的进汽量，以增加驱动转矩；反之，当有功负荷减少时，汽轮机输出功率不变，则发电机的转速要上升，频率随之升高，要维持频率恒定，就需要根据有功负荷的变化及时调节汽轮机的进汽量，保持汽轮发电机组的转矩平衡。

（2）无功功率的调整。正常情况下，单元机组发电机无功功率的调整，是根据电网给定的电压曲线、功率因数表或无功功率表及电压表的指示，由自动励磁调节系统（AVR）通过调节晶闸管的触发脉冲相位，即改变控制角 α 从而改变晶闸管整流电路的输出，来自动调整发电机的励磁电流而实现的。

当有功负荷变小而无功负荷增加时，功率因数下降；同理，当有功负荷不变而无功负荷减少时，功率因数升高。一般情况下，应保持发电机无功功率与有功功率的比值大于或等于 1/3，即功率因数不超过 0.95（滞后），否则会由于发电机气隙等效合成磁场磁极和转子磁场磁极之间的电磁力减小，功角增大，使发电机运行的静态稳定性下降，导致发电机失去同步。为保证单元机组运行的稳定，进行无功功率调整时，应注意不使发电机进相运行。当发电机自动励磁装置投入时，它可以自动进行无功功率调整，若不满足调整要求时，可手动调整励磁机磁场变阻器、自动励磁调整装置中的变阻器或自耦变压器来进行辅助调节。

由于发电机组并列运行时，调整某台发电机的无功功率，会引起其他机组无功功率的变化，此时应注意监视，并及时调整各机的无功功率，使它们在合理的无功功率分配工况下运行。

（3）功率因数的调整。功率因数 $\cos\varphi$ 表示发电机输出有功功率与视在功率之比，即发电机定子电压和定子电流之间相角差的余弦值。发电机额定功率因数是在额定参数运行时，发电机的额定有功功率与额定视在功率的比值，一般发电机的额定功率因数为 0.8（滞后），大容量发电机的额定功率因数为 0.85 或 0.9（滞后）。

功率因数的最低值不作限制，但其最高值取决于机组和系统并列运行的稳定性。在 AVR 投入且运行情况良好的条件下，一般允许升高到 $\cos\varphi=1$ 运行。此时，如果汽轮机最大输出功率允许，则发电机的定子电流可等于额定值，从而保证发电机的额定总输出功率低功率因数运行时，发电机输出功率低。因为功率因数下降，定子电流中的无功分量增大，转子电流势必增大，容易引起转子绕组电流超过额定值而过热的现象。试验证明，当功率因数 $\cos\varphi=0.7$ 时，发电机的输出功率将减少 8%。因此，应注意控制发电机的定、转子电流不超过当时冷却条件下所允许的数值。

高功率因数运行时，由于发电机的电动势降低，发电机的端电压及静态稳定性下降，所以必须加强监视以避免发电机失步，并监视厂用母线电压，保持其正常值。

4. 发电机温度和冷却介质参数的监视

发电机长期连续运行的允许输出功率，要受机组各部分的允许发热条件限制。运行中的发电机，除了发出有功功率和无功功率外，其本身也要消耗一部分的能量，主要包括铁芯损耗、铜损耗、摩擦损耗、通风损耗和杂散损耗等。这些损耗转换为热量，引起发电机各部分的温度升高。在一定的冷却条件下运行时，发电机各部分的温升与损耗及其产生的热量有关。发电机负荷电流越大，损耗就越大，所产生的热量就越多，温度就越高。一般来说，发电机温度若超过额定允许温度 6℃长期运行，其寿命会缩短一半（即 6℃规则）。所以，发电机运行时，必须严格监视各部分的温度，使其在允许范围内。另外，由于发电机内部的散热能力不与周围温度的变化成正比，当周围环境温度较低，温度增高时，为使发电机内部实际温度不超过允许值，还应监视其允许温升。

发电机的连续工作容量主要取决于定子绕组、转子绕组和定子铁芯的温度。这些部分的允许温度和允许温升，取决于发电机采用的绝缘材料等级和温度测量方法。通常容量较大的发电机，其绝缘材料大多采用 B 级绝缘，也有的采用 F 级绝缘，而且测温方法也不完全相同。因此发电机运行时的温度和温升，应根据制造厂规定的允许值（或现场试验值）确定。若无现场规定时，可按表 2-1-2 执行。

表 2-1-2　　　　　　　　　发电机各主要部位温度和温升允许值及测量方法

发电机部位	允许温升（℃）	允许温度（℃）	温度测量方法
定子铁芯	65	105	埋入检温计法
定子绕组	65	105	埋入检温计法
转子绕组	90	130	电阻法

工程中，表示发电机发热和散热情况的是发电机的温升。绝缘材料的温度限值确定了发电机的最高工作温度，温升限值则取决于冷却介质或环境的温度。发电机的容许负荷是以绕组最热点处的温度不超过其绝缘材料的允许温度限值来确定的。发电机各部分允许温度限值与测点的分布和使用的温度测量方法有关，并不能反映定、转子绕组最热点的温度。发电机最热点的温度往往不能确定，且无法直接测量，只能通过在试验和运行中的测温方法测出的温度统计数值，再考虑最热点可能的温升的修正值才能得出。对于采用冷却效率更高的氢、水内冷方式的发电机，容量大、体积小、损耗密度大，最热点的温度显得更为突出，并且各种发电机的冷却方式不同，各部分温度分布的不均匀性会有更大的差异。试验表明，由于发电机的通风结构不同，即使采用相同的测温方法，转子绕组相应的允许温度可能也会有所不同。另外，相同的负荷情况下，当冷却条件变化时，发电机绝缘材料的发热情况及老化也会有明显的不同。所以，对大型发电机冷却系统和各主要部件的温度和温升的监视尤其重要。

（1）氢气温度变化的影响。对于采用水—氢—氢冷却的汽轮发电机，如果发电机的负荷保持不变，当氢气入口风温升高时，绕组和铁芯的温度升高，会引起绝缘老化的加速、发电机寿命的降低。这里所指的温度不是绕组的平均温度，而是最热点处的铜温。因为只要局部绝缘遭到破坏，发电机就会发生故障。冷却氢气的温度升高时，为了避免发电机绝缘的加速老化，要求减小发电机的输出功率，使发电机绕组和铁芯的温度不超过额定方式下运行时的最高监视温度。当氢气温度高于额定值时，通常按照氢气冷却的转子绕组温升条件来限制其输出功率。

氢气入口风温也不应该低于制造厂家的规定值。氢气入口风温降低时，不允许提高发电机的输出功率，因为定子绕组采用水内冷、铁芯氢冷的不同介质进行冷却，介质间温度的降低彼此无关，可能会由于氢气入口风温的下降，造成定子绕组与铁芯的温差超过允许的范围。

（2）氢气压力变化的影响。氢气压力高于额定值时，氢气的传热能力虽然增强，但氢气压力的提高并不能加强水内冷定子线棒的散热能力，为了保证发电机绕组最热点的温度不超过额定工况时的温度，水—氢—氢冷却发电机的负荷不允许增加氢气压力低于额定值时，由于氢气的传热能力下降，所以必须降低发电机的允许负荷。氢气压力降低时，发电机的允许输出功率应根据发电机制造厂家提供的技术参数或容量曲线指导运行，以保证绕组最热点温度不超过额定工况时的允许温度。

(3) 氢气纯度变化的影响。氢气纯度变化时，对发电机运行的影响主要包括安全和经济两方面。在氢气和空气的混合气体中，如果氢气的含量在 5%～75%，便有发生爆炸的危险。所以，一般要求发电机运行时的氢气纯度应保持在 96% 以上，低于此值时应进行排污。同时，氢气纯度的下降，使混合气体的密度增大，引起发电机的通风摩擦损耗增大（发电机壳内氢气压力保持不变时，氢气纯度每下降 1%，通风摩擦损耗大约增加 11%）。所以，对于大容量单元发电机组，要求氢气纯度不低于 95%～98%。

(4) 水内冷发电机定子绕组进水量、进水温度变化的影响与水质的监督。水—氢—氢冷却方式汽轮发电机，采用除盐水冷却定子线棒。国产 300MW 发电机，定子绕组冷却水流量限额为 46t/h。当冷却水流量在额定值的 ±10% 范围内变化时，对定子绕组的温度影响很小。冷却水流量增加过多时，会导致入口压力过分增大，在有汇水母管流向线棒绝缘引水管的过渡部位时，可能产生汽蚀现象，损坏水管壁，所以以通常不建议提高冷却水流量。

冷却水流量的降低将使发电机的散热效果变差而造成定子绕组温度的升高。同时，流量的降低会使绕组入口和出口水温差增大，绕组出口水温升高，造成绕组不同部位的温升极不均匀。一般要求绕组进出口的水温差不超过 30℃，以防止当入口水温达到 45℃ 时，出口水温相当于 80℃，避免出口处发生汽化。

综上所述，采用调节定子绕组冷却水流量来保持定子绕组的水温是不恰当的。正常运行中，发电机冷却水的进水阀是不做调节的，当发现冷却水流量减少，必须立即对有关温度进行检查，并控制在允许范围之内，同时通知有关部门进行针对性的检查和处理。内冷水的出水温度限值规定为不超过 85℃（有的定为 90℃），以防止汽化现象；内冷水的进水温度限值规定为不超过 60℃。当绕组进水温度在额定值（多为 45%～46%）的 ±5% 以内变化时，发电机可保持额定输出功率不变，当入口水温超过规定范围上限时，应根据当时的运行工况，减少发电机的有功或无功负荷，使发电机各部分温度在允许的限额之内。

冷却水入口水温也不允许低于制造厂家的规定值，以防止定子绕组和铁芯的温差过大或可能引起汇水母管表面的结露现象。发电机运行过程中，定子水冷线棒应无漏水现象。

大容量水内冷发电机对冷却水的水质要求也比较严格。由于冷却水在定子水冷线棒中不断循环，水中的铜离子逐渐增加，导电率也不断增大，因此应每天对冷却水进行化验分析，确定冷却水的电导率、所含杂质的成分和含量，并进行适当的排污。为保证发电机的安全运行，对内冷水质有如下规定：导电率应小于 $1.5\mu\Omega/cm(20℃)$，硬度应小于 $10\mu g/L$，酸碱度 pH 范围为 7～9。

二、主变压器的监视

大型发电机通常采用发电机—变压器组的单元接线方式，发电机的出口电压为 13.8～24kV，通过主变压器将电压升高到 110～500kV，以适应远距离输电的要求。主变压器的容量和发电机的容量相匹配，型式多为双绕组强迫油循环风冷或强迫油循环水冷变压器。为了保证主变压器能长期安全、可靠地运行，减少不必要的停用和异常情况的发展，运行人员应经常对运行中的主变压器进行定期的监视和检查。

1. 变压器运行中的监视与检查

(1) 监视运行中变压器电流、电压、温度应正常。变压器正常运行中，值班人员应监视变压器的各侧电流不超过额定值、电压不应过高或过低、变压器的油温应在正常范围内，若发现异常应及时调整变压器的运行方式或降负荷。

（2）检查变压器的油枕和充油套管的油面高度。如油面过高，一般是由于变压器冷却装置不正常或内部故障造成油温过高而引起的；如油面过低，应检查变压器各密封处是否有漏油现象，各放油管道是否关闭等。

（3）检查变压器内的油色是否正常。正常情况下变压器油枕里的油是透明并略带黄色，如是棕红色，则可能是油位计本身脏污或变压器油老化所造成的。

（4）检查变压器运行中各部位声音正常。正常运行中的变压器均有比较均匀的"嗡嗡"电磁声。如内部有"噼啪"的异常声音，则可能是变压器绕组绝缘击穿而引起的放电现象；如电磁声不均匀，则可能是因为变压器铁芯的穿心螺栓松动引起的。

（5）检查变压器冷却装置运行正常。对于油浸式变压器，特别是强油强风冷却变压器，运行中一定要保证冷却装置投入正常，并有一定备用裕度，以便对变压器在过负荷或故障情况时加强冷却。对于强迫油循环水冷的变压器，还应检查变压器的冷却水流量、温度均正常；水中不应有油，若水中带油，则说明冷却系统有泄漏现象。变压器的冷却装置一般有两组母线供电，正常情况下，一组运行，一组备用。所以运行中要检查备用电源良好，确保当工作电源失去时备用电源能自动投入。

（6）检查变压器的呼吸器应畅通。正常情况下硅胶颜色正常呈浅蓝色；若硅胶因吸潮到饱和状态颜色变白，则应及时更换。

（7）检查变压器气体继电器应正常。正常运行情况下变压器气体保护的气体继电器应充满油，无气体存在。

（8）检查变压器外壳接地应正常。正常运行情况下变压器外壳接地线应良好，接地可靠。

（9）检查变压器绝缘子应完好。正常运行情况下变压器各绝缘子和瓷套管应清洁，无裂纹及放电现象，各接线接触良好、无过热现象。

2. 变压器的特殊检查项目

当系统发生故障或天气发生巨变时，值班人员应对变压器进行重点检查。

（1）当系统发生短路故障或变压器故障跳闸后，应立即检查变压器系统各绝缘子和瓷套管有无裂纹，变压器本体有无变形、焦煳味及喷油现象。

（2）下雪天气应检查变压器引线接头部分是否有积雪，导电部分有无冰柱等。

（3）大风天气应检查变压器引线的摆动情况及是否有悬挂杂物等。

（4）雷雨天气及大雾天应检查变压器各绝缘子和瓷套管有无闪络现象。

3. 变压器分接开关调节类型

变压器分接开关调节分为有载调压和无载调压两种。对于无载调压分接开关，在变压器运行中严禁进行操作；对于有载调压分接开关，在变压器运行中是可以进行调整的，但一般应采取远方电动操作，特殊情况下也可在就地进行操作，但应做好有关安全措施。

系统中运行的变压器，其一次侧电压随系统运行方式的变化而变化，为保证供电电压在额定的范围内，通常通过调整分接开关的位置来调节其二次侧电压。对于有载调压变压器在运行中调整分接开关时应注意以下几点：

（1）调整前应检查分接开关的油箱油位正常。一般变压器分接开关的油箱与主油箱是不相通的。若分接开关油箱漏油，使之发生严重缺油，则在切换过程中会发生短路故障，烧坏分接开关。

（2）分接开关经调整后，应在某一固定位置，不允许将分接开关长期停留在过渡位置，因为在过渡位置上，分接开关的接触电阻较大，长期运行会造成分接开关过热烧坏。

（3）对于与系统相连接的变压器，在调整分接开关之前应与系统调度进行联系，在征得调度同意后方可操作。

4. 变压器油在运行中的处理

对于运行中的变压器，主要采用以下几种处理方法使变压器油的属性恢复到标准值。

（1）热虹吸滤油器。变压器在正常运行中用热虹吸滤油器处理的方法，已得到广泛应用。运行经验表明，在有热虹吸滤油器的变压器中，可以长时间地稳定新油的性能，并能恢复运行油的性能，即可降低油的酸性，改善油质，延长油的使用期限。

（2）充氮保护。氮气为惰性气体，在变压器的油枕上部缓冲空间充氮以后，可以减少油与空气的接触，从而在一定程度上防止油因外界因素而被劣化，延长了油的使用寿命。

（3）加抗氧化剂。在新油或再生后的油中添加抗氧化剂，其目的是防止油的继续氧化，但对氧化程度已较深的油则起不到作用。

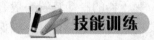 技能训练

（1）请画出两台发电机、两台主变压器，单母线分段、三回出线的电气主接线图。

（2）请说出发电机的主要技术参数有哪些。

（3）请说出变压器的主要技术参数有哪些。

（4）请说出厂用电负荷包括哪些。

（5）请画图说明 UPS 系统。

项目二 发电厂电气设备巡视与维护

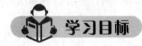

发电厂异常及事故处理的学习项目，主要学习同步发电机及励磁系统、电动机的巡视与维护（变压器在变电设备中进行叙述，这里不再重复）。

学习完本项目必须具备以下专业能力、方法能力、社会能力。

（1）专业能力：认识发电厂电气设备，对电气设备的结构进行详细的了解，能通过身体的五官分析判断设备运行是否正常。

（2）方法能力：能根据自己的五官对发电厂设备的故障做出快速准确的分析和判断，能处理常见的异常及事故，即具备较强的发现问题、解决问题能力。

（3）社会能力：愿意交流，主动思考，善于在反思中进步；学会服从指挥，遵章守纪，吃苦耐劳，安全作业；学会团队协作，认真细致，保证目标实现。

任务 2.1 发电机巡视与维护

学习目标

知识目标：

（1）了解典型的 600MW 发变组单元接线发电厂发电机巡视检查及维护内容。

（2）熟悉正常运行方式下发电机巡视的标准化作业流程。

（3）掌握火电仿真系统中发电机巡视检查及维护相关操作及火电仿真系统的功能及使用。

能力目标：

（1）具备根据典型的 600MW 发变组单元接线发电厂发电机运行检查和维护的基本内容及相关规定，对发电厂发电机进行运行检查和维护的能力。

（2）具备正确理解、分析发电机运行规程和发电厂一、二次系统图的能力，形成发电机巡视检查及维护基本思路，具备较强抽象思维能力。

态度目标：

能严格按照发电机巡视和维护操作规程，与小组成员协商、交流配合，按标准化作业流程完成学习任务。

了解发电机的基本结构和各种技术参数，能用自己的五官判断发电机的运行状况。

 **相关知识**

一、发电厂电气设备巡视检查标准化作业流程

（1）制定巡视检查计划。

（2）运行单位审核批准巡视检查工作计划。

（3）值班负责人分配巡视检查任务，巡视检查人员做好巡视准备。

（4）按照巡视检查路线开展设备巡视。

（5）巡视检查过程中发现设备缺陷。

（6）按照设备缺陷处理流程执行。

（7）巡视检查结束后，做好巡视后的记录整理。

（8）资料归档。

二、设备巡视内容

（1）设备运行情况。

（2）充油设备有无漏油、渗油现象，油位、油压指示是否正常。

（3）设备接头接点有无发热、烧红现象，金具有无变形和螺栓有无断损和脱落、电晕放电等情况。

（4）运转设备声音是否异常（如冷却器风扇、油泵和水泵等）。

（5）设备干燥装置是否已失效（如硅胶变色）。

（6）设备绝缘子、瓷套有无破损和灰尘污染。

（7）设备的计数器、指示器的动作和变化指示情况（如避雷器动作计数器、断路器操作指示器等）。

三、设备维护要求及周期

（1）应结合发电厂设备情况及无人值班变电站（设备定期巡视周期表），制定设备定期维护周期表，按时进行设备维护工作，每月至少进行一次。

（2）全厂安全工器具检查、整理、清扫工作每月进行一次，要求工器具清洁、合格、摆放整齐。

（3）全厂保护定值、连接片核对，保护对时，间隔维护，主变压器冷却装置检查、清扫并每月进行一次投退切换工作；要求一次设备及保护屏检查清扫干净，保护定值、连接片投退正确、冷却装置工作正常并按要求轮换。

（4）全厂门窗、孔洞、消防器材、防小动物设施、防火设施检查清扫工作，每月进行一次，要求门窗孔洞关堵严密，玻璃完好，设备保管妥善、合格。

（5）厂用电源每月必须轮换一次，并运行 1h 以上。

（6）全厂接地螺栓、防误闭锁装置锁头注油工作每半年进行一次，要求维护到位。

（7）蓄电池维护检查、测量电压并记录每月进行一次，要求记录正确，维护到位。

（8）全厂室内外照明、检修照明、事故照明检查，每月进行一次，要求开关电源合格，事故照明切换正常。

（9）每年入冬前、雨季前对取暖、驱潮电源检查一次，要求设施完好。

（10）每年进行一次主变压器冷却装置备用电源启动试验，要求运行正常，火灾报警系统试验检查，要求设施完好。

四、发电机的类型

（1）按原动机，分为汽轮机、水轮机、燃气机、柴油机等。

（2）按冷却介质，分为空冷、氢冷和水冷等。

（3）按安装方式，分为卧式、立式等。

（4）按本体结构，分为旋转电枢式、旋转磁极式等。

三种冷却方式优缺点比较：

（1）空冷：经济、设备简单、运行维护方便；但冷却效果差、损耗大、机件易脏污、机组容量受到限制。

（2）氢冷：通风损耗小（密度是空气的 6.96%）、散热快（散热系数是空气的 1.35 倍；导热系数是空气的 6.69 倍）、清洁、不助燃（含氧量<2%）、噪声小、不易氧化和产生电晕。但增加了制氢和油密封设备，维护和操作量大，遇明火易爆炸。

（3）水冷：冷却能力是空气的 50 倍，价廉，性能稳定，不会燃烧；黏度小，能通过小而复杂的截面。但可能腐蚀铜线，易漏水，转子结构复杂。

任务实施

一、启动前的检查

（1）发变组检修后启动前，应详细检查发电机及其辅助设备的工作全部结束，工作票全部终结，接地线及临时安全措施拆除，固定遮栏和常设标示牌已恢复。绝缘电阻测试合格，整组试验正确，现场整洁，符合运行条件。

（2）轴接地碳刷，转子绝缘监测碳刷接触良好，无卡死现象。

（3）发电机冷却系统良好，冷却水阀门应开启。

（4）检查一、二次设备及回路应具备送电条件。一次回路的设备包括发电机、出线及封闭母线、主变压器、高压厂用变压器、发电机出口电压互感器、高压厂用变压器低压侧同期电压互感器、发变组和高压厂用变压器回路电流互感器、发电机中性点柜内设备一次回路的连线等。二次回路及设备包括继电保护系统、测量仪表、自动装置、监察装置及信号系统、互感器的二次回路等。一、二次设备及回路均应具备送电条件，检查的要求均按现场规定进行。

（5）检查发电机励磁回路及设备是否正常。发电机励磁回路包括各电刷、灭磁开关、励磁开关、自动励磁调节装置及其他设备。检查的项目及方法按现场规定进行。

1）检查与启动有关设备的继电保护及自动装置，按规定已投入。

2）测量绝缘是否符合要求。应测量绝缘的元件包括定、转子绕组，励磁回路，轴承座及随机投运的配电装置。测量按现场规定进行。

3）检查机组冷却系统是否正常。发电机冷却气体已置换为氢气，氢气压力正常；发电机定子已通水，水压力正常；氢气系统、内冷却水系统、密封油系统投入运行正常；各冷却介质应符合要求。

启动前的有关试验项目应符合要求。启动前的试验项目有发电机主断路器及灭磁开关拉、合闸试验，发电机主断路器与灭磁开关的联锁试验；高压厂用工作电源断路器拉、合闸试验；励磁系统联锁试验；定子水泵联锁试验及断水保护试验（此试验要求由汽机来信号，不跳机炉,仅观察中间继电器出口动作及信号掉牌)。发变组二次回路做整组跳闸试验。以上试验按现场有关规定进行。

二、启动前的试验

(1) 氢气冷却器的出风温度应均衡,冷氢温差在任何负荷下不得超过规定值。

(2) 控制氢气纯度和温度并投入排烟风机。

(3) 第一次启动及每次启动带负荷前,应监视定子绕组的温度。

(4) 密封冷油温度一般应维持在规定值。

(5) 密封油、轴承油的含水量不得大于 0.05%,否则应处理油质,以免使油中水分带入机内增加了氢的温度。

(6) 打开氢气冷却器排气管排除内部的空气,让冷却器的顶部水室、回水室和所有水管都充满了水。

(7) 密封油冷却器定子绕组内冷水的冷却器和油、水加热器。

(8) 启动及运行时对氢、水、油系统等各种工况的要求符合"发电机运行工况参数表"。

(9) 轴承座对地的绝缘。

(10) 相序的校核。

(11) 启动时对测温元件的监测。

三、发电机本体的检查与维护

1. 本体的检查

(1) 发电机运行时检查声音应正常,无金属摩擦或撞击声,无异常振动现象。若发现异常,应及时检查处理。

(2) 发电机运行时,检查外壳应无漏风,机壳内无烟气和放电现象。由于定、转子运行温度较高,冷却气体的密封可能会损坏,运行中应定期检查定子本体漏风情况。在补氢量较多时,应对本体进行查漏。当发电机内部发生短路故障,如转子端部线圈两点接地而保护失灵时,转子端部绝缘会烧坏,机端转子间隙处可能发生喷射黑烟和火苗,并伴随异常振动,故运行中应监视机内无烟气或放电现象。

(3) 发电机运行时,应检查机端线圈运行情况。从机端窥视孔观察,机端定子绕组无变形、无流胶、无绝缘磨损黄粉、绑线垫块无松动、线圈无结露、定子绝缘引水管接头不渗漏、无抖动及磨损、机端灭灯观察无电晕等现象。若发现上述各项有不正常现象,必要时应停机处理。

(4) 运行中的发电机,应定期检查液位检测器内的漏水、漏油情况。每班应打开一次液位检测器的排液门进行排液,其内应无水和油排出。若发现有水和油排出或液位检测器发"液位高报警",应立即排净液体,并检查机端线圈、绝缘引水管、氢器冷却器是否漏水。若漏油严重,说明密封油压不正常,应及时处理。

(5) 发电机运行时,应检查滑环和电刷。滑环表面应清洁、无金属磨损痕迹、无过热变色现象,滑环和大轴接地的电刷在刷握内无跳动、冒火、卡涩或接触不良的现象,电刷未破碎、不过短,刷辫未脱落、未磨断,刷握和刷架无油垢、炭粉和尘埃等情况。

2. 运行中发电机的维护工作

(1) 清扫脏污。对刷握和刷架上的积灰可用不含水分的压缩空气(压力适中)吹净,也可用毛刷清扫。油污可用棉布蘸少量四氯化碳擦净。操作时需注意不要被转动部分绞住,必要时，可依次取出电刷逐个清扫。

（2）调整电刷弹簧压力。电刷运行时，应定期用手提拉每个电刷的刷辫，以检查各电刷的压力是否均匀及电刷在刷握中是否有卡涩或间隙过大的情况。个别电刷产生火花系刷压过大或过小所致，在判明刷压过大或过小后，对于压力过大的电刷，先将电刷取出，待冷却后再放回刷握，然后适当减小弹簧压力，并稍微增大其他电刷的压力；对于压力过小的电刷，可适当增大弹簧的压力。

（3）定期测量电刷的均流度。运行中的发电机，由于电刷长短、弹簧压力大小不一致，使各电刷与滑环的接触电阻相差较大，各电刷流过的电流不均匀，致使有的电刷电流为零，有的电刷电流很大。零电流电刷越多，其他电刷过负荷越严重，如不及时处理，大电流电刷会因严重过负荷而发热烧红，使刷辫熔化，继而形成恶性循环而被迫停机。因此，应定期测量电刷的均流度，并及时处理异常。测量时，可用直流钳形电流表或交直流表两用钳形电流表测量。测量前，检查钳嘴部分应绝缘良好。在测量过程中，应注意不要将钳嘴碰到滑环面，也不要接触到接地部分。处理过程中，切忌将大电流电刷脱离滑环面，否则会加大其他大电流电刷的承载电流而造成严重后果。所以，应先处理零电流电刷，使其电流接近平均值，这样处理后，大电流电刷的电流便会自然趋于正常。

（4）更换电刷。处理零电流电刷的方法应根据不同情况而定。电刷过短时，应更换新电刷；压缩弹簧压力低或失效时，应更换新弹簧；因电刷脏污引起零电流，用棉布擦拭或用120目细砂纸轻擦。更换新电刷的注意事项如下：

1）更换新电刷时，应执行发电机的运行规程中的有关条文。如工作人员应穿绝缘鞋，站在绝缘垫上工作，工作服袖口应扎紧，戴手套，使用良好的绝缘工具等。

2）更换的电刷必须与原电刷同型号，不能几种型号的电刷混用。如使用错误，会因电刷材料硬度和导电性能不同，可能加速滑环面磨损或部分电刷过热而影响机组的正常运行。

3）更换电刷过程中应防止电极接地及极间短路。更换电刷时，必须防止触地，严禁同时用两手碰触励磁回路和接地部分或不同极的带电部分，也不允许两个人同时进行同一机组不同极的电刷调换，以免造成励磁回路两点接地短路。

4）更换后的电刷，要保证电刷在刷握内活动自如，无卡涩，弹簧压力正常。同时，对未更换的电刷，按电刷磨损程度，将弹簧压力做适当调整，使压力正常。

5）在更换电刷过程中，不许用锐利金属工具顶住电刷增加接触效果，即使是短时间也不允许，因为如果顶偏，可能造成滑环面损坏或人身事故。

3. 发电机氢系统的检查与维护

（1）氢气压力的监视与调节。发电机运行时，应随时监视机壳内的氢气压力。即使密封油系统很完善，无泄漏现象，但由于密封油会吸收氢气，机壳内的氢气压力也会逐步下降，故应定时补氢，保持机壳内氢压正常。补氢时，应观察比较不同部位的氢压，正确判断机壳内氢气压力，防止表计假指示而误判断。

（2）定期检查氢气的纯度、湿度和温度。发电机运行时，氢气纯度、湿度和冷氢温度应满足要求。运行值班人员应根据气体分析仪检查机壳内氢气纯度，并每小时记录一次。化验人员应对机壳内氢气定时化验，核对气体分析仪读数是否正确。当氢气纯度低于98.8%时，应进行排污，并向机内补充纯净氢气，以保持机内氢气纯度。化验人员应对机壳内氢气湿度定期化验，当相对湿度超过20%时，应排污并补入纯净氢气或适当升高冷氢温度，注意观察并降低氢源湿度，防止发电机绕组受潮。发电机运行时，规定了机内冷氢温度的最高值和最低值，可通过调节氢气冷却器的冷却水调节冷氢温度。

4. 轴承和油密封装置的维护

发电机轴承润滑油回油温度、润滑油压及流量，由装在进油管路上的节流孔板和改变进油温度来控制和调整。

发电机油密封装置的密封油流量及回油温度由外部密封油控制系统调节控制。

在机组运行过程中，为避免轴电流损伤轴颈表面、轴瓦及密封瓦内表面，必须保证对轴承及油密封装置的绝缘进行严格的维护。发电机轴承及油密封装置所使用的全部绝缘零件（如垫板、垫圈、套管等）应注意不得脏污。如有脏污须用挥发性溶剂清理或擦净。

不允许绝缘的轴承和油密封装置通过任何金属物或其他导体接地。

每周至少测量一次转子端头之间以及轴承与大地之间的电位差，以评价轴承绝缘状况。通过引出端子定期检测励端轴承座用及轴承止动销、轴承顶块、间隔环的对地绝缘，并将测量结果记录存档。

在确保轴承、油密封装置达到规定绝缘水平的同时，要对转子接地装置进行定期检查和维护。

5. 对励磁回路绝缘电阻的检测与维护

当励磁回路的绝缘电阻值下降时，必须采取措施使其恢复到允许值以上。

发电机励磁回路的绝缘电阻值低于 0.5MΩ 时，须经总工程师批准才允许运行。若绝缘电阻值持续降至 15kΩ 时，必须在 1h 内将备用励磁切换投入，并检查确定绝缘电阻降低的部位，同时应对集电环电刷装置进行清理和干燥。如果投入备用励磁之后绝缘电阻值不见回升，且清理干燥措施均无效果，应尽快停机检修，最迟不得超过 7 天。

在励磁回路绝缘电阻降低状况下的运行中，每班应至少 6 次检测绝缘电阻值，如绝缘电阻值继续降至 10kΩ 须报警，降至 4kΩ 应立即停机。

6. 集电环和电刷的维护

对集电环和电刷的监视、维护并及时处理其发生的故障和损伤，是保证发电机长期稳定运行的重要工作之一，每日、每周和停机期间均须安排检查维护工作。

（1）日检查。每日的工作班组应对碳刷做直观的检查。观察是否有火花及火花的大小，集电环和电刷装置的温升及噪声情况等。如发现碳刷火花、过多的碳粉或碳刷振动，应按周检查要求进行维修。停机时，应检查构成滑动接触的各部件的工作是否正常，氧化膜是否过厚或过薄，氧化膜是否均匀并有光泽，集电环的表面状态是否良好，通风沟是否堵塞，电刷接触面是否光亮或者有划痕、灼痕，电刷体在刷盒内上下滑动是否灵活，弹簧压力是否均匀，其压力值大小是否符合技术要求等。

（2）周检查。每周对碳刷做一次全面的检查，通常这些操作是在发电机运行时进行的，要小心注意安全，检查项目如下：

1）电刷的活动情况：用提刷的方法检查鉴定电刷在刷盒内上下活动是否自由，有无卡刷和电刷焊附在刷盒壁的现象（电刷与刷盒配合的间隙太小会产生卡刷现象。电刷受力不合理时，会产生电刷焊附现象。当电刷在工作时上下微动，电刷与刷壁之间的接触电阻逐渐降低达到一定程度时，由于热和电的作用，电刷就粘附在刷盒上而失去了上下活动的能力）。

当发生有卡刷和电刷焊附现象时，应立即研磨电刷和清理刷盒内壁，使电刷恢复上下自由活动的能力。

2）弹簧压力状况：恒压弹簧推荐的压力值是 12～15N。所有的恒压弹簧维持相同的压力是保证电刷稳定工作和各电刷之间的电流均匀分布的重要因素。明显的压力差异往往会表现为电刷不同的磨损率。在运行中应根据电刷（及集电环）的磨损情况检查和判断弹簧的工作状况，并使压力尽可能均匀。

3）电刷振动状况：运行中造成振动的因素很多，尤其是集电环不光滑或存在偏心。

4）电刷磨损状况：当运行中的电刷磨损到其顶部仅高出刷盒上设置的观察槽底约 3mm时，应更换新电刷，所有的碳刷应采用同一牌号。新电刷开始使用前必须进行磨弧，然后才允许投入使用，磨弧专用工具按集电环、电刷架装置仿制。

5）电刷的连接状况：检查电刷是否有脱辫现象，装配时的固紧部件是否有松动现象，导线是否氧化及是否有烧断股线现象等。电刷的接触面要力求和集电环表面相吻合。在运行期间由于发热或振动的影响而使刷握、刷辫的螺钉发生松动时，应立即予以紧固。

6）隔音罩内环境状况：可用压缩空气和吸尘清理集电环、刷架装置附近特别是绝缘部件上的碳尘及灰尘，以避免减低励磁回路的绝缘电阻。注意隔音罩内的座式轴承下绝缘垫片表面及周围亦不许附着碳尘、灰尘和油污等。

（3）停机检查。

1）每次停机期间，应清除集电环通风沟、孔内的碳尘物，以免影响通风效果。同时应特别注意检查集电环底部（运行中不易检查）的电刷情况。

2）为了使两集电环的磨损均匀，每隔一段时间（至少每年一次）将发电机的集电环极性交换。如集电环凸凹点及变形偏心，应进行处理。对于集电环表面的凸凹点，轻者用细砂布打磨（用专用木瓦辅助）；对于由划伤或灼伤造成较严重的凸凹点，用重新精车的方法处理。

7．氢气冷却器的维护

（1）气冷却器投入工作时，必须根据其技术数据及技术要求保持额定的运行方式。

（2）运行中不允许受到水的冲击。

（3）不允许发生冷却水温的急剧变化。

（4）不允许超过冷却器使用标准的腐蚀性化学物质及任何颗粒进入冷却器中。

（5）为防止腐蚀或脏污，每年应清理一次水室、盖板和管板的内表面（并涂防腐层）。

（6）根据冷却水的状况定期清理冷却管内表面。

（7）发电机拆开检修时，应将冷却器抽出进行外部检查和清理，检查密封件、冷却管散热片的状况。必要时应将冷却器用水蒸气和热水清洗散热片，随后用干燥空气吹干。

（8）每次检修和清理之后，应进行 0.8MPa（表压）的耐水压试验，历时 30min。

（9）发电机长期停机且不需要投入冷却器时（超过 5 昼夜），应将冷却器内部的水排净。

8．定子绕组冷却水内部供水管路的维护

当拆下发电机端盖时，应对发电机内部定子绕组供水管路进行检查，尤其是金属软管和波纹补偿器，这些部件若存在缺陷应及时更换，否则会留下故障隐患。

拓展提高

交流同步发电机有旋转电枢式和旋转磁场式两种结构形式。旋转电枢式交流同步发电机，是磁极不动而电枢转动，由于通过集电环和电刷滑动接触输出较大的功率可靠性不高，因此只应用于一些功率不大的交流同步发电机。旋转磁场式交流同步发电机是将磁极安置在转动的转子上，是电枢不动而磁极转动的发电机。由于磁场所需要的励磁电压较低，励磁电流也比较小，集电环和电刷的工作较为可靠且寿命也更长。所以，现在大多数交流同步发电机均采用这种形式。

一、发电机的定子结构

交流同步发电机定子由机座、定子铁芯和定子绕组所组成。其中定子铁芯和定子绕组是产生发电机机座感应电压、输出电流部分，它们合称为电枢。

1. 定子铁芯

定子铁芯是发电机磁路的组成部分，由一定数量 0.5mm 厚内圆冲出线槽的硅钢片叠压而成。定子铁芯沿轴向长度均留有通风沟，以增加定子铁芯的散热面积，整个铁芯固定在机座内侧的定位筋上。为了减少铁芯的涡流损耗，铁芯冲片的两面都涂有绝缘漆。定子铁芯内圆上均匀分布着可嵌放有定子绕组的线槽，定子绕组分为输出电流的主绕组和产生励磁电流的副绕组。

2. 定子绕组

定子绕组是发电机内感应电压、输出电流的部分，它是交流同步发电机的核心。定子绕组由许多个绕组元件，（也即线圈）所组成，绕组元件由绝缘铜导线绕制而成。单相交流同步发电机的定子绕组按设计规定嵌装、连接成单相绕组；三相交流同步发电机的定子绕组按设计规定嵌装、连接成三相绕组。定子绕组的各相绕组之间及整个绕组对定子铁芯均应可靠绝缘，以确保发电机的安全运行。

3. 机座

机座是交流同步发电机的整体支撑部件，用以固定定子铁芯，并与前、后盖和轴承一道支承转子运转。机座有铸铁铸造和钢板焊接两种，它本身并不作为发电机的磁路。机座内壁分布的筋条用以固定定子铁芯，其外圆即为发电机的外壳，以保护内部的定子绕组。机座的两端面加工有与端盖相配合的止口和螺孔，在它的下部铸有底脚，以便发电机与原动机组装固定在底架或基础上。位于机座侧面或顶部的位置一般装有出线盒，该出线盒内装设有接地线，从这里将发出的交流电引至外负荷。同时，发电机励磁绕组的引出线和定子副绕组的引出线也经出线盒引出。此外，在某些发电机的出线盒中还设置有励磁调节器。

二、发电机的转子结构

交流同步发电机的转子通常包括有转轴、磁极铁芯、磁极绕组、集电环、轴承及风扇等零部件。无刷交流同步发电机还应包括交流励磁机、电枢和旋转硅整流器，但却取消了集电环。

1. 转轴

转轴一般均由 35～45 号圆钢加工而成，经轴伸端上的联轴器使发电机与原动机对接，它是将机械能转变成电能的关键零件。小型交流同步发电机的转轴上通常热有磁轭，用以安装磁极绕组。

2. 转子铁芯

旋转磁场式交流同步发电机的转子即为它的磁极。发电机的转子铁芯又分为凸极式和隐极式两种，小型发电机的转子大多做成凸极式，凸极式转子铁芯一般用 1mm 厚的低碳钢薄板或 0.5mm 厚硅钢片冲制而成，它是发电机转子磁路的主要构成部分。

（1）凸极式磁极转子铁芯又有分离式和整体式两种形式。前者的每个磁极铁芯套上磁极线圈后，即用磁极螺栓固定在磁轭上面；后者的每个磁极铁芯与磁轭部分形成一个整体，在包扎好绝缘物的磁极铁芯上直接绕制其磁极线圈。

（2）隐极式磁极结构铁芯（又称转子铁芯），由整圆且在外圆处均布冲有槽孔的转子冲片叠装而成，该磁极铁芯直接压装在转轴上，两端设置有断板和支撑磁极绕组的支架。为消弱同步发电机中电压波形的齿谐波成分，一般转子铁芯均叠装成斜槽的形式。同时，为了提高同步发电机承受不对称三相负荷运行及并联运行能力，因而在转子铁芯齿部还冲有阻尼孔以嵌设稳定同步转速的阻尼绕组。这样，就能将短暂"失步"的发电机转子迅速拉回到同步转速下运行。

3. 磁极绕组

凸极式磁极的绕组安置于磁极铁芯极身上面，而隐极式的转子绕组嵌放在隐极式转子铁芯槽中，该绕组通过励磁电流时就在磁极铁芯内建立起同步发电机主磁场。磁极绕组或转子绕组的形式因其铁芯结构的不同也有凸极式与隐极式之分，凸极式磁极绕组一般用矩形截面的高强度聚酯漆包扁铜线绕制而成。分离凸极式转子的每个极套上一个预先绕好的磁极线圈即可，而整体凸极式转子磁极绕组则需直接绕在包好绝缘的磁极铁芯上。较大功率的同步发电机在两磁极之间装有保护撑块，防止同步发电机在运行中因受离心力作用向外隆起而变形损坏。

隐极式转子绕组多采用单层同心式绕组，通常用高强度聚酯漆包圆铜线绕制绕组后，再嵌入放好绝缘的隐极式转子铁芯槽中并用槽楔封牢。绕组端部与转子支架用玻璃纤维带沿圆周予以绑扎。

4. 轴承

在转轴的两端安置有轴承以支撑转子使其轻快地运转。轴承的外圈固定在两端盖的轴承室或轴承套内。由于受力大小的不同，发电机轴的传动端常采用滚柱轴承。轴承内圈与转轴采用过盈配合，用热套法将转轴套入轴承，轴承外圈与端盖（或轴承套）采用过渡配合。

5. 风扇

同步发电机运行时因各种损耗而发热，对发电机必须进行通风冷却。一般都是在转轴上装设冷却风扇，在同步发电机旋转运行时其内部热量经风扇顺利排出。为了提高效率、降低通风噪声，同步发电机的风扇常用后倾式离心风扇。风扇的叶片材料多为铸铝和钢板焊接两种。

6. 集电环

同步发电机的集电环是由互相绝缘的两个导电环组合而成。发电机运行时，励磁电源输出的励磁电流经电刷、集电环输给转子绕组。为确保集电环具有良好的工作状态，将它压到发电机转轴上的设计位置后，就必须对集电环的圆周表面进行精加工，并且在同步发电机进行总装配时，还必须对电刷的工作面作认真仔细地磨削，以使集电环与电刷的吻合面不少于电刷横截面的 80%。

三、发电机的端盖、轴承盖

端盖、轴承盖是同步发电机用来使其转子能正常旋转的支撑件，它同时还起着隔离和保护定、转子绕组的作用。

1. 端盖

端盖在与机座配合后用于支承整个转子，在端盖中心开有轴承室圆孔，用以安装轴承。端盖通过其断面止口与机座接合。而与原动机连接的同步发电机，其轴伸端的端盖两端面均加工有端面止口，要求此端面止口与轴承室有很高的同轴度，以保证发电机组整机装配后能够良好地运行。同步发电机的端盖通常有铸造和钢板焊接两种。

2. 轴承盖

发电机在转子两端的轴承位置均配备轴承盖，以保护轴承清洁并使润滑脂不会向外甩出。轴承盖一般用铸铁铸造或用钢材加工而成。

任务 2.2 励磁系统巡视与维护

知识目标：

(1) 了解典型的 600MW 发变组单元接线发电厂励磁系统巡视检查及维护内容。

(2) 熟悉正常运行方式下励磁系统巡视的标准化作业流程。

(3) 掌握火电仿真系统中励磁系统巡视检查及维护相关操作及火电仿真系统的功能及使用。

能力目标：

(1) 具备根据典型的 600MW 发变组单元接线、发电厂励磁系统运行检查和维护的基本内容及相关规定，对发电厂励磁系统进行运行检查和维护的能力。

(2) 具备正确理解、分析发电机运行规程和发电厂一、二次系统图的能力，形成励磁系统巡视检查及维护基本思路，具备较强抽象思维能力。

态度目标：

能严格按照发电厂励磁系统运行有关规定和注意事项，与小组成员协商、交流配合，按标准化作业流程完成学习任务。

掌握励磁系统的构造及主要技术参数，根据参数能够准确判断出励磁系统的工作情况。

相关知识

供给同步发电机励磁电流的电源及其附属设备称为励磁系统。同步发电机的励磁系统一般由励磁功率单元和励磁调节器两个主要部分组成。励磁功率单元向同步发电机转子提供励磁电流，而励磁调节器则根据输入信号和给定的调节准则控制励磁功率单元的输出。

励磁系统向同步发电机的励磁绕组供电以建立转子磁场，并根据发电机运行工况自动调节励磁电流以维持机端和系统的电压水平，并决定着电力系统中并联机组间无功功率的分配。

一、励磁系统的分类

1. 按励磁方式分

(1) 自励。从发电机出口引出一条支路，通过励磁变压器降压以后输入励磁调节器，励磁调节器的输出作为励磁电源为转子磁场提供电流。

特点：系统简单，发电机出口电压较稳定，励磁调节器输出电流稳定，但需要起励电源。

（2）他励。取消了励磁变压器等设备，系统更简化，直接从厂用电接出一路电源作为励磁电源。

特点：不需要另接起励电源，但厂用电电压不稳定，容易引起励磁电流的波动，造成发电机出口电压的波动。

2. 按励磁的接入方式分

（1）无刷励磁。在励磁系统接入方式上不采用碳刷滑环，而且将励磁调节装置的整流部分与连接部分整合为一体。无刷励磁属于他励方式的演化形式。

（2）有刷励磁。励磁电源过碳刷滑环接入转子回路。

二、励磁系统的组成

（1）励磁控制单元，向同步发电机的励磁绕组提供励磁电流。

（2）励磁调节器，根据发电机的运行状态，自动调节励磁功率单元输出的励磁电流的大小，以满足发电机运行的需要。

三、励磁系统的作用

（1）控制发电机端电压。

（2）分配无功功率。

（3）提高电力系统运行稳定性。

（4）改善电力系统的运行条件。

四、对励磁系统的基本要求

为完成励磁系统的各项任务，对励磁功率单元和励磁调节器分别提出要求。

1. 对励磁功率单元的要求

励磁功率单元受励磁调节器的控制，对它的要求如下：

（1）具有足够的调节容量，以适应发电机各种运行工况的要求。因为发电机运行中维持系统电压和输送无功功率，都是靠调节励磁电流来实现的。

（2）具有足够的励磁顶值电压和电压上升速度。励磁顶值电压和电压上升速度分别反映了励磁功率单元的强励能力和快速响应能力，较大的强励能力和较快的响应能力对改善电力系统运行条件和提高暂态稳定性是有利的。

所谓强励，是指在电力系统发生故障引起发电机端电压降低到 $80\% \sim 85\%$ 额定电压时，迅速将励磁电压加到顶值的措施。发电机强励的作用是有助于继电保护的正确动作（指带延时的保护），缩短故障后系统电压的恢复时间。

（3）励磁功率单元实质上是一个可控的直流电源，它应具有一定的独立性和可靠性，不受电网运行工况变化的影响。

（4）起励方式应力求简单、方便。

2. 对励磁调节器的要求

励磁调节器的主要任务是检测系统运行状态的信息，产生相应的控制信号，经放大后控制励磁功率单元，以得到所要求的发电机励磁电流，因此对其要求如下：

（1）系统正常运行时，励磁调节器应能反应发电机电压的高低，以维持发电机电压在给定水平，并能合理分配机组间的无功功率和便于实现无功功率的转移。

（2）对远距离输电的发电机组，为了能在人工稳定区域运行，要求励磁调节器没有失灵区。

（3）能迅速反应系统故障，具备强励等控制功能，以提高暂态稳定和改善系统运行条件。

（4）具有较小的时间常数，能迅速响应输入信息的变化。

（5）结构简单可靠，操作维护方便，并逐步做到系列化、标准化。

 **任务实施**

一、励磁系统投运前巡视检查内容

（1）系统检查维护工作已完成。

（2）控制柜和电源柜已准备待运行并且适当地被锁定。

（3）临时措施已拆除。

（4）灭磁开关控制电源及调节器电源已送电。

（5）调节屏、灭磁屏无报警和故障信息（有故障信号需复位）。

（6）灭磁屏起励电源开关投入。

（7）励磁系统切换到"远方"控制方式。

（8）励磁系统切换到"自动"运行方式。

（9）励磁系统灭磁方式切换到"逆变"灭磁方式。

二、励磁系统运行中巡视检查内容

（1）各表计指示正常。

（2）各控制开关位置正确，信号指示应与工作方式一致。

（3）在自动电压调节器 AVR 处于自动方式时，重点监视 AVR 直流回路的跟踪情况和电压波动时，AVR 的自动调节功能。

（4）盘内各元件无发热及焦臭味，各保护继电器及小开关位置符合运行方式要求，无掉牌及报警信号。

（5）励磁电流、励磁电压、机端电压、电流及运行方式指示灯应与集控室盘面一致，稳压电源输出电压正常，其他表计指示正常。

（6）可控整流柜冷却风机运行正常，无异常声音。

（7）晶闸管柜输出电流正常，风温正常。

（8）灭磁开关、励磁回路开关、隔离开关触头接触良好，无过热现象。

（9）各快速熔断器无熔断现象，各脉冲指示灯指示正常，无脉冲丢失信号，电源监视灯亮。

（10）无限制器动作。

（11）工作调节器的设定点未达到极限设定值。

（12）通道之间是平衡的，并且通道确已准备就绪。

拓展提高

发电机正常运行的标志，是稳定地向系统送出有功功率和无功功率。但发电机有时可能会因种种原因从正常运行方式转变为失磁、调相运行和进相运行等特殊运行方式。

一、失磁运行

失磁运行是指发电机在运行中因失磁而处于异步状态。

1. 失磁运行的现象

（1）转子电流指示近于零或等于零，具体由引起失磁的原因而定。

（2）转子电压指示异常。在发电机失磁瞬间，转子绕组两端可能产生过电压；如励磁回路开路，则转子电压降至零；如转子绕组两点接地短路，则指示降低；转子绕组开路时，指示升高。

（3）无功负荷指示反向（负值），有功负荷指示降低并摆动。

（4）定子电压降低，定子电流升高并摆动。

（5）功率因数表指示进相。

2. 引起失磁运行的原因

（1）励磁机或励磁回路发生故障。

（2）转子绕组或励磁回路开路，或转子绕组严重短路。

（3）励磁调节器或副励磁机系统发生故障。

（4）转子集电环电刷着火或烧断。

3. 失磁运行的影响

发电机失磁后转子磁场消失，发电机从电网吸取大量无功功率，定子合成磁场与转子磁场间的"拉力"减少，即发电机的电磁转矩减小，而此时汽轮机的输入转矩没有改变，过剩转矩将使转子的转速加快，并超出同步转速而产生相对速度，使发电机失步而进入异步运行状态。此时，定子旋转磁场以转差速度切割转子，在转子绕组或铁芯表面感应出交变电流，这个电流又与定子磁场作用产生了转矩，即异步转矩。发电机转子在克服这个转矩的过程中，继续向系统送出有功功率，即为异步功率。当异步转矩等于汽轮机转矩时，产生了新的平衡。实际上，由于转子速度的升高，在汽轮机调节系统作用下，进汽量通常要减少。因此，失磁运行时的异步功率要低于原来的有功功率。

在异步运行状态下由于发电机由系统吸收大量无功功率，供定子和转子产生磁场，定子电流将超过额定值。在降低至额定值时，有功负荷约为额定值的50%～70%。另外，在转子表面流过的感应交变电流，将产生损耗而发热，在某些部位还会产生局部高温。所以，对300MW汽轮发电机一般不允许无励磁运行。

当电网容量较大且发电机的结构允许失磁运行时，300MW汽轮发电机在失磁运行中所带的负荷及失磁运行时间应按制造厂要求或现场规程的规定执行。

试验表明，当氢冷发电机失磁时，其端部铁芯及其部件的温度会有明显增加。如果将发电机负荷降低到额定值的40%，在定子电流为额定值的110%时，比较发电机失磁时各部位的温度与正常运行值得知，发电机在失磁运行期间应受定子铁芯发热的限制，而不受转子发热的限制。因此，对于300MW汽轮发电机，将其平均负荷降低至额定值的40%后，在定子电流不超过额定值的105%、定子铁芯温度不超过130℃时，允许发电机失磁运行10min。

4. 失磁运行的处理

（1）发生失磁运行时，由于机组失步，发电机呈振荡状态。运行人员应立即根据表计显示尽快判明引起振荡的原因。

（2）若判明为由于300MW汽轮发电机失磁后，应立即将机组与系统解列。

（3）如该机励磁系统可以切换至备用电源而其余部分仍正常可用时，可在机组解列后迅速切换至备用励磁，然后将机组重新并网。

（4）在上述处理的同时，应尽量增加其他未失磁机组的励磁电流，以提高系统电压和稳定能力。

（5）对直接运行的高压厂用工作变压器供电的厂用母线电压亦应严密监视。在条件允许且必要时，可切至备用电源供电。

二、调相运行

当运行中的发电机，因汽轮机危及保安器误动或调节系统故璋而导致主汽门关闭，且机组的横向联动保护或逆功率保护没有动作时，发电机将变为调相运行状态。

300MW 汽轮发电机不允许持续调相，运行规程规定这种状态的运行时间不得超过 3min。

汽轮机主汽门关闭后，发电机从系统吸取有功功率，以维持发电机的同步运行。这时，发电机的有功功率指示小于零，而励磁系统仍然正常，故发电机向系统送出无功功率。在这种状态下，定子旋转磁场拖动发电机转子以同步转速旋转，转子磁场滞后于定子旋转磁场。

由于发电机的有功功率突然消失，而励磁电流未变，故发电机电压将会自动升高。升高的电压使发电机与系统间流过感性无功电流。因此，发电机的无功功率自动增加，增加后的无功电流在发电机和变压器电抗压降作用下，仍保持发电机电压与系统电压的平衡。

如汽轮机长期无蒸汽运行时，由于其叶片与空气摩擦将会造成过热，使汽轮机排汽温度很快升高。所以，不允许持续调相运行。

发生调相运行后，运行人员应立即监视表计，并根据信号情况迅速做出判断。如机组未自动跳闸，应迅速汇报值长，并在 1min 内将机组解列。

三、进相运行

当发电机励磁系统由于 AVR 原因或发生故障或人为使励磁电流降低较多而导致发电机的无功功率为负值时，便造成了进相运行。此时由于转子主磁通降低，引起发电机的电动势降低，致使发电机无法向系统送出无功功率。进相程度取决于励磁电流的降低程度。

如果是由于设备原因而造成进相运行时，只要发电机尚未出现振荡或失步现象，则可适当降低该机有功功率，同时迅速提高励磁电流，使机组脱离进相状态，然后查明励磁电流降低的原因。若进相严重，机组失磁保护将动作跳闸。

引起进相运行的原因主要有如下几方面：低谷运行时，发电机无功功率原已处于低限，当系统电压因故突然升高或有功负荷增加时，励磁电流自动降低；AVR 失灵或误动；励磁系统其他设备发生故障。

上述原因引起的进相运行中，如由于设备原因不能使发电机恢复正常时，应争取及早解列，因为在通常情况下，机组进相运行时定子铁芯端部容易发热，对系统电压也有影响。但是，对制造厂允许的或经过专门试验确定能够进相运行的发电机，如系统需要时，在不影响电网稳定运行的前提下，可以进相运行。此时，必须严密监视机组的运行工况，防止发生失步，并尽早使机组恢复正常运行。另外，对高压厂用母线电源也应保证其安全性。

系统电压的调节与控制是通过对中枢点电压的调节和控制来实现的。通常根据电网结构和负荷性质的不同，在不同的电压中枢点采用不同的调压方式。电网中无功功率的平衡与补偿是保证电压质量的基本条件。当电网重载时，会因无功电源容量不足引起系统电压偏低，此时采用静电电容器予以补偿。在电网轻载时，若网络容性无功功率出现过剩，则会引起运行电压升高，甚至超过允许电压的上限值。试验和实践证明，此时适当调整发电机，采取进相运行方式，可以弥补电网调压手段的不足而获得良好的降压效果。

发电机经常的运行工况是迟相运行。发电机迟相运行时，供给系统有功功率和感性无功功率，其有功功率表和无功功率表均指示为正值。此时定子电流滞后于端电压，发电机处于过励磁运行状态。发电机进相运行是相对于发电机迟相运行而言的。发电机进相运行时，供给系统有功功率和容性无功功率，其有功功率表指示正值，而无功功率表指为负值。此时发电机从系统吸收感性无功功率，发电机定子电流超前于端电压，发电机处于欠励磁运行状态。发电机进相运行时，各电磁参数仍然是对称的，并且发电机仍然保持同步转速，因而也是属于发电机正常运行方式中功率因数变动时的一种运行工况，只是拓宽了发电机的运行范围而已。调节发电机的励磁电流，便可实现发电机内部磁场与其感应电动势的改变，从而引起无功功率发生变化，此时虽然不影响有功功率，但是当励磁电流调节过低，则有可能使发电机失去稳定。

发电机能否进相运行取决于发电机端部构件的发热程度和在电网中运行的稳定性。发电机运行时，端部漏磁通过磁阻最小的路径形成闭路，由于端部漏磁在空间与转子同步旋转切割定子端部各金属构件，并在其中感应涡流和磁滞损耗，引起发热。当端部漏磁过于集中某部件局部，而该处的冷却强度不足时，则会出现局部高温区，其温升可能超过限定值。发电机端部漏磁的大小和发电机的运行状况即与功率因数及定子电流值有关。定子端部的温升取决于发热量和冷却条件的相互匹配。由于发电机在设计时是以迟相为标准的，因此发电机在迟相运行时，其端部各部件温升均能控制在限值内运行。发电机在进相运行时其端部磁通密度较迟相运行时增高，因此需格外注意各部件的温升状况。

当发电机在某恒定的有功功率进相运行时，由于励磁电流较低，因而其静稳定的功率极限值减小，降低了静稳定储备系数，使发电机静稳定能力降低。因此，发电机进相运行时，允许承担的电网有功功率和相应允许吸收的无功功率值是有限值的。由于各种发电机的参数、结构、端部材料以及连接的系统参数等不相同，所以进相运行时的容许限值亦不相同，一般应通过试验来确定。

任务 2.3　电动机巡视与维护

学习目标

知识目标：

（1）了解典型的 600MW 发变组单元接线发电厂电动机巡视检查及维护内容。

（2）熟悉正常运行方式下电动机巡视的标准化作业流程。

（3）掌握火电仿真系统中电动机巡视检查及维护相关操作及火电仿真系统的功能及使用。

能力目标：

（1）具备根据典型的 600MW 发变组单元接线、发电厂电动机运行检查和维护的基本内容及相关规定，对发电厂电动机进行运行检查和维护的能力。

（2）具备正确理解、分析发电机运行规程和发电厂一、二次系统图的能力，形成电动机巡视检查及维护基本思路，具备较强抽象思维能力。

态度目标：

能严格遵守发电厂电动机运行规程及注意事项，与小组成员协商、交流配合，按标准化作业流程完成学习任务。

掌握电动机的主要技术参数，会用自己的五官准确判断电动机的运行状况，并能做出相应的处理。

一、电动机允许温度与允许升温

电动机运行过程中损坏，大多数是由于过热引起的。因为电动机在运行过程中，各种能量损耗都要产生热量。主要的能量损耗可分为可变损耗和不变损耗两部分。可变损耗中包括定子绕组中的铜损，因为绕组中有电阻，所以当电流通过电阻时，便产生 I_2R 的功率损耗，它随负荷的变化而变化，且随电流的平方正比例地增加。不变损耗中包括机械损耗和铁芯损耗。机械损耗是由轴承的摩擦和风扇与空气之间的阻力组成的，其大小由转速决定。而在运行过程中，异步电动机的转速基本不变，因此机械损耗的大小也基本不变。铁芯损耗是由铁芯中磁通交变而产生的，其大小取决于铁芯中的磁通密度及磁通变化的快慢。铁芯损耗与电源电压的平方成正比，而在运行中由于电源电压几乎不变，因此铁芯损耗也基本不变。

在电动机的运行过程中，上述各种损耗最后都转化为热能，使电动机的绕组和铁芯发热，为了防止电动机的烧坏，所以电动机有规定的允许温度和允许温升，保证电动机的正常运行。

二、冷却空气温度对电动机输出功率的影响

由于电动机的连续工作容量主要取决于定子绕组、转子绕组、定子铁芯的温度，而这些温度受电动机周围的冷却空气的影响很大，所以应考虑电动机的冷却空气温度与负荷的关系。当冷却空气为额定温度（一般35℃）时，电动机可以在频率、电压正常的情况下满负荷长期运行；当冷却空气温度高于额定温度时，电动机的输出功率就应该降低；而当冷却空气温度低于额定温度时，其输出功率可以升高。

三、频率、电压与额定值有偏差异步电动机的运行

在电动机运行中，常常发生电压、频率长期与额定值有偏差的情况。当频率在额定值时，电动机可以在额定电压−5％～＋10％的范围内运行，其额定输出功率不变；而当电压在额定值时，电动机可以在额定频率变动±0.5Hz的范围内运行，其额定输出功率不变。

1. 在额定频率下电压变化时电动机的运行

（1）在恒定负荷下，当电动机的外加电压降低很多时，由于转子电流的增加，必然使定

子电流增大，以抵消因转子电流所产生的磁通对定子旋转磁通的影响，这样便会使电动机的发热增大，严重时甚至会将电动机烧坏。所以在使用电动机时，为了保证电动机的正常运行而不损坏，必须尽可能使电压保持为额定值。

（2）在恒定负荷下，当电动机的外加电压增加时，与上述的情况相反，此时转子导体内感应的电流减少，定子的电流也相应地减少。这样，由于定子的铁芯损耗与电压的平方成正比，所以定子的铁损增加，铁芯温度增高。但由于绕组的电流减小，绕组的温度降低，因此铁芯温度的升高对绕组发热的影响甚微。

2. 在额定电压下频率变化时电动机的运行

额定电压下频率变化时，铁芯中的磁通密度将与频率成反比，而空载电流也将相应地变化。当频率小于额定频率 0.5Hz 时，频率的减少将引起磁通的增加，电磁转矩的增大。此时，若不增加外面的负荷，使电动机转矩与制动转矩达到新的平衡，势必使转子的转速升高，转差减少，于是转子导体内的感应电动势和电流随之减少，它与定子磁通间的相互作用也随着降低，从而使电磁转矩减小，直到与制动转矩达到新的平衡为止。此时，由于转子电流的减少，必然使定子的电流也减少，以抵消转子磁通对定子旋转磁通的影响。这样，绕组电流的减少使电动机绕组的温度降低，但由于磁通的增加，空载电流随之增加，使铁芯中的温度升高，但它对电动机运行的影响不大。所以，电动机频率较额定值降低 0.5Hz 时，对电动机的绝缘没有很大影响，但电动机做功少了，实际上相当于减负荷。在恒定负荷下，若电压不变而频率大于额定值 0.5Hz/s 时，情况与上述相反。

四、电动机绕组绝缘电阻的容许值

电动机启动前，应用 500V 或 1000V 绝缘电阻表测量绕组的绝缘电阻，符合要求才能启动。若绝缘电阻不符合要求，则用红外线灯泡或在干燥室中进行电动机的烘燥工作，直到绝缘电阻符合要求为止。一般高压电动机每千伏工作电压不低于 $1M\Omega$，380V 电动机和绕线式电动机转子不低于 $0.5M\Omega$ 时，则认为符合要求。另外，运行中的电动机，绕组的绝缘电阻是否符合要求还应考虑与原始记录的数值的比较，当电动机绕组的绝缘电阻值较以前同样情况下（温度、电压、使用的绝缘电阻表等级均相同）降低 50% 以上时，也认为不符合要求。

五、厂用电动机的运行维护

1. 对电动机负荷电流和温度的监视

异步电动机的大部分故障都会引起定子电流增大和电动机温度升高，所以电流和温度的变化基本上可以反映出电动机运行是否正常。因此，值班人员应随时监视和检查电动机的定子电流和电动机的温度是否超过其额定值。

2. 电压的许可变动范围

电动机的电磁转矩与主磁通和成正比，而主磁通和与外加电压成正比，即电动机的电磁转矩与外加电压的平方成正比。因此，电动机外加电压的变动直接影响电动机的转矩。若外加电压降低，则电动机转矩减小，转速下降，使定子电流增大；同时，转速下降又引起冷却条件变坏，这样，会引起电动机温度升高。若电源电压稍高时，可使磁通增大、电动机转速提高，从而导致转子和定子电流减小；同时冷却条件改善，结果电动机温度略有下降。倘若外加电压过高，由于磁路高度饱和，励磁电流将急剧上升，发热情况反而恶化；而且过高的电压将影响电机绝缘。所以电动机外加电压的变动范围不得超过其额定电压的 $-5\%\sim+10\%$。另外，还需注意三相电压是否平衡。

3. 防止三相异步电动机的单相运行

三相异步电动机如果电源一相断线或一相熔断器熔断，则造成断开一相运行。三相电动机变成单相运行时，假若电动机的负荷未变，即两相绕组要担负原三相绕组所担负的工作，则这两相绕组电流必然增大。电动机所用熔断器的额定电流是按电动机额定电流的 1.5～2.5 倍来选择的，而熔断器的熔断电流又是它自己额定电流的 1.3～2.1 倍，因此电动机所用熔断器的最小熔断电流是电动机额定电流的 $1.3×1.5=1.95$ 倍。很显然，单相运行时电流小于熔断器的最小熔断电流，所以电动机的熔断器不会因单相运行而熔断。长期单相运行必使电动机过热而烧毁。三相电动机发生单相运行时，不仅电流发生变化，而且也会产生异常的声响。值班人员发现上述异常状态时，应及时断开电源。

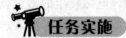 **任务实施**

一、电动机运行中的巡视检查

（1）电动机电流指示在允许范围内，无摆动现象。

（2）电动机运转声音均匀，振动、串轴未超过规定值。

（3）电动机各部分的温度在规定的范围内，即滑动轴承不超过 80℃，滚动轴承不超过 100℃。

（4）电动机轴承润滑良好，油位在 1/2～1/3 之间，油色透明。

（5）直流电动机电刷无冒火、跳动现象。

（6）电动机的接线盒密封良好。

（7）电动机外壳接地线牢固完好，地脚螺栓不松动。

（8）密闭空冷的电动机无渗水、漏水、结露现象，空冷器的水压、流量正常。

（9）通风道无阻塞，冷却水阀门及通风挡板位置正确。

二、电动机的维护

（1）电动机在检修、保护跳闸、紧急停止和受潮之后，均应进行绝缘测量；备用状态下的高、低压电动机每半个月测一次绝缘电阻，并做好详细记录。

（2）装有防潮加热器的电动机，如备用时加热器投入正常，平时可不再测量绝缘电阻，但在检修后必须测量绝缘电阻。

（3）装有防潮加热器的电动机停机后，应将加热器投入运行；电动机运行时，将加热器停用。加热器投入时，监视电动机的温度，不得超过允许值。

（4）电动机周围要保持清洁和通风良好，防止飞灰、煤粉和水汽等有害物质进入电动机。

（5）电动机测量绝缘电阻的规定：

1）额定电压在 1000V 及以上的电动机，使用 2500V 绝缘电阻表测量，在常温下定子绕组和相连电缆的绝缘电阻值不低于 1MΩ/kW。

2）额定电压在 1000V 以下的电动机，使用 500V 或 1000V 绝缘电阻表测量，在常温下定子绕组和相连电缆的绝缘电阻值不低于 0.5MΩ。

3）直流电动机绝缘电阻不应小于 0.5MΩ。

4）容量为 500kW 以上的电动机在大小修后应测量相对地吸收比，吸收比 $R_{60}/R_{15}≥1.3$。

5）大修后大型电机绝缘轴承对地绝缘用 1000V 绝缘电阻表测绝缘电阻不低于 0.5MΩ。

6）电动机测量的绝缘阻值与以前同温度下的数值相比较，如果低于以前阻值的$1/2$，虽然大于1）～5）所列规定值，也应通知检修人员查明原因。

7）若电动机绝缘电阻不符合上述要求，应进行干燥处理，合格后按规定送电。特殊情况需征得值长（或总工程师）同意后，方可启动。

（6）测量电动机绝缘电阻注意事项：

1）断开该电动机的电源，验明确无电压后，方可进行测量。

2）测量前进行验电放电，测量后也应放电。

3）测量6kV电动机的绝缘电阻，应用2500V绝缘电阻表；测量380V电动机的绝缘电阻，应用500V或1000V绝缘电阻表。

拓展提高

厂用电系统是发电厂供电的最重要部分，它的安全运行直接影响到电厂的输出功率。尤其是大容量的发电厂，对厂用电的供电可靠性要求更高，在任何时间都不应间断，否则将引起主设备的输出功率下降或被迫停机，甚至导致对用户的停电，其经济损失是不可估量的。

在火电厂中，一般都有两台及以上厂用高压变压器，以满足厂用负荷的供电需要。一般把厂用变压器以下所有的厂用负荷供电网络，统称为厂用电系统。为了保证厂用电源不间断供电，每段高压厂用母线除由工作变压器取得电源外，还可以从备用变压器取得电源。每段母线都可由两个电源供电，而且备用电源能自动投入，以提高厂用电源的可靠性。

机组运行中，应保证厂用电系统在经济、合理、安全、可靠的方式下运行。厂用设备如母线、变压器、断路器、整流器、柴油发电机组等应处于正常完好状态，运行设备各个参数正常，并在允许值范围内变化。备用设备应可随时投入。电源应分配合理，不允许设备过负荷或限制输出功率运行。当部分电源及线路发生故障时，要避免影响其他系统运行。厂用变压器在运行中，应保证其负荷、电压、温度在允许范围内运行，变压器声音均匀、无异常放电现象。

火电厂中占重要地位、数量很多的是电动机。因此，电动机的运行监视是非常重要的。

一、电动机的运行操作

（1）电动机的停、送电和启、停操作，应由负责该电动机和所带机械的值班人员进行。

（2）电动机的停、送电操作，应遵守倒闸操作的安全规程条文，严格执行操作票和操作监护制度的有关规定，特别要防止带负荷拉、合闸。

（3）电动机送电前，要了解该电动机的检修工作是否结束，有无有关的工作票，即应符合送电的手续。送电前，应对电动机的控制设备（包括各引线及其系统）做全面检查。电动机的绝缘电阻值必须符合要求。送电操作中，应将电动机有关电源（包括操作动力）全部送上，即处于热备用状态，一经机械值班人员操作，电动机即可投入运行。

（4）电动机送电后，送电的值班人员应向机组长汇报，然后由机组长向值长汇报，同时，还应该做好操作记录。送电完毕后，有条件时，由机械值班人员进行试验开停一次。

（5）电动机的停电操作，应在电动机停转后，机械值班人员已做好隔绝措施以后进行，并根据停电后是机械作业，还是电气作业，或者是机电同时作业等不同情况，分别进行操作和执行有关安全措施，停电操作也须做汇报和记录。

（6）使用熔断器送电前，操作人员应检查所送熔断器是否符合要求（包括容量正确）并装设牢固，验电正常。

二、电动机的启动

1. 电动机启动前的检查

（1）电动机周围应清洁，无杂物，无漏水、漏气且无人工作。

（2）电动机及其控制箱应无异常现象，外壳接地应良好，电动机引出线已接好。

（3）机械部分应完好，外露的旋转部分应有完善的防护罩。

（4）如电动机停运的天数超过规定时间或受潮时，应测量其绝缘电阻是否合格。

（5）电动机底座螺栓应牢固、不松动，轴承油的油位和油色正常。

（6）用手转动机械部分，应无卡住、摩擦现象。

（7）检查传动装置应正常，例如传动皮带不应过紧或过松、不断裂，联轴器完好等。

（8）有关各部分测温组件的显示或指示正常。

（9）冷却装置完好，水冷却的水源应投入，油冷却的油系统应投入运行，且无漏水、漏油情况，压力、流量正常。

（10）对绕线式转子电动机，需特别注意电刷压在集电环应紧密，启动电阻器的电阻应全部接入回路中，集电环短路装置在断开状态。

上述检查内容应按各厂现场规定的分工由专责人员负责。

2. 电动机的启动

（1）对大、中容量的电动机，启动前应通知值长，并采取必要的措施以保证电动机能顺利启动。

（2）电动机的启动电流很大，但随着电动机转速的上升，在一定时间内，电流表指示应逐渐返回到额定值以下。如果在预定时间（对各种机械有不同的启动时间，各岗位应有这种数据）内不能回至额定电流以下者，应停用电动机，并联系各有关部门一起查明原因；否则，不允许再次启动。

（3）电动机启动时，应监视从启动到升速的全过程直至转速正常。如启动过程中发生振动、异常声响、冒烟起火等情况，应立即停用。

（4）对新投运的或检修后初次启动的电动机，应注意其旋转方向必须与设备上标定的方向一致，否则应停电后纠正。

三、电动机运行中的监视

对运行中的电动机，运行人员应按制度的规定进行检查和维护。当运行人员在检查过程中发现电动机运行不正常时，必须汇报值长，然后才能改变电动机的运行方式。当发生必须立即停运的故障时，才可先行停止电动机的运行，但应尽快汇报值长。

运行中电动机的检查项目如下：

（1）监视电动机电流应不超过额定值。

（2）电动机各部分的温度不超过规定值，测温装置完好。

（3）电动机及其轴承的声音应正常，无异常气味。

（4）电动机的振动、串动应不超过规定值。

（5）轴承润滑情况良好，不缺油、不甩油，油位、油色正常，油环转动正常，强制润滑系统工作正常。

（6）电动机冷却系统（包括冷却水系统）正常。

（7）电动机周围清洁、无杂物，无漏水、漏气现象。

（8）电动机保护罩、接线盒、控制箱等无异常情况。

 技能训练

（1）说出发电机需要巡视的内容。

（2）说出励磁系统需要巡视的内容。

（3）说出电动机需要巡视的内容。

（4）请说明什么是进相运行。

项目三　发变组异常及事故处理

项目描述

发电厂异常及事故处理的学习项目，主要学习同步发电机及励磁系统、电动机与厂用电系统、直流系统及交流不停电电源 UPS 等设备的异常及事故处理。

学习完本项目必须具备以下专业能力、方法能力、社会能力。

（1）专业能力：具备根据发电厂异常及事故处理基本原则、发电厂异常及事故处理一般程序及相关规程规范，对发电厂同步发电机与励磁系统，电动机与厂用电系统、直流系统、交流不停电电源 UPS 异常及事故进行分析判断处理及评价处理结果的能力。

（2）方法能力：具备正确理解、分析发电机运行规程和发电厂一、二次系统运行方式的能力，形成发电厂同步发电机与励磁系统、电动机与厂用电系统、直流系统、交流不停电电源 UPS 异常及事故处理的基本思路，具备较强抽象思维能力，并能根据发电厂设备及系统参数的异常，快速准确分析、判断、处理常见的异常及事故，具备较强的发现问题、解决问题能力。

（3）社会能力：愿意交流，主动思考，善于在反思中进步；学会服从指挥，遵章守纪，吃苦耐劳，安全作业；学会团队协作，认真细致，保证目标实现。

任务 3.1　发电机及励磁系统异常与事故处理

发电机及励磁系统等设备在运行中可能受到电气或机械等方面的损伤，使设备出现异常现象，运行人员必须及时发现并掌握异常现象的原因分析和处理方法，确保设备的长期安全运行。

学习目标

知识目标：

（1）熟悉发电机及励磁系统的异常事故前的运行方式。

（2）熟悉掌握发电机及励磁系统异常现象。

（3）掌握发电机及励磁系统异常处理流程和典型异常的处理步骤。

能力目标：

（1）能说出发电机及励磁系统运行的基本要求。

（2）能分析出发电机及励磁系统正常和异常运行状态并写出典型异常的处理步骤。

（3）能在仿真机上进行发电机及励磁系统的异常处理操作。

态度目标：

（1）能主动学习，在完成任务过程中发现问题，分析问题和解决问题。

（2）能严格遵守发电机运行规程及各项安全规程，与小组成员协商、交流配合，按标准化作业流程完成发电机与励磁系统异常及事故处理学习任务。

 **任务分析**

在掌握发电机及励磁系统基本结构原理、主要设备部件和发电机及励磁系统主要保护的基础上，能正确分析掌握发电机及励磁系统典型异常的处理步骤并进行异常处理。

相关知识

值班人员必须熟悉发电机及励磁系统的一般运行方式和设备的运行要求以及发电机及励磁系统的异常运行状态。发电机及励磁系统发生异常运行时，能通过相应的故障信号、有关表计，分析并处理异常，使机组恢复正常运行。若发电机及励磁系统异常运行不能及时处理时，并有所发展扩大时，应根据情况停机处理。

任务实施

一、发电机的异常运行与处理

1. 发电机温度异常升高处理

发电机正常运行中，各部分温度均不得超过允许值，如果温度有异常升高超过允许值，应立即汇报值长，并进行下列检查处理。

（1）联系汽机值班人员检查发电机冷却系统是否正常，检查进、出口氢温、水温及温差等情况，并进行相应调整。

（2）联系热工人员核对温度表指示是否正确。

（3）根据实际情况，请示值长适当降低发电机有功负荷和无功负荷。

（4）测量线圈、铁芯各点温度，判别是否局部过热和个别定子线圈水路堵塞。

（5）若确认温度表指示正确，并经以上调整无效，且温度继续上升，应请示值长停机检查处理。

2. 发电机过负荷的处理

发电机正常运行时，无论时间长短，都不允许过负荷运行，只有在电网事故情况下，才允许短时间过负荷运行。过负荷期间，应严密监视各部分温度不得超过规定值。

（1）定子过负荷的处理。

现象：

1）定子电流超过规定值。

2）"对称过负荷"信号发出，保护动作装置减出力。

处理：

1）降低无功负荷。

2）降低有功负荷，同时汇报值长。

3）若保护动作减出力，应立即调整，使定子电流尽可能保持在额定值内，并汇报值长。

4）若过负荷是由励磁系统误动造成，应立即将励磁方式由自动倒为手动运行。

5）发电机过负荷时定子过电流允许值见表 2-3-1，每年不超过两次。

表 2-3-1　　　　　　　　　　　　定子过电流允许值

允许时间（s）	10	30	60	120
定子过电流（超过额定值的%）	2.2	1.54	1.3	1.16

（2）转子过负荷。

现象：

1）转子电流、电压、主励电流、电压升高。

2）"励磁回路过负荷"信号发出，同时保护动作减励磁。

3）发电机无功负荷及定子电流升高。

处理：

1）若为微励故障所致，应立即将励磁方式由自动倒为手动运行。

2）过负荷期间应加强监视发电机的各部分温度变化，同时汇报值长。

3）转子过负荷致使励磁电流增高，其允许值见表 2-3-2，且每年不超过两次。

表 2-3-2　　　　　　　　　　　　励磁电流增高允许值

励磁电流增高（超过额定值的%）	12	25	46	108
允许时间（s）	120	80	30	10

3. 发电机转子一点接地

现象：

"转子一点接地"信号发出。

处理：

1）投入发电机转子两点接地保护于跳闸位置。用高内阻直流电压表测量励磁回路正负极对地（大轴）电压，一极对地升高，另一极对地电压降低，并通知检修协助检查。

2）对励磁回路全面检查，注意碳刷、滑环等有无异常。

3）运行中无法消除接地故障，则请示总工要求停机处理。

4. 发电机电压回路（TV）断线

现象：

1）DCS 对应"电压回路断线"信号发出；发变组保护屏对应 TV 断线报警发出。

2）1TV 断线时，发电机有功负荷、无功负荷及定子电压指示降低或至零，定子电流、励磁电压、励磁电流指示正常。

3）3TV 断线时，励磁调节器发 TV 断线信号并自动切至另一通道运行。

处理：

（1）停用相关保护：

1）1TV 断线时，应停用发电机"定子接地""失磁"及"失步"保护。

2）2TV 断线时，应停用发电机"匝间"保护。

3）3TV 断线时，应检查励磁调节器通道切换良好，停用"逆功率""过励磁"保护。220kV 母线 TV 断线时，应停用对应发变组"主变阻抗"保护。

（2）检查 TV 二次熔断器及二次自动空气开关是否良好，如二次熔断器熔断应更换。

（3）测量 TV 二次电压，判断 TV 一次熔断器是否良好，如一次熔断器熔断，应将故障相 TV 停电，更换 TV 一次熔断器。

（4）检查 TV 无异常后将 TV 送电，送电正常后恢复二次系统正常方式。

（5）如 TV 送电时一、二次熔断器再次熔断或二次自动空气开关再次跳闸，不应再送，应通知检修人员处理。

（6）TV 停电的顺序是：先停二次侧，后停一次侧。TV 送电的顺序是：先送一次侧，后送二次侧。发电机运行中，严禁不停 TV 二次自动空气开关（或熔断器）而直接将 TV 小车拉出更换 TV 一次熔断器。

（7）当出现 TV 断线，应及时汇报有关领导，并联系检修协助处理。

5. 发电机升不起电压

现象：

（1）合上励磁开关（MK 开关）后，按"开机令（起励）"按钮，发电机定子、转子电压表均无指示。

（2）发电机转子电压表有指示，但电流表无指示。

（3）发电机转子电压、电流表有指示，发电机定子电压表无指示。

处理：

（1）检查 MK 开关是否确已合上，起励电源开关、交/直流隔离开关是否合好，起励接触器是否吸合。

（2）检查各表计有无异常。

（3）检查 TV 及测量回路有无异常。

（4）检查整流柜及自动电压调节柜有无异常。

（5）当转子电压、电流表有指示，应检查 TV 及二次测量回路有无断线。

（6）当转子电压有指示，电流无指示，检查转子回路有无断线。

（7）经上述查找，若查出故障不能处理或未查出故障，均应通知检修处理。

6. 发变组非同期并列

现象：

（1）发电机及有关表计剧烈摆动。

（2）机组发出轰鸣声。

（3）系统电压降低。

处理：

（1）若继电保护动作使断路器跳闸，必须停机检查，无异常后方可重新并列。

（2）若发电机断路器没有跳闸，不必将发电机解列，但仍应对发电机各部分进行详细检查。

（3）确认并列操作无错误时，应对并列装置进行检查，寻找故障并消除。

7. 防止低转速引起励磁装置动作的规定

（1）在发电机没有达到额定转速之前，不准将励磁系统投入运行。

（2）核对励磁装置保护动作值是否正确。

（3）励磁装置保护动作后应对发电机及励磁系统进行详细检查。

二、发电机与励磁系统的事故处理

1. 发电机断水

现象：

"发电机断水"信号发出。

处理：

（1）立即通知汽机恢复发电机内冷水。

（2）发电机断水保护投入时，断水 30s 后动作跳开发变组主开关、灭磁开关、厂用电分支开关。

（3）发电机断水保护未投入时，确认发电机已断水，且在 30s 内未能恢复，立即将发电机解列，但必须经值长批准。

（4）断水事故后应测量定子绝缘电阻，进行交流耐压试验，测量线圈及出水元件的绝缘电阻，检查测温元件完好，进行流量、水压、检漏试验和反冲洗，核对温度值。

2. 发电机定子接地

现象：

（1）"发电机定子接地"信号发出。

（2）发变组主开关、灭磁开关、厂用电分支开关跳闸。

处理：

（1）检查厂用电是否自投，如未自投，应立即合上备用电源开关恢复厂用电运行。

（2）将发电机转冷备用，对发电机系统进行全面检查，并通知检修检查处理。

3. 发电机变电动机运行

现象：

（1）有功功率表计指示零值以下。

（2）定子电流表、频率表指示降低。

（3）定子电压表及励磁回路表指示正常。

（4）无功功率表指示升高。

（5）"主汽门关闭"信号发出，"逆功率"信号可能发出。

处理：

（1）汇报值长，联系汽机，询问故障原因，若汽机有危险时，应立即解列停机，但应由值长同意。

（2）若汽机无危险，则应由汽机尽快恢复汽源，发电机继续带负荷运行。

（3）若"主汽门关闭"信号未发出，则应通知热工人员查明原因。

（4）若"逆功率"动作跳闸，应对发电机进行外部检查，无问题后且汽机系统已正常，经值长批准，可以重新升压并列。

4. 发电机失磁

现象：

（1）"发电机失磁"信号发出。

（2）无功功率表指示零值以下，定子电流表指示升高，定子电压表指示降低。

（3）若为转子回路开路所致，则转子电压升高，转子电流表指示到零。

（4）若为转子回路短路所致，则转子电压降低，转子电流表指示升高。

（5）发电机压出力后，发变组主开关、MK 开关可能跳闸，发电机可能失去同期，产生振荡。

处理：

（1）根据表计指示尽快判明失磁原因。

（2）判明发电机确已失磁，失磁保护动作解列发电机，若保护拒动（或未投入）时，应立即将发电机解列。

（3）发电机解列后，应立即查明失磁原因，消除缺陷后迅速将发电机并入电网。

5. 发电机振荡或失步

现象：

（1）有功、无功功率表在全量程内摆动。

（2）定子电流表剧烈摆动且超过正常值。

（3）定子电压表及其母线上各电压表在低值剧烈摆动。

（4）励磁电压表、电流表在正常值附近摆动。

（5）发电机发出轰鸣声，其节奏与故障机组表计摆动合拍。

（6）发电机失步保护信号可能发出。

处理：

（1）发生在并列过程中的振荡，一般为非同期并列引起，若机组无强烈轰鸣响及振动，且振荡很快衰减则不停机；若振荡无衰减迹象则立即解列灭磁。解列后应对发电机进行全面、详细的检查试验，由总工程决定是否并网。

（2）若系统振荡引起发电机失步保护动作，则按发电机跳闸处理。

（3）失步保护未投，由于失步或振荡危及发电机安全时，立即解列发电机。

（4）若由于本机励磁系统故障引起振荡，失磁保护应动作而未动作时应立即解列灭磁。

（5）发电机振荡时，若频率较事故前升高，应立即减机组有功，若系统频率较事故前降低，应立即按机组允许过负荷能力增加机组有功，直到频率恢复到事故前的数值。

6. 励磁回路两点接地

现象：

（1）转子电压降低，转子电流升高。

（2）静子电压降低，无功负荷降低，调节柜输出电流增加。

（3）发电机发出强烈振动。

处理：

（1）两点接地保护动作时，发变组主开关、MK 开关、厂用分支开关跳闸。

（2）两点接地保护未投或拒动时，应立即请示值长解列发变组。

（3）停机后检查发电机转子回路及励磁系统。

7. 发变组跳闸

现象：

（1）事故喇叭响，发电机有功功率表、无功功率表指示到零。

（2）发电机主开关、MK 开关、6kV 厂用工作电源开关跳闸，绿灯闪光。

（3）有功功率、无功功率、三相定子电流突然降至零。

（4）保护出现相应光字牌和掉牌信号。

处理：

（1）检查 MK 开关是否跳闸，如未跳闸，应立即拉开 MK 开关，检查厂用电是否自投。

（2）根据保护动作情况，检查跳闸原因。对保护范围内的设备进行全面检查，并测量绝缘电阻，通知检修处理。

（3）跳闸原因若确系外部故障或误动，根据值长命令重新升压并列，并要求值长解除误动保护。

8. 发电机着火

现象：

（1）发电机内部着火，冒烟。

（2）发电机各表计剧烈摆动。

处理：

（1）立即将发变组解列，拉开 MK 开关和出口隔离开关，维持发电机转速 300～500r/min，维持定子内冷水继续运转。

（2）用 1211 灭火器、二氧化碳灭火器及干粉灭火器灭火（禁止用砂子灭火）。

（3）由汽机值班人员向机壳内充二氧化碳、排氢灭火。

（4）灭火全过程应统一指挥，以防其他意外。

（5）通知消防人员并汇报领导。

9. 发电机正常解列时，主开关拒绝动作

处理：

联系汽机维持转速，会同检修人员寻找故障原因，然后解列停机。

10. 发变组或汽机危险时，主开关拒绝跳闸

处理： 发变组主开关拒绝跳闸应立即汇报值长，联系中调将机组连接的母线上所有开关断开，是发电机与系统解列，然后派人至就地将发变组出口开关断开，再联系检修处理。

拓展提高

1. 发电机出现以下情况之一，应紧急停运

（1）发生直接威胁人身安全的危机情况。

（2）发电机内有摩擦、撞击声，振动突然增加。

（3）发电机氢气爆炸、冒烟、着火。

（4）发电机电流互感器或电压互感器冒烟、着火。

（5）发电机出口断路器外发生长时间短路，并且发电机定子电流指向最大、定子电压骤降，后备保护动作。

（6）发电机无保护运行。

（7）发电机内部故障，保护或断路器拒动。

（8）发电机大量漏水、漏油，并伴随有定子接地或转子一点接地现象时。

（9）发电机定子断水，且断水保护拒动。

（10）发电机失磁，失磁保护拒动。

（11）发电机励磁系统发生两点接地，保护拒动。

（12）汽轮机打闸，逆功率保护拒动

2. 发电机出现下列情况之一，应考虑停机

（1）密封油系统故障无法维持运行氢压，氢气纯度降低至极限值。

（2）发电机定子出现漏水情况。

（3）发电机定子出水温度 90℃或出水温差 12K 或定子层间温度接近 14K，处理无效，有继续上升趋势时。

（4）发电机定子铁芯温度超标，经处理无效时。

（5）氢气冷却器泄漏，氢气湿度超标无法恢复。

任务 3.2　厂用电系统及电动机异常及事故处理

发电厂电动机与厂用电系统正常运行时，由于受不可抗拒的外力破坏、设备缺陷、继电保护误动作、运行人员误操作等原因，不可避免地会发生异常或事故，发电厂电动机与厂用电系统的安全运行直接关系到电力系统以及发电机本身的安全稳定运行，运行人员必须迅速、准确地处理好发电厂电动机与厂用电系统的各种异常及事故。

知识目标：

（1）熟悉发电厂电动机与厂用电系统的正常运行方式、异常及事故前的运行方式。

（2）熟悉掌握电动机与厂用电系统异常现象。

（3）掌握电动机与厂用电系统异常处理流程和典型异常的处理步骤。

能力目标：

（1）能说出电动机与厂用电系统运行的基本要求。

（2）能分析出电动机与厂用电系统正常和异常运行状态以及事故时保护动作情况，并能写出典型异常的处理步骤。

（3）能在仿真机上进行电动机与厂用电系统的异常处理操作。

态度目标：

能严格遵守发电厂厂用电系统运行规程及各项安全规程，与小组成员协商、交流配合，按标准化作业流程完成厂用电系统和电动机异常等事故处理的学习任务。

在掌握电动机与厂用电系统基本结构原理、主要设备部件和电动机与厂用电系统主要保护的基础上，正确分析电动机与厂用电系统的典型异常并进行异常处理。

相关知识

值班人员必须熟悉电动机与厂用电系统的一般运行方式和设备的运行要求以及电动机与厂用电系统的异常运行状态。电动机与厂用电系统发生异常运行时，能通过相应的故障信号、有关表计，分析并处理异常，使系统恢复运行。若电动机与厂用电系统异常运行不能及时处理，并有所发展扩大，应根据情况处理。

任务实施

一、厂用电系统异常运行及事故处理

1. 高厂变运行中跳闸

现象：

(1) 如果"差动""瓦斯""高压侧过电流"保护动作，则动作于发变组开关、灭磁开关、高厂变低压侧开关跳闸。

(2) 如"分支过电流"或"分支时限速断"保护动作，则动作于高厂变低压侧断路器跳闸。

处理：

(1) 检查备用电源是否自投，如未自投且工作电源"分支过电流"或"分支时限速断"保护未动作，应立即抢送备用电源一次，抢送不成（保护动作）不得再送。

(2) 检查保护动作情况，对故障范围内设备进行全面检查、排除故障。

(3) 如变压器故障，故障消除后做零起升压试验，合格后投入运行。

2. 6kV 母线故障

现象：

(1) 发电机表计摆动，自动装置可能动作，6kV"分支过电流"或"分支时限速断"保护动作信号发出。

(2) 故障母线工作电源跳闸，并闭锁备用电源自投、母线所连接的装有低电压保护动力设备断路器跳闸。

(3) 故障母线电压表指示到零。

处理：

(1) 调整发电机负荷维护机组运行。

(2) 调整恢复低压厂用电系统。

(3) 查明故障，隔离故障点恢复母线送电。

3. 400V 母线故障

现象：

(1) 保护动作信号发出，照明电源可能瞬时消失。

(2) 故障母线工作电源消失，故障母线电压表指示到零。

处理：

(1) 不得抢送工作电源和备用联络电源。

(2) 检查母线系统确认无明显故障，可试送工作电源或备用电源一次。

(3) 调整发电机负荷维持机组运行。

(4) 调整 MCC、配电箱双电源供电系统运行方式，恢复停电设备的供电。

(5) 查明故障，隔离故障点，恢复母线送电及 MCC、配电箱的正常运行方式。

4. 低厂变故障

现象：

(1) 故障变压器两侧断路器跳闸，保护动作信号发出。

(2) 失去电压的母线电压指示到零。

处理：

（1）在确定变压器本身故障后将变压器所带负荷切至备用电源。

（2）对故障变压器进行全面检查，消除故障，恢复正常运行方式。

5. 断路器着火的处理

（1）断路器着火时，立即汇报值长联系消防单位。

（2）不得任意接近着火点，以防断路器爆炸，应采取下列措施：

1）断路器着火时，严禁直接断开着火断路器，应先断开上一级断路器及所属隔离开关，然后进行灭火。

2）采用 1211 灭火器、二氧化碳灭火器、干粉灭火器进行灭火。

3）做好火区与邻边设备的隔离措施，并在火区与邻近带电设备处设立安全值班人员，以防救火人员误入带电间隔。

（3）火灾熄灭后，才允许开启室内通风机。

6. 互感器着火的处理

（1）互感器着火时，应立即用断路器切断电源。

（2）及时切换或停用保护及自动装置的运行方式，迅速采取有效措施，以防保护及自动装置误动。

（3）TA 着火应将其所属一次设备停电，再进行灭火。

（4）TV 着火，应将其所属母线段或发电机停电，取下其二次熔断器，再切除故障互感器。

（5）互感器着火，可用 1211 灭火器、二氧化碳灭火器或干粉灭火器灭火。

7. 电缆着火的处理

（1）电缆着火时，立即断开着火电缆的电源。电缆隧道、电缆沟或室内等通风不良场所灭火人员，必须戴上防毒面具、绝缘手套，穿绝缘鞋，防止高压电缆接地时产生跨步电压，灭火时严禁用手触摸不接地金属、触动电缆钢甲或移动电缆。

（2）电缆着火应使用 1211 灭火器、二氧化碳灭火器、干粉灭火器或砂子灭火，禁止用泡沫灭火器和水灭火。

二、电动机的异常运行及事故处理

（1）电动机在运行中，无论发生任何故障，所属机械值班人员均应迅速通知电气值班人员，电气值班人员在巡视发现故障，将电动机停止运行时，应与机械值班人员联系，并由其进行操作（需紧急停运的电动机除外）。当厂用电消失或电压降低时，在 1min 内，对于机炉主要辅机，严禁手动拉闸。

（2）电动机启动时，电动机不转而只发出声响或不能达到正常转速，其可能原因如下：

1）定子回路一相断线；熔断器一相熔断，电缆头、隔离开关、接触器或自动空气开关的一相接触不良，定子绕组一相断开等。

2）转子回路中断线或接触不良，笼型转子铝或铜条和端环间的连接破坏，绕线式转子绕线焊头脱焊，引线与滑环的连接破坏，电刷有问题，启动装置回路断开等。

3）电动机所拖动的机械卡住。

4）定子绕组接线错误，如三角形误接成星形，星形接线一相接反等。

（3）运行中的电动机温度高于正常值的检查处理：

1）机械值班人员检查是否因过负荷引起。

2）检查系统电压是否下降，电流是否上升，环境温度是否升高。

3）检查冷却器是否断水、缺水，水道是否堵塞，风扇运转是否良好，绕线式转子回路故障。

4）若检查不出原因，且温度达到最高允许值，应汇报值长，联系停止运行，由检修检查处理。

（4）电动机轴承严重发热：

1）电动机和其所带的机械之间中心不正。

2）电动机定、转子间气隙不均匀超过规定值或产生动静摩擦。

3）联轴器及其连接装置或所带机械损坏。

4）笼形转子端环有裂纹或与铜（铝）条接触不良。

5）电动机转子铁芯损坏或松动，转轴弯曲或开裂。

6）电动机座和基础固定处的地脚螺栓紧固情况不良。

7）电动机轴承、端盖等零件松动。

（5）电动机启动时自动空气开关合不上闸：

1）检查控制，合闸熔断器是否良好。

2）检查合闸回路是否断线，控制开关是否良好。

3）检查热继电器是否动作，合闸接触器是否卡住。

4）检查机械挂钩是否失灵，机械传动部分有无卡涩。

5）检查合闸线圈是否断线，铁芯是否卡住，储能电机及储能装置是否正常。

6）检查开关二次插头是否接触良好，位置辅助开关是否正常。

7）热控、联锁等回路是否有不正常的跳闸信号。

（6）运行中的电动机声音突然发生变化、电流上升，所带机械部分检查确无问题后应进行下列检查处理：

1）检查电动机是否两相运行。

2）检查电流、电压是否低于允许值。

3）检查所拖动的机械是否故障。

4）根据造成的原因对应处理。

（7）运行中的电动机，静子电流发生周期性摆动的检查处理：

1）机械值班人员检查机械负荷是否均衡稳定。

2）检查是否因系统电压波动引起。

3）检查定、转子有无放电及火花。

4）检查绕线式转子电动机滑环短路装置或变阻器开关有无接触不良等情况。

5）检查电动机无明显故障，应对其加强监视，必要时应停止运行，由检修处理。

（8）电动机振动异常增大，其原因可能是：

1）与拖动机械轴心不一致。

2）机组失去平衡（轴承损坏）。

3）静、转子发生摩擦或风扇脱落。

4）绕线式一相开路。

5）地脚螺栓松动。

6）机械振动的影响。

处理：降低负荷，监视振动是否降低或消失，无效时，联系停机检查处理。

（9）电动机自动跳闸的处理：

1）启动备用电动机。

2）如没有备用机组，属机炉主要辅助设备（指停电影响机组输出功率和安全运行者），在无爆炸、着火和明显设备损坏时，允许强送一次，不成功不得再送，并通知电气值班员。

3）在启动时发生跳闸，在未查明原因之前，不得再次启动，机械部分检查确无问题后，应通知电气值班人员进行下列检查：

a. 电动机回路有无短路和接地。

b. 保护定值是否过小。

c. 所拖动机械是否卡住。

d. 是否开关机构卡涩，机械合闸不良。

e. 有无不正常跳闸回路。

f. 合闸及保护回路是否正常。

4）电气值班人员得知电动机跳闸后，应查明原因，检查保护动作情况，若为误动，应停止该保护（主保护必须投入）。将电动机投入运行，然后通知保护班进行检查。若保护动作正确，应查明原因，通知检修处理。

（10）电动机着火的处理：

1）立即拉开电源开关，停用通风装置，但不得停用冷却器水源。

2）用 1211 灭火器、干粉灭火器或二氧化碳灭火器灭火。

3）严禁用泡沫灭火器和砂子灭火。

4）用水灭火时，禁止将大股水注入电动机内。

 **拓展提高**

（1）电动机紧急停运操作：

1）立即按事故按钮。

2）检查备用泵（风机）是否自启动，否则应手动启动备用设备，且检查其电流、压力正常。

3）检查故障泵（风机）不应倒转，否则关闭出口阀（挡板）。

4）完成正常切换操作，隔离故障泵（风机），并将有关设备停电，通知检修处理。

5）汇报上级并做好记录。

（2）电动机故障停运条件：

1）电动机运行时声音不正常或有焦味。

2）定子电流超过额定值。

3）电动机运行时强烈振动。

4）大型密闭式电动机冷却系统发生故障。

5）轴承温度不正常升高。

6）电流互感器二次回路开路，运行中无法处理。

7）电动机三相不平衡电流超过 10％额定值以上。

（3）厂用电系统运行规定：

1）6kV 厂用电的切换应在机组运行稳定，负荷在额定负荷的 30％左右进行切换，切换前必须检查工作电源、备用电源在同一系统，并且切换前后必须将快切装置复位。

2）在厂用电倒换为高厂变自带或倒换为启备变带时，在 DCS 画面上切换。

3）6kV 厂用电正常切换时，必须先调整启备变分接头开关，使待并断路器两侧电压的压差小于 5％。

4）6kV 厂用电快切装置正常切换方式为并联方式。

5）厂用电系统因故障改为非正常运行方式时，应事先制定安全措施和相应的事故预案，并在故障排除后系统恢复正常运行方式。

6）380V 系统 PC 段运行电源切换前，应检查两路电源在同一系统，防止非同期合闸，如两电源不在同一系统，应采用瞬停的切换方法。属于同一系统时，可并列切换，在两端压差小于 5％时，可先合上联络断路器，然后断开要停电断路器。

7）MCC 进行电源切换时，一般采用先断后合方式，在就地 MCC 柜上将隔离开关切至备用段电源。

8）下列厂用电设备禁止投入运行：

a. 无保护的设备。

b. 绝缘不合格的设备。

c. 断路器操动机构有问题的设备。

d. 速断保护动作后，未查明原因和故障的设备。

任务 3.3　发电厂直流系统异常及事故处理

直流系统是发电厂电气及热控系统极为重要的电源系统，是继电保护、自动装置、控制系统、信号系统、计算机系统、事故照明、UPS 等设备的工作电源，是保证发电厂正常运行的必备条件，因此，各发电厂对直流系统都非常重视，并且对日常运行设备维护和事故处理都有一套严格的规定，正确及时地处理直流系统异常及事故是电气值班员极为重要的一项工作。

 学习目标

知识目标：

（1）熟悉发电厂直流系统的正常运行方式、异常事故前的运行方式。

（2）掌握直流系统异常现象。

（3）掌握直流系统异常处理流程和典型异常的处理步骤。

能力目标：

（1）能说出直流系统运行的基本要求。

（2）能分析出直流系统正常和异常运行状态并写出典型异常的处理步骤。

（3）能在仿真机上进行直流系统的异常处理操作。

态度目标：

能严格遵守发电机运行规程及各项安全规程，与小组成员协商、交流配合，按标准化作业流程完成直流系统异常及事故处理学习任务。

任务分析

在掌握直流系统基本结构原理、主要设备部件和直流系统主要保护的基础上，正确分析直流系统的典型异常并进行异常处理。

相关知识

值班人员必须熟悉直流系统的一般运行方式和设备的运行要求以及直流系统的异常运行状态。直流系统发生异常运行时，能通过相应的故障信号、有关表计分析并处理异常，使机组恢复运行。若直流系统异常运行不能及时处理，并有所发展扩大时，应根据情况停机处理。

任务实施

一、直流系统异常及事故处理

1. 直流系统母线电压异常

现象：

集控室"直流系统故障"报警，就地直流系统配电柜上集中监控器显示电压异常和就地电压表指示异常。

原因：

充电装置故障；蓄电池断开，蓄电池异常。

处理：

（1）就地检查电压高还是低。

（2）检查充电装置已自动切换至适合的充电方式，否则手动切换。

（3）如充电装置由于电压高跳闸，可由蓄电池单独向母线供电，待电压降至额定值时，再投入充电装置运行。

2. 直流系统母线失压

现象：

失压母线电压降至零，"直流母线故障"及所控制回路的失压报警等光字牌亮，硅整流装置跳闸，蓄电池熔断器熔断，蓄电池出口熔断器监视灯灭，直流配电室各路负荷电源的监视灯均灭，接至直流系统的控制盘信号指示灯熄灭。

处理：

（1）检查充电装置跳闸原因。

（2）检查蓄电池组出口熔断器是否熔断（或出口自动空气开关是否跳闸）。

（3）如果母线有明显故障，将该系统及其负荷停电，查明故障点，通知检修处理。

（4）如果蓄电池故障引起，应将该直流系统工作母线与另一台机组直流系统联络运行，并将该蓄电池组和对应充电装置退出运行。

（5）如系负荷故障引起熔断器越级熔断，应将该负荷停电，恢复直流系统正常运行，并通知检修对故障负荷进行检修处理。

3. 直流系统接地

现象：

（1）集控室"直流母线故障"报警。

（2）直流母线上绝缘监测装置有接地报警指示；直流正母线或负母线对地电压超过报警值。

原因：

蓄电池接地故障，负荷接地故障，母线接地故障。

处理：

（1）恢复报警信号。

（2）询问检修部门是否直流回路有工作，造成人为接地，或是对刚启动的设备进行检查。

（3）通过微机绝缘监测装置查看接地点，然后通知检修处理。

（4）若查不出，可采用瞬间停电法。若未查到接地点，则试停微机绝缘监测装置，按运行操作程序检查母线、充电装置和蓄电池回路。

（5）若是蓄电池接地，通知检修人员处理。

（6）若是充电器回路接地，可倒换运行方式，退出故障充电器，联系检修处理。

（7）若母线接地，应联系检修进一步检查，找出故障点予以排除。

4. 整流器模块故障

现象：

（1）DCS上发"整流器模块故障"报警。

（2）直流系统集中监控屏发出故障报警。

（3）就地整流器模块故障报警灯亮。

处理：

（1）整流模块跳闸应先将故障整流模块退出运行，并检查其他整流模块输出电压正常，直流母线输出电压正常。

（2）若有几个整流模块跳闸，其输出电压降低，检查蓄电池放电是否正常，联系检修部分处理。

（3）若所有整流模块全部跳闸，应立即断开整流模块电源进线开关，将该段直流母线上全部整流模块退出运行，并通知检修部处理。若短时间不能恢复，应将该段直流系统倒至另一段直流母线接带。

（4）故障消除后恢复正常运行方式。

 拓展提高

蓄电池着火处理：将故障蓄电池组所带直流母线倒至正常运行的另一直流系统供电，并退出故障蓄电池组及其充电装置。及时通知消防部门并用二氧化碳灭火器灭火。灭火时应戴

防毒面具并防止身体直接接触硫酸溶液。

任务 3.4　交流不停电电源（UPS）异常及事故处理

交流不停电电源（UPS）在电厂运行中起很重要的作用，因此该系统的运行、维护、异常及事故处理具有重要的意义，掌握交流不停电电源（UPS）的异常及事故处理是发电厂电气值班人员的必备的技能之一。

 **教学目标**

知识目标：

（1）熟悉发电厂 UPS 的正常运行方式。

（2）熟悉掌握 UPS 异常现象。

（3）掌握 UPS 异常及事故处理步骤。

能力目标：

（1）能说出 UPS 运行的基本要求。

（2）能分析出 UPS 正常和异常运行状态并写出典型异常的处理步骤。

态度目标：

能严格遵守发电机运行规程及各项安全规程，与小组成员协商、交流配合，按标准化作业流程完成交流不停电电源 UPS 异常及事故处理学习任务。

任务分析

在掌握交流 UPS 的正常运行方式的基础上，正确分析 UPS 异常及事故的处理步骤并进行异常及事故的处理。

 **相关知识**

值班人员必须熟悉 UPS 的一般运行方式和设备的运行规定以及 UPS 的异常运行状态，并且要了解 UPS 装置面板上各种运行参数和故障显示。

任务实施

根据发电厂异常及事故处理基本原则、发电厂异常及事故处理一般程序及相关规范，对 UPS 异常及事故进行分析判断。

1. 逆变器过负荷

原因：

逆变器输出电流超过规定的额定电流。

处理：

（1）检查 UPS 切换至旁路供电正常。

（2）在 UPS 馈线屏上根据负荷重要性，视情况减负荷。

2. 逆变器故障

原因：

逆变器输出电压过高或过低。

处理：

（1）切至旁路供电，检查 UPS。

（2）停止逆变器运行并隔离。

（3）通知检修人员处理，处理好后，恢复逆变器运行。

3. 整流器故障

原因：

整流器内部故障。

处理：

（1）检查并确认 UPS 已切换至蓄电池供电。

（2）通知检修人员处理，若要处理整流器时，将 UPS 切换至旁路运行。

（3）停止整流器、逆变器运行。

（4）处理好后恢复整流器、逆变器运行。

4. 蓄电池供电运行

原因：

（1）主电源回路故障。

（2）整流器故障。

（3）整流器未投入运行。

处理：

（1）检查旁路电源正常。

（2）通知检修人员处理，若要处理整流器时，将 UPS 切换至旁路运行。

（3）停止整流器、逆变器运行。

（4）处理好后恢复整流器、逆变器运行。

技能训练

（1）写出发电机对称过负荷异常处理的基本步骤。

（2）写出发电机不对称过负荷异常处理的基本步骤。

（3）写出发电机温度异常处理的基本步骤。

（4）写出发电机 TV 断线异常处理的基本步骤。

（5）写出发电机励磁系统升不起电压的异常处理的基本步骤。

（6）写出发电机转子一点接地异常处理的基本步骤。

（7）写出发电机定子接地异常处理的基本步骤。

（8）写出发电机出口断路器异常处理的基本步骤。

（9）写出发电机非全相运行的异常处理的基本步骤。

（10）写出发电机失磁异常处理的基本步骤。

（11）写出电动机轴承严重发热处理的基本步骤。

（12）写出电动机自动跳闸处理的基本步骤。

（13）写出 6kV 母线故障处理的基本步骤。

（14）写出高厂变运行中跳闸的基本处理步骤。

（15）写出 400V 母线故障的基本处理步骤。

（16）写出低厂变故障的基本处理步骤。

（17）写出直流系统母线电压异常的基本处理步骤。

（18）写出直流系统接地的基本处理步骤。

（19）写出整流模块故障的基本处理步骤。

（20）写出逆变器过负荷基本处理步骤。

（21）写出逆变器故障基本处理步骤。

（22）写出 UPS 蓄电池供电运行的基本处理步骤。

参 考 文 献

[1] 张红艳. 变电运行（220kV）. 北京：中国电力出版社，2010.

[2] 杨娟. 电气运行技术. 北京：中国电力出版社，2012.

[3] 焦日升. 变电站事故分析与处理. 北京：中国电力出版社，2009.

[4] 李火元. 电力系统继电保护及自动装置. 北京：中国电力出版社，2006.